教育部职业教育与成人教育司推荐教材

职业教育改革与创新系列教材

建筑工程施工技术

主　编　孙翠兰

副主编　赵天雨　王红霞

参　编　张　鸿　卢秀梅　万东颖　董学军

孙志强　骆　晓　赵　毅

机 械 工 业 出 版 社

本书按照工学结合的人才培养模式，以学生为主体，以技能实训为手段（理实一体化），依据行业最新规范、标准进行编写，以尽量缩短职业教育与岗位要求之间的距离，达到“教、学、做”一体化。本书共分为三个模块，计九个单元，地基与基础工程施工模块包括土方与基坑支护工程施工、地基与基础工程施工、地下防水工程施工，主体结构工程施工模块包括砌体结构工程施工、混凝土结构工程施工，其他工程施工模块包括屋面工程施工、装饰装修工程施工、建筑节能工程施工、建筑工程季节性施工。每个单元均配有技能实训。

此外，本书还配有相应的习题册和习题答案，以方便学生练习、备考和教师评分使用。为方便教学，本书配有电子资源，凡选用本书作为授课教材的老师均可登录 www.cmpedu.com，以教师身份免费注册下载。编辑咨询电话：010-88379934。

本书可作为职业院校工业与民用建筑工程、造价工程、市政工程等专业教材使用，也可供初入建筑行业人员参考使用。

图书在版编目（CIP）数据

建筑工程施工技术/孙翠兰主编. —北京：机械工业出版社，2015.8（2023.8 重印）

教育部职业教育与成人教育司推荐教材　职业教育改革与创新系列教材

ISBN 978-7-111-50782-6

Ⅰ.①建…　Ⅱ.①孙…　Ⅲ.①建筑工程-工程施工-高等职业教育-教材　Ⅳ.①TU74

中国版本图书馆 CIP 数据核字（2015）第 162643 号

机械工业出版社（北京市百万庄大街 22 号　邮政编码 100037）
策划编辑：刘思海　责任编辑：刘思海　郭克学　陈将浪
版式设计：霍永明　责任校对：杜雨霏
封面设计：马精明　责任印制：刘　媛
涿州市般润文化传播有限公司印刷
2023 年 8 月第 1 版第 7 次印刷
184mm×260mm · 19.25 印张 · 466 千字
标准书号：ISBN 978-7-111-50782-6
定价：49.80 元

电话服务
客服电话：010-88361066
010-88379833
010-68326294

网络服务
机　工　官　网：www.cmpbook.com
机　工　官　博：weibo.com/cmp1952
金　　书　　网：www.golden-book.com
机工教育服务网：www.cmpedu.com

前　言

建筑工程施工技术是建筑工程施工专业中一门实践性、综合性较强的职业技能核心课程，也是建筑工程、工程监理、工程造价等专业的主干课程，是施工员、质检员、建造师等职业岗位培训、鉴定、考试的核心内容。它的任务是掌握建筑工程施工各主要工种工程的施工工艺、施工方法、技术标准、质量验收标准，具有分析处理建筑工程各分部分项施工技术常见质量和安全的问题，初步掌握并具备编制建筑工程施工方案及施工组织的基本方法和能力。本书按照工学结合的人才培养模式，以学生为主体，以技能实训为手段（理实一体化），依据行业最新规范、标准进行编写，以尽量缩短职业教育与岗位要求之间的距离，达到“教、学、做”一体化。

本书特点如下：

（1）实　本书综合考虑项目法和理实一体化的编写模式在本课程的适用性后，决定采用理实一体化，按照模块——单元——课题的形式进行编写。每个单元均配有技能实训，以避免假项目法和局部项目法的弊端，同时尽量突出本书的适用性，希望能够被广大职业院校所接受。

（2）新　本书采用国家最新规范和标准，每一课题均有“标准、规范学习”小栏目，以引起教师和学生的注意，主动阅读、理解国家最新规范和标准，这样才能不断培养安全意识和责任感，按“标准”办事，为以后的工作打下良好的基础。

（3）全　课题中设置了“例题讲解”和“实时训练”两个栏目，方便教师上课和及时对上课效果进行检测。本书还配有习题册，方便学生巩固所学的知识理论和备考，同时方便教师对学生进行评分。

本书由孙翠兰任主编，赵天雨、王红霞任副主编。参加编写的人员还有：张鸿、卢秀梅、万东颖、董学军、孙志强、骆晓、赵毅。

由于时间仓促，编者水平有限，书中难免存在缺点和错误，恳请广大读者和专家批评指正。

编　者

目　　录

绪论

一、“建筑工程施工技术”课程的定位及任务

按照工学结合的人才培养模式，以职业标准和行业规范确定课程标准、课程内容与岗位能力的衔接，缩短教育与岗位要求之间的距离；以学生为主体，以技能实训为手段，达到“教、学、做”一体化。

“建筑工程施工技术”是建筑工程施工专业中一门实践性、综合性较强的职业技能核心课程，也是建筑工程、工程监理、工程造价等专业的主干课程，是施工员、质检员、建造师等职业岗位培训、鉴定、考试的核心内容。它的任务是掌握建筑工程施工各主要工种工程的施工工艺、施工方法、技术标准、质量验收标准，具有分析处理建筑工程各分部分项施工技术常见质量和安全的问题，初步掌握并具备编制建筑工程施工方案及施工组织的基本方法和能力。

二、建筑工程质量验收的划分

根据《建筑工程施工质量验收统一标准》（GB 50300—2013）的规定，建筑工程质量验收应划分为单位（子单位）工程、分部（子分部）工程、分项工程和检验批。

1. 单位工程划分的原则

1）具备独立施工条件并能形成独立使用功能的建筑物及构筑物为一个单位工程。

2）建筑规模较大的单位工程，可将其能形成独立使用功能的部分划为一个子单位工程。

建筑物及构筑物的单位工程是由建筑工程和建筑设备安装工程共同组成的。如某住宅小区中的2号住宅楼，学校中的3号教学楼、6号办公楼等。单位工程由多个分部工程组成。

子单位工程必须具有独立施工条件和独立的使用功能，如某商厦大楼的裙楼等。子单位工程的划分，在施工前由建设单位、监理单位、施工单位自行商议确定。

2. 分部工程划分的原则

1）分部工程的划分应按专业性质、建筑部位确定。

2）当分部工程较大或较复杂时，可按材料种类、施工特点、施工程序、专业系统及类别等划分为若干子分部工程。

建筑工程通常可划分为地基与基础、主体结构、建筑装饰装修、屋面工程、建筑给水排水及供暖、通风与空调、建筑电气、建筑智能化、建筑节能、电梯10大分部工程。

3. 分项工程的划分原则

分项工程是工程的最小单位，也是质量管理的基本单元。分项工程的划分应按主要工种、材料、施工、设备类别等进行划分。如按工种划分，钢筋混凝土工程的分项工程分为钢筋工程、模板工程、混凝土工程等，砌筑结构工程的分项工程分为砖砌体、混凝土小型空心

砌块砌体、石砌体、填充墙砌体、配筋砖砌体等。

4. 检验批的划分原则

分项工程可由一个或若干个检验批组成。检验批可根据施工及质量控制和专业验收需要，按工程量、楼层、施工段、变形缝进行划分。多层及高层建筑工程中主体分部的分项工程可按楼层或施工段来划分检验批，单层建筑工程的分项工程可按变形缝等划分检验批；地基基础分部工程中的分项工程一般划分为一个检验批，有地下层的基础工程可按不同地下层划分检验批；屋面工程的分项工程可按不同楼层屋面划分为不同的检验批；其他分部工程中的分项工程，一般按楼面划分检验批；对于工程量较少的分项工程可统一划分为一个检验批。安装工程一般按一个设计系统或设备组别划分为一个检验批。室外工程统一划分为一个检验批。散水、台阶、明沟等含在地面检验批中。例如：某实训楼为六层框架结构，主体工程每层楼面绑扎框架柱钢筋，施工划分为两个施工段，其检验批组成有 12 个。

5. 建筑工程质量验收合格规定

（1）检验批质量验收合格应符合的规定

1）主控项目的质量经抽样检验均应合格。

2）一般项目的质量经抽样检验合格。当采用计数抽样时，合格点率应符合有关专业验收规范的规定，且不得存在严重缺陷。对于计数抽样的一般项目，正常检验一次、二次抽样按规范标准判定。

3）具有完整的施工操作依据、质量检查记录。

（2）分项工程质量验收合格应符合的规定

1）分项工程所含的检验批均应符合合格质量的规定。

2）分项工程所含的检验批的质量验收记录应完整。

（3）分部工程质量验收合格应符合的规定

1）所含分项工程的质量均应验收合格。

2）质量控制资料应完整。

3）有关安全、节能、环境保护和主要功能的抽样检验结果应符合相应规定。

4）观感质量应符合要求。

（4）单位工程质量验收合格应符合的规定

1）所含分部工程的质量均应验收合格。

2）质量控制资料应完整。

3）所含分部工程有关安全、节能、环境保护和主要使用功能的检验资料应完整。

4）主要使用功能的抽查结果应符合相关专业验收规范的规定。

5）观感质量应符合要求。

6. 建筑工程质量验收程序和组织

1）检验批应由专业监理工程师组织施工单位项目专业质量检查员、专业工长等进行验收。

2）分项工程应由专业监理工程师组织施工单位项目专业质量检查员、专业工长等进行验收。

3）分部工程应由总监理工程师组织施工单位项目负责人和项目技术负责人等进行验收。勘察、设计单位项目负责人和施工单位技术、质量部门负责人应参加地基与基础分部工程的验收。设计单位项目负责人和施工单位技术、质量部门负责人应参加主体结构、节能分部工程的验收。

4）单位工程中的分包工程完工后，分包单位应对所承包的工程项目进行自检，并应按标准规定的程序进行验收。验收时，总包单位应派人参加。分包单位应将所分包工程的质量控制资料整理完整，并移交给总包单位。

5）单位工程完工后，施工单位应自行组织有关人员进行自检，总监理工程师应组织各专业监理工程师对工程质量进行竣工预验收，存在施工质量的问题时，应由施工单位整改。整改完毕后，由施工单位向建设单位提交工程竣工报告，申请工程竣工验收。

6）建设单位收到工程竣工报告后，应由建设单位项目负责人组织监理、施工、设计、勘察等单位项目负责人进行单位工程验收。

三、施工技术应用的新规范

《建筑工程施工质量验收统一标准》（GB 50300—2013）

《建筑地基基础工程施工质量验收规范》（GB 50202—2002）

《建筑基坑支护技术规程》（JGJ 120—2012）

《建筑施工土石方工程安全技术规范》（JGJ 180—2009）

《砌体结构工程施工质量验收规范》（GB 50203—2011）

《混凝土结构工程施工质量验收规范》（GB 50204—2015）

《混凝土结构工程施工规范》（GB 50666—2011）

《高层建筑混凝土结构技术规程》（JGJ 3—2010）

《建筑工程冬期施工规程》（JGJ/T 104—2011）

《屋面工程质量验收规范》（GB 50207—2012）

《屋面工程技术规范》（GB 50345—2012）

《地下防水工程质量验收规范》（GB 50208—2011）

《建筑地面工程施工质量验收规范》（GB 50209—2010）

《建筑装饰装修工程质量验收标准》（GB 50210—2018）

《铝合金门窗工程技术规范》（JGJ 214—2010）

《机械喷涂抹灰施工规程》（JGJ/T 105—2011）

四、本课程的目标

1）能够根据多层施工图样（砖混结构和框架结构）和施工实际条件，对照图样参与各分项工程的施工和施工质量验收。

2）能够协助技术员编写主要分部分项工程的施工技术交底并落实，选择和制定分部分项工程合理的施工方案。

3）能够根据施工图样和施工实际条件，查找资料和完成施工中遇到的一些必要的计算。

4）能够发现施工过程中简单的质量缺陷并能制定处理方法。

5）能够将安全生产的理念贯穿于建筑工程施工中。

技能实训——调研学校已建的某个单位工程

现根据学校已建的若干个单位工程，将全班分成若干合理的小组，每组设组长一名并分配任务，调研学校其中一个单位工程，完成以下技能实训：

1）单位工程由哪几部分组成？有多少分部工程？每个分部工程有哪些分项工程？划分为多少检验批？

2）在规定的时间内完成实训，每组进行汇报和答辩。

模块一

地基与基础工程施工

■ 单元1　土方与基坑支护工程施工
■ 单元2　地基与基础工程施工
■ 单元3　地下防水工程施工

单元 1

土方与基坑支护工程施工

［单元学习指导］

本单元是地基与基础分部工程的分项工程，主要讲述：

1. 建筑工程土方开挖的施工过程。
2. 土方开挖的土方量计算。
3. 土方开挖机械的选择，土方开挖顺序的确定。
4. 深基坑开挖时，边坡采用的支护方法。
5. 开挖过程中测量控制基底标高的方法。
6. 地基钎探和验槽的内容。
7. 土方回填的施工要求及质量验收。

［单元学习目标］

知识目标

1. 了解土的分类及工程性质。
2. 掌握土方量计算、施工排（降）水方法、基坑支护方法。
3. 熟悉土方施工过程。
4. 掌握土方工程质量验收。

技能目标

1. 能进行建筑物定位放线，会土方开挖深度控制的测量方法。
2. 能在施工现场简单鉴别土的类别。
3. 会计算土方工程量。
4. 会编制土方开挖专项施工方案。

课题 1　土方工程的基础认知

土方工程施工过程包括：土的开挖、运输、填筑、平整与压实，以及场地清理、测量放线、施工排（降）水、边坡支护等辅助工作。

一、土方工程的施工特点

1）工程量大，施工工期长，劳动强度大。

2）施工条件复杂，受气候、水文、地质影响大。

二、土方工程的分类

1）场地平整。±300mm 以内的挖填、找平工作称为场地平整。

2）挖基坑。挖土底面积在 $20m^2$ 以内的挖土称为挖基坑。

3）挖基槽。挖土宽度在3m以内，挖土长度等于或大于宽度3倍以上的称为挖基槽。

4）挖土方。挖土厚度在300mm以上，宽度在3m以上，挖土底面积在 $20m^2$ 以上的称为挖土方。

5）土方回填。常见的有基础回填、室内回填、管道沟槽回填。

需要注意的是，挖土方只指±30cm以外的竖向切土或者挖土，适用于室外设计标高以上的挖土；挖基础土方适用于室外地坪标高以下的挖土等。《建设工程工程量清单计价规范》（GB 50500—2013）对此有明确的规定，有兴趣的同学可以自行查阅。

标准、规范学习

根据《建筑施工土石方工程安全技术规范》（JGJ 180—2009）的规定：

1）场地平整作业前应查明地下管线、障碍物等情况，制订出处理方案后方可开始工作。

2）场地内有洼坑或暗沟时，应在平整时填埋压实。未及时填实的，必须设置明显的警示标志。

3）施工区域不宜积水。当积水坑深度超过500mm时，应设安全防护措施。

三、土的工程分类

在建筑工程施工中，根据土开挖的难易程度将土分为松软土、普通土、坚土、砂砾坚土、软石、次坚石、坚石、特坚硬石等八类。其中前四类属一般土，后四类属岩石。土的工程分类方法及现场鉴别方法见表1-1。

表1-1　土的工程分类方法及现场鉴别方法

土的分类	土的名称	可松性系数		现场鉴别方法
		K_S	K'_S	
一类土（松软土）	砂；粉土；冲积砂土层；种植土；泥炭（淤泥）	1.08～1.17	1.01～1.03	能用锹、锄头挖掘
二类土（普通土）	粉质黏土；潮湿的黄土；夹有碎石、卵石的砂；种植土；填筑土	1.14～1.28	1.02～1.05	用锹、锄头挖掘，少许用镐翻松
三类土（坚土）	软及中等密实黏土；重亚黏土；粗砾石；干黄土及含碎石、卵石的黄土、亚黏土；压实的填筑土	1.24～1.30	1.04～1.07	要用镐，少许用锹、锄头挖掘，部分用撬棍
四类土（砂砾坚土）	坚硬密实的黏性土及含碎石、卵石的黏土；粗卵石；密实的黄土；天然级配砂石；软泥灰岩及蛋白石	1.26～1.32	1.06～1.09	整个先用镐、撬棍，然后用锹挖掘，部分用楔子及大锤

（续）

土的分类	土的名称	可松性系数		现场鉴别方法
		K_S	K'_S	
五类土（软石）	硬质黏土；中等密实的页岩、泥灰岩、白垩土；胶结不紧的砾岩；软的石灰岩	1.30～1.45	1.10～1.20	用镐或撬棍、大锤挖掘，部分使用爆破方法
六类土（次坚石）	泥岩；砂岩；砾岩；坚实的页岩；泥灰岩；密实的石灰岩；风化花岗岩；片麻岩	1.30～1.45	1.10～1.20	用爆破方法开挖，部分用风镐
七类土（坚石）	大理岩；辉绿岩；玢岩；粗、中粒花岗岩；坚实的白云岩、砂岩、砾岩、片麻岩、石灰岩；微风化的安山岩、玄武岩	1.30～1.45	1.10～1.20	用爆破方法开挖
八类土（特坚硬石）	安山岩；玄武岩；花岗片麻岩；坚实的细粒花岗岩、闪长岩、石英岩、辉长岩	1.45～1.50	1.20～1.30	用爆破方法开挖

四、认识土的工程性质

1. 土的含水量

土中水的质量与固体颗粒质量的比值称为土的含水量，用下式表示

$$w=\frac{m_W}{m_s}\times 100\%$$

式中 m_W——土中水的质量（kg）；

m_s——土中固体颗粒的质量（kg）。

土的含水量表示土的干湿程度，含水量在5%以内的土，称为干土；含水量在5%～30%的土，称为潮湿土；含水量大于30%的土，称为湿土。

在施工中，经常采用最佳含水量的土。最佳含水量是指能使填土夯实至最密实的含水量。现场判定的方法就是“手握成团，落地开花”。

工程意义：含水量对于挖土的难易，施工时边坡稳定及回填土的夯实质量都有影响。

2. 土的天然密度

土的天然密度是指土在天然状态下单位体积的质量，用ρ表示，即

$$\rho=\frac{m}{V}$$

式中 m——土体的质量（kg）；

V——土的天然体积（m^3）。

土的密度一般用环刀法测定。

3. 土的干密度

土的干密度是指单位体积土中固体颗粒的质量，用ρ_d表示，即

$$\rho_d=\frac{m_s}{V}$$

式中 m_s——土中固体颗粒的质量（kg）；

V——土的天然体积（m^3）。

工程意义：在填土压实时，土经过打夯，质量不变，体积变小，干密度增加，通过测定

土的干密度 ρ_d，从而可判断土是否达到所要求的密实度。

4. 土的可松性

天然状态下的土经开挖后，其体积因松散而增加，虽经回填压实，仍不能完全复原，土的这种性质称为土的可松性。土的可松性的大小用可松性系数表示，分为最初可松性系数和最终可松性系数。

土的最初可松性系数 $K_s = \frac{V_2}{V_1}$

土的最终可松性系数 $K_s' = \frac{V_3}{V_1}$

式中 K_s、K_s'——土的最初、最终可松性系数；

V_1——土在自然状态下的体积（m^3）；

V_2——土经挖出后松散状态下的体积（m^3）；

V_3——土经压（夯）实后的体积（m^3）。

工程意义：对土方平衡调配和基坑开挖时留弃土方量及运输工具的选择有直接影响；是计算车辆装运土方体积及选择挖土机械的主要参数。

5. 土的渗透性

土的渗透性是指水流通过土体的难易程度，用渗透系数 k 表示。

$$v = ki$$

式中 v——渗透速度（m/s）；

k——渗透系数（m/d）；

i——水力坡度，指两点的水位差 h 与渗流路径长度 L 之比，即 $i = \frac{h}{L}$。

课题2 基坑、基槽的土方量计算

一、土方的边坡坡度

土方边坡坡度用挖方深度 H 与边坡底宽 B 之比来表示

$$边坡坡度 = \frac{H}{B} = \frac{1}{B/H} = 1 : m$$

式中 m——土方的边坡坡度系数。

如图1-1所示，$m = B/H$，$B = mH$。而最常见的、最方便的边坡稳定方法是放坡。

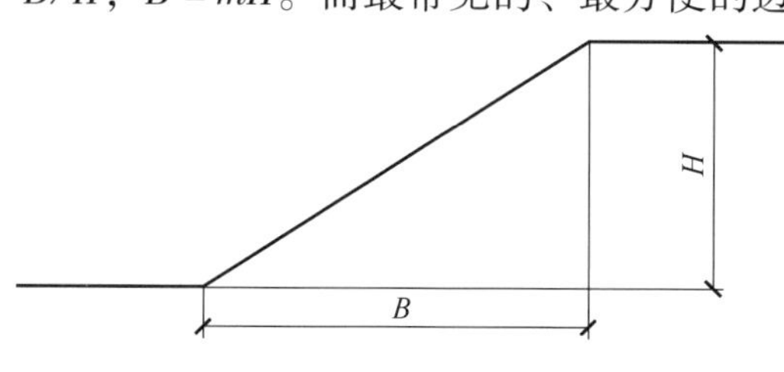

图1-1 土方边坡坡度

例题讲解

［例 1-1］有一基槽，底宽为 B_1，两边放坡 $1:m$，挖深为 H，如图 1-2 所示。求基槽任一截面图上口宽度。

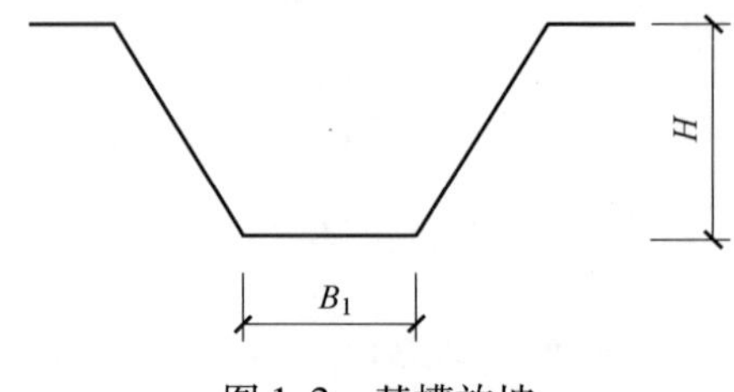

图 1-2　基槽放坡

［解］任一截面图：由公式 $m=B/H$ 及 $B=mH$，有

$$上口宽度=B_1+2mH$$

实时训练

［练 1-1］已知基槽底宽为 20m，槽深 4m，基槽放坡按 1:0.5，问基槽任一截面图上口宽度是多少？

例题讲解

［例 1-2］某建筑物外墙为条形砖基础，如图 1-3 所示。基础平均截面面积为 4.0m^2，基坑深 2.0m，底宽为 2m，地基为亚黏土，计算 100 延长米的基槽土方挖方量、填土量和弃土量（边坡坡度 $1:m=1:0.5$；$K_s=1.30$，$K_s'=1.05$）。

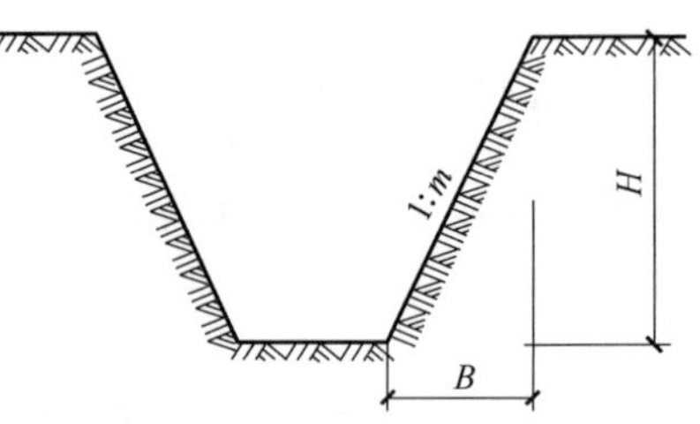

图 1-3　基槽放坡开挖的断面

［解］由公式 $m=B/H$，得 $B=mH=0.5\times 2\text{m}=1.0\text{m}$

$$挖方量=\frac{2+(2+1+1)}{2}\times 2\times 100\text{m}^3=600\text{m}^3$$

$$基础体积=100\times 4\text{m}^3=400\text{m}^3$$

$$填方量=\frac{600-400}{1.05}\text{m}^3=190\text{m}^3$$

$$弃土量=(600-190)\times 1.3\text{m}^3=533\text{m}^3$$

土方边坡大小应根据土质、开挖深度、开挖方法、施工工期、地下水位、坡顶荷载及气候条件等因素确定。边坡可做成直线形、折线形或阶梯形，如图1-4所示。

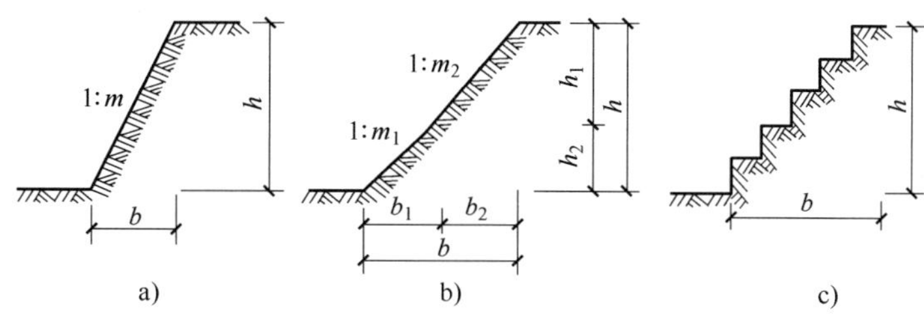

图1-4　土方边坡

a）直线形　b）折线形　c）阶梯形

土方边坡坡度一般在设计文件上有规定，当地质条件良好、土质均匀且无地下水的自然放坡的坡率允许值应根据经验确定。当无经验时，可按照《建筑施工土石方工程安全技术规范》（JGJ 180—2009）确定。临时性挖方边坡坡率可按表1-2的规定执行。

表1-2　临时性挖方边坡坡率

边坡土体类别	状　态	坡率允许值（高宽比）	
		坡高小于5m	坡高5~10m
碎石土	密实	1:0.35~1:0.50	1:0.50~1:0.75
	中密	1:0.50~1:0.75	1:0.75~1:1.00
	稍密	1:0.75~1:1.00	1:1.00~1:1.25
黏性土	坚硬	1:0.75~1:1.00	1:1.00~1:1.25
	硬塑	1:1.00~1:1.25	1:1.25~1:1.50

注：1. 表中碎石土的充填物为坚硬或硬塑状态的黏性土。

2. 对于砂土填充或充填物为砂石的碎石土，其边坡坡率允许值应按自然休止角确定。

二、土方量的计算

1. 基坑

底面积在20m² 以内，且底长为底宽3倍以内的称为基坑。基坑的土方量计算（图1-5）方法有两种：

1）可近似按立体几何中拟柱体（由两个平行的平面作底的一种多面体）体积计算。

$$V=\frac{H}{6}(A_1+4A_0+A_2)$$

式中　A_1、A_2——上、下底面积（m^2）；

A_0——中截面的面积（m^2）；

H——开挖深度（m）。

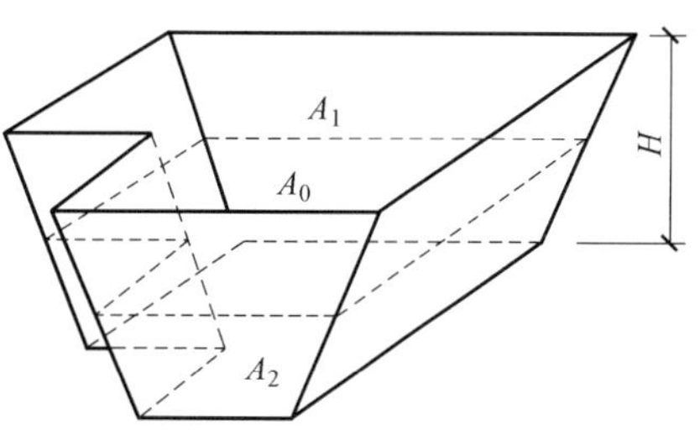

图1-5　基坑的土方量计算

2）按锥体体积计算。

$$V=(a+2c+mH)(b+2c+mH)H+\frac{1}{3}m^2H^3$$

式中 a、b——基础垫层的底长和底宽（m）；

m——放坡系数；

H——开挖深度（m）；

c——工作面（m），是指在沟槽、基坑下进行基础施工时，需要一定的操作空间，为满足此需要，在挖土时基础垫层的双向周边放出一定范围的操作面积，作为工人施工时的操作空间，这个单边放出的宽度就称为工作面；基础或垫层为混凝土时，按混凝土宽度每边增加300mm计算。

例题讲解

［例1-3］已知一个普通土基坑，如图1-6和图1-7所示，基坑底面为10m×10m（包括垫层两边的工作面），坑深为4m，按1∶0.5放坡，求基坑的土方量。

［解］分析已知条件底长 $a=10\text{m}$，$b=10\text{m}$，$H=4\text{m}$，$m=0.5\text{m}$，求 V。

1）第一种方法。

$$V=\frac{H}{6}(A_1+4A_0+A_2)$$

基坑下口　$A_1=10\times10\text{m}^2=100\text{m}^2$

中截面面积　$A_0=12\times12\text{m}^2=144\text{m}^2$

基坑上口　$A_2=14\times14\text{m}^2=196\text{m}^2$

$$V=\frac{4}{6}\times(100+4\times144+196)\text{m}^3=581.3\text{m}^3$$

2）第二种方法。由题意代入公式

$$\begin{aligned}V&=(a+2c+mH)(b+2c+mH)H+\frac{1}{3}m^2H^3\\&=(10+0.5\times4)\times(10+0.5\times4)\times4\text{m}^3+\frac{1}{3}\times0.5\times0.5\times4\times4\times4\text{m}^3=581.3\text{m}^3\end{aligned}$$

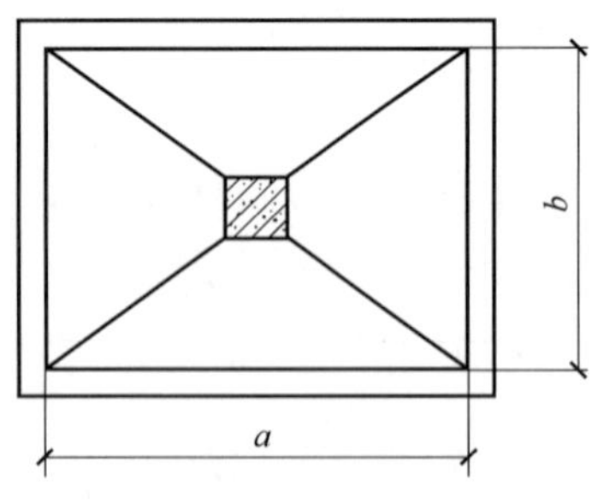

图1-6　基坑平面

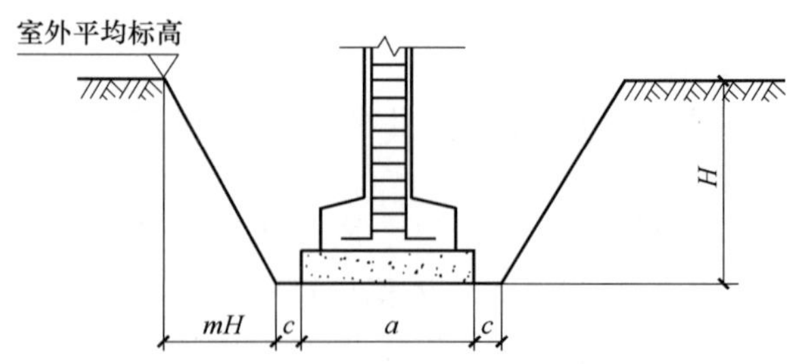

图1-7　基坑放坡土方量计算示意

实时训练

[练1-2] 某实训楼基础为钢筋混凝土独立基础，基础下有100mm的C15混凝土垫层，垫层上皮标高为 -2.25m；其中DJ—02基础底长、底宽均为3800mm，室外地面标高为 -0.45m，按1∶0.67放坡，如图1-8和图1-9所示。试计算基坑开挖的土方量。

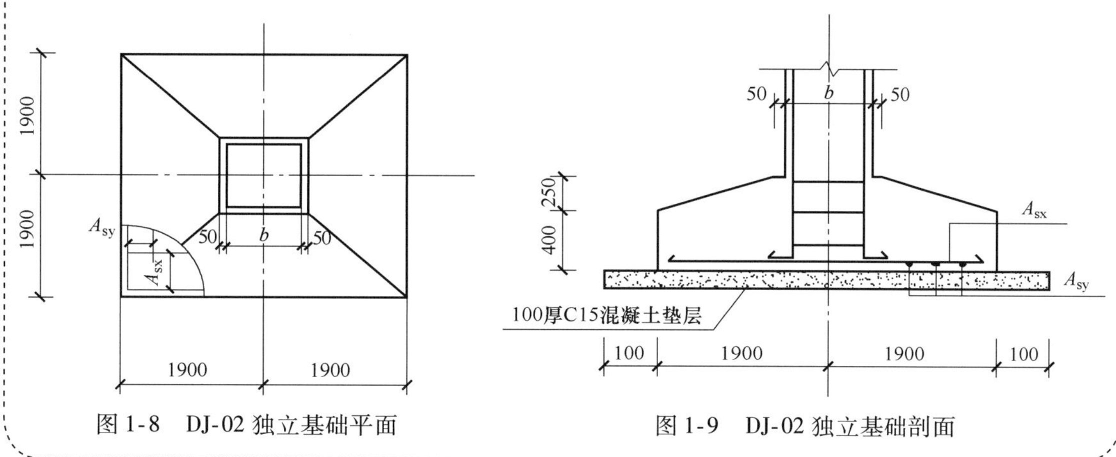

图1-8　DJ-02独立基础平面　　图1-9　DJ-02独立基础剖面

2. 基槽

宽度在3m以内，且长度等于或大于宽度3倍的槽称为基槽。基槽的土方量按以下两种情况计算（图1-10）：

1）当土方开挖采用直壁时，基槽的土方量计算为

$$V=(a+2c)HL$$

式中　L——基槽长度（m）。

2）当土方开挖采用放坡时的挖土体积为

$$V=(a+2c+mH)HL$$

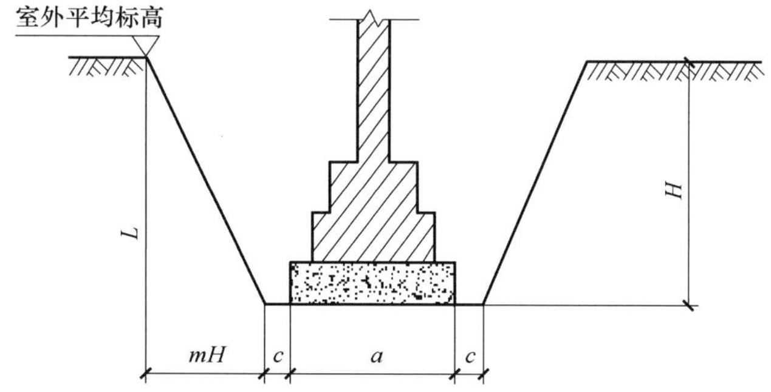

图1-10　基槽放坡留工作面土方量计算示意

例题讲解

［例 1-4］某多层建筑外墙基础断面形式如图 1-11 所示，长 50m，基础下有 100mm 厚的混凝土垫层，开挖时两端留工作面 300mm，土方边坡按 1∶0.33 放坡，试计算 1—1 剖面的基槽土方量。

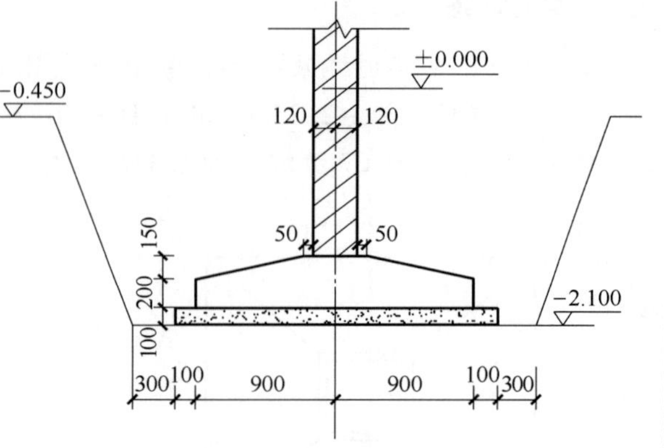

图 1-11　外墙基础断面 1—1 剖面

［解］分析已知条件，从图 1-11 中可以知道：

开挖深度 $H=(2.1-0.45)\text{m}=1.65\text{m}$，工作面 $c=0.3\text{m}$，坡度系数 $m=0.33$

$$
\begin{aligned}
V &= (a+2c+mH)HL \\
&= (2\times0.9+0.1\times2+2\times0.3+0.33\times1.65)\times1.65\times50\text{m}^3 \\
&= 259.42\text{m}^3
\end{aligned}
$$

实时训练

［练 1-3］计算图 1-12 中 2—2 剖面的基槽土方量。

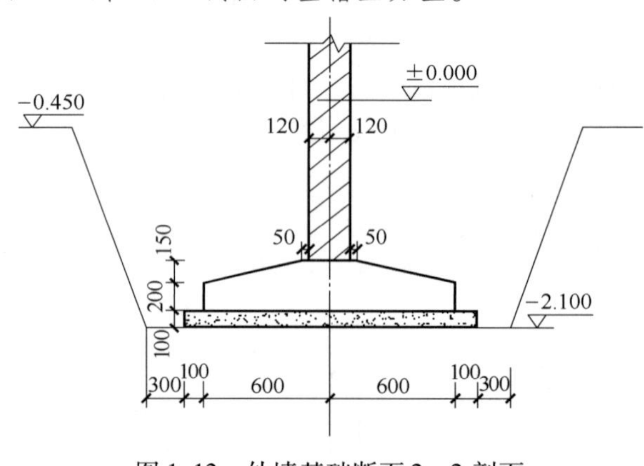

图 1-12　外墙基础断面 2—2 剖面

3. 大开挖土方量计算

凡平整场地厚度在 30cm 以上，坑底宽度在 3m 以上及坑底面积在 20m² 以上的挖土为挖土方。土方的工程量计算方法同挖基坑土方量。

实时训练

［练 1-4］现基坑底长 17.7m，宽 12.7m，深 1.9m，四边放坡，边坡坡度 1∶0.67，试计算挖土土方的工程量（同基坑土方量计算方法）。

课题3 土方工程的施工准备与辅助工作

一、土方工程施工准备的主要内容

1. 施工机具、设备

应根据工程规模、合同工期以及现场施工条件，采用符合施工方法要求的施工机具、设备。一般土方开挖工程采用液压挖掘机、自卸汽车、推土机、铲运机等。

2. 施工现场要求

1）土方工程应在定位放线后施工。在施工区域内，有碍施工的既有建筑物和构筑物、道路、沟渠、管线、坟墓、树木等，应在施工前妥善处理。

2）尽可能利用自然地形和永久性排水设施，采用排水沟、截水沟或挡水坝措施。

3）施工前应检查定位放线、排水和降水系统，合理安排土方运输车辆的行走路线和弃土场地，做好施工场地内的临时道路。

4）施工机械进入现场所经过的道路、桥梁和卸车设施等，应预先做好必要的加宽、加固等准备工作。

5）修好临时道路、电力、通信及供水设施，以及生活和生产用临时房屋。

3. 技术准备

1）组织土方工程施工前，建设单位应向施工单位提供当地实测地形图（其比例一般为1∶500～1∶1000），原有地下管线或构筑物竣工图，以及工程地质、气象等技术资料，编制施工组织设计或施工方案。

2）设置平面控制桩和水准点，以作为施工测量和工程验收的依据。

3）向施工人员进行技术、质量、安全施工交底工作。

二、土方工程施工降水方案的编制

为了保持基坑干燥，防止由于水浸泡发生边坡塌方和地基承载力下降，必须做好基坑的排水、降水工作，常采用的措施是集水井降水和井点降水法。

1. 集水井降水

集水井降水是指开挖基坑或沟槽过程中，遇到地下水或地表水时，在基础范围以外地下水流的上游，沿坑底的周围开挖排水沟，设置集水井，使水经排水沟流入井内，然后用水泵抽出坑外，如图1-13所示。

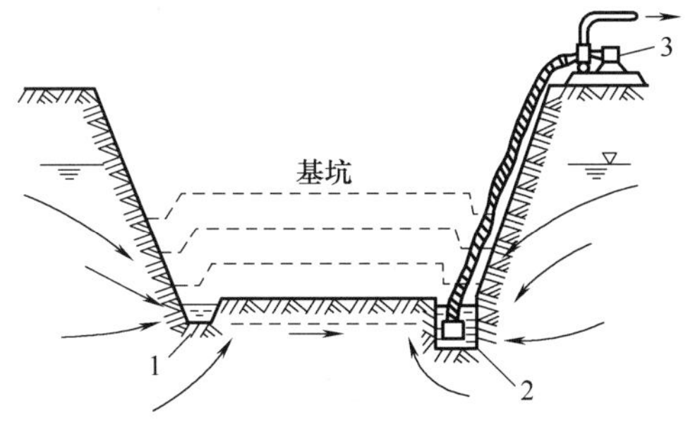

图1-13 集水井降水

1—排水沟 2—集水井 3—水泵

（1）集水井降水的施工要求排水沟和集水井应设置在基础范围以外，一般排水沟的横断面不小于0.5m×0.5m，纵向坡度宜为1%～2%；集水井每隔20～40m设置一个，其直径或宽度一般为0.6～0.8m，其深度随着挖土的加深而加深，但始终要低于挖土面0.5m。

当基坑挖到设计标高时，应保证地下水位低

于基坑底0.5m，集水井底应低于基坑底1～2m，并铺设0.3m厚的碎石滤水层，以免抽水时将泥砂抽走，并防止集水井底的土被扰动。

（2）流砂的产生及防治

1）流砂的产生。当基坑（槽）挖土至地下水位以下时，土质为细砂或粉砂，若采用集水坑降水，坑底的土就受到动水压力的作用，如果动水压力大于或等于土的浸水重度时，土颗粒就会失去自重而处于悬浮状态，土的抗剪强度等于零，细砂或粉砂就会随着渗流的水一起流动起来，这就是流砂现象。

2）流砂的治理办法。主要途径是消除、减少或平衡动水压力。具体措施：如条件许可，尽量安排枯水期施工，使最高地下水位不高于坑底0.5m；水中挖土时，不抽水或减少抽水，保持坑内水压与地下水压基本平衡；采用井点降水法、打板桩法、地下连续墙法防止流砂产生。

2. 井点降水

1）井点降水的概念。基坑开挖前，在基坑四周预先埋设一定数量的滤水管（井），在基坑开挖前和开挖过程中，利用抽水设备不断抽出地下水，使地下水位降到坑底以下，直至土方和基础工程施工结束。

2）井点降水分类：一类为轻型井点（包括电渗井点与喷射井点）；另一类为管井点（深井泵）。各种井点的适用条件见表1-3。

表1-3 各种井点的适用条件

井点类型	土的渗透系数/(cm/s)	降低水位深度/m
单层轻型井点	10^{-5}～10^{-2}	3～6
多层轻型井点	10^{-5}～10^{-2}	6～12（由井点层数确定）
喷射井点	10^{-6}～10^{-3}	8～20
电渗井点	$<10^{-6}$	宜配合其他形式降水使用
深井井点	$\geqslant 10^{-5}$	>10

3）轻型井点设备的组成。轻型井点设备由管路系统和抽水设备组成。管路系统包括滤管、井点管、弯联管及总管等，如图1-14所示。

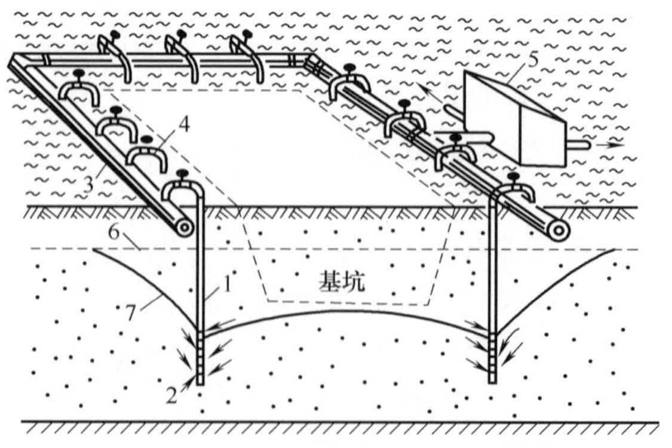

图1-14 轻型井点降低地下水位全貌

1—井点管 2—滤管 3—总管 4—弯联管 5—水泵房 6—原有地下水位线 7—降低后地下水位线

4）轻型井点的布置

① 平面布置。当基坑或沟槽宽度小于6m，水位降低深度不超过5m时，可用单排线状井点布置。如图1-15所示，在地下水流的上游一侧，两端延伸长度一般不小于沟槽宽度。如基坑或沟槽宽度大于6m或土质不定，渗透系数较大时，宜用双排井点；面积较大的基坑宜用环状井点，如图1-16所示。

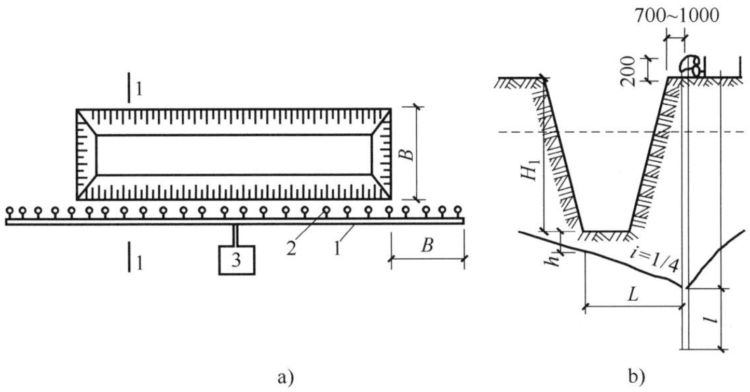

图1-15　单排线状井点布置
a）平面布置　b）高程布置
1—总管　2—井点管　3—抽水设备

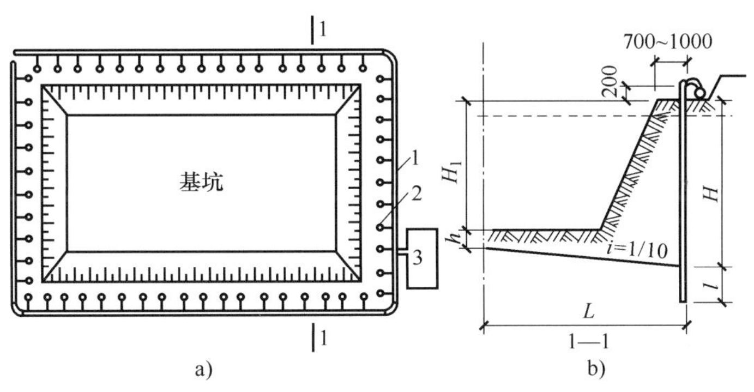

图1-16　环状井点布置
a）平面布置　b）高程布置
1—总管　2—井点管　3—抽水设备

② 高程布置。在考虑抽水设备的水头损失以后，井点降水深度一般不超过6m。井点管的埋设深度H（不包括滤管）按下式计算

$$H \geqslant H_1 + h + iL$$

式中　H_1——井点管埋设面至基坑底的距离（m）；

h——基坑中心处坑底面（单排井点时，为远离井点一侧坑底边缘）至降低后地下水位的距离（m），一般为0.5~1.0m；

i——地下水降落坡度，环状井点为1/10，单排线状井点为1/4；

L——井点管至基坑中心的水平距离（m）（单排井点中为井点管至基坑另一侧的水平距离）。

例题讲解

［例 1-5］某基坑底长 35m，宽 20m，室外自然地面标高为 -0.6m，基坑底标高为 -4.6m，四边放坡，边坡坡度 1∶0.5，地下水位线为 -1m，采用轻型井点降水，井点管到基坑边缘的距离按 1m 考虑，试确定轻型井点的布置，并计算井点管埋设深度。

［解］对于轻型井点系统的布置包括两个方面：平面布置和高程布置。该基坑顶部平面尺寸为 39m×24m，平面尺寸较大采用环状井点布置；高程布置中 h 取 0.5m（一般降低以后的水位线距基坑底为 0.5m）。井点管的埋设深度 H（不包括滤管长）按下式计算

$$H \geqslant H_1 + h + iL = \left(4 + 0.5 + 13 \times \frac{1}{10}\right)\text{m} = 5.8\text{m}$$

实时训练

［练 1-5］某基坑底长 40m，宽 25m，深度 5m，边坡坡度为 1∶0.5，水位线在地面下 1.5m 处，采用轻型井点降水，井点管到基坑边缘的距离按 1m 考虑，试绘制轻型井点系统的平面图和高程布置图。

5）轻型井点的施工　轻型井点的施工分为准备工作及井点系统安装。

① 准备工作。准备工作包括井点设备、动力、水泵及必要材料准备，排水沟的开挖，附近建筑物的标高监测以及防止附近建筑沉降的措施等。

② 井点系统安装。井点系统的埋设顺序：根据降水方案放线→挖管沟→布设总管→冲孔→下井点管→埋砂滤层→黏土封口→弯联管连接井点管与总管→安装抽水设备→试抽。

井点管的埋设一般用水冲法施工，分为冲孔和埋管两个过程，如图 1-17 所示。

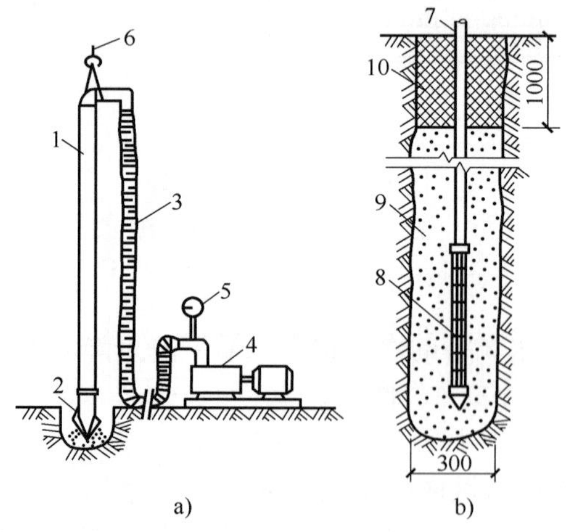

图 1-17　井点管埋设

a）冲孔　b）埋管

1—冲管　2—冲嘴　3—橡胶管　4—高压水泵　5—压力表　6—起重机吊钩

7—井点管　8—滤管　9—填砂　10—黏土封口

课题4　土方工程的施工机械

一、土方施工常用机械

土方工程施工中常用机械有推土机、铲运机、单斗挖土机及自卸汽车等。

1. 推土机

1）类型。按行走的方式，可分为履带式推土机和轮胎式推土机。

2）使用范围。场地清理、场地平整；破、松硬土；土方压实。

3）特点。操作灵活、工作面小、行驶速度快。

4）提高生产率的作业方法。下坡推土——利用机械重力势能提高生产率；并列推土——减少土的散失；多刀送土——先集中堆积在 A 处，然后再推到 B 处；槽形推土——减少土的散失。推土机平整场地如图1-18所示。

2. 铲运机

铲运机是一种能独立完成铲土、运土、卸土、填筑、整平等工序的土方机械，如图1-19所示。按行走方式分为牵引式铲运机和自行式铲运机；按铲斗操纵系统分为液压操纵和机械操纵两种。

图1-18　推土机平整场地

图1-19　铲运机

3. 单斗挖土机

单斗挖土机按工作装置不同，可分为正铲、反铲、拉铲和抓铲四种。

（1）正铲挖土机　正铲挖土机的工作特点：“前进向上，强制切土”。

（2）反铲挖土机　反铲挖土机的工作特点：“后退向下，强制切土”。

使用范围：用于开挖停机面以下的一类土～三类土，适用于挖掘深度不大于4m的基坑、基槽、管沟，也适用于湿土、含水量较大的及地下水位以下的土壤开挖。反铲挖土机的作业方式有沟端开挖和沟侧开挖两种。图1-20a为沟端开挖，反铲挖土机停在沟端，向后退着挖土；图1-20b为沟侧开挖，挖土机在沟槽一侧挖土，挖土机移动方向与挖土方向垂直。施工现场反铲挖土机分层挖土方如图1-21所示。

（3）拉铲挖土机　拉铲挖土机的工作特点：“后退向下，自重切土”。使用范围：开挖停机面以下的一类土与二类土，但不如反铲挖土机动作灵活准确，用于开挖大型基坑及水下挖土、填筑路基、修筑堤坝等。拉铲挖土机如图1-22所示。

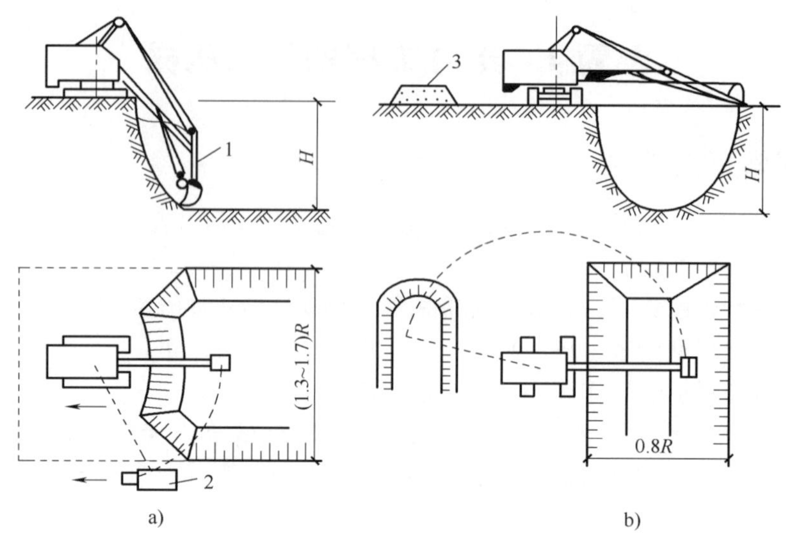

图 1-20 反铲挖土机的开挖方式
a）沟端开挖 b）沟侧开挖
1—反铲挖土机 2—自卸汽车 3—弃土堆

图 1-21 施工现场反铲挖土机分层挖土方

图 1-22 拉铲挖土机

（4）抓铲挖土机 抓铲挖土机的工作特点：“直上直下，自重切土”。使用范围：开挖停机面以下的一类土与二类土，挖窄而深的基坑，疏通旧渠道及挖取水中淤泥。在软土地基的地区，常用于开挖基坑、沉井等。抓铲挖土机如图 1-23 所示。

4. 自卸汽车

自卸汽车适用于装卸土方和散料，如图 1-24 所示。

二、挖土机与自卸汽车配套计算

在组织土方的机械化施工时，必须使主导机械和辅助机械的台数相互配套，协调作业。

1. 挖土机数量的确定

挖土机数量 N 按下式计算

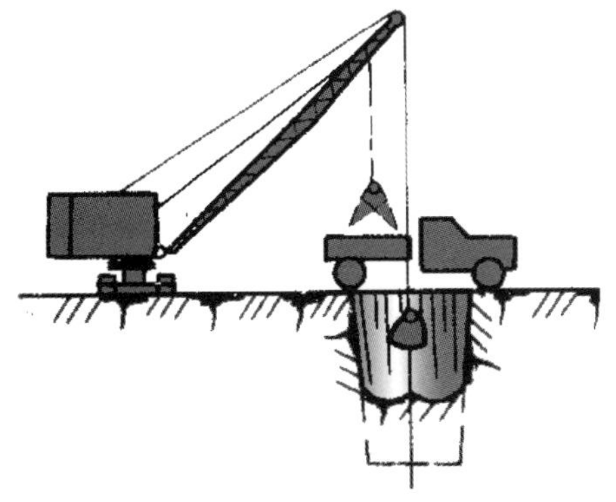
图1-23　抓铲挖土机

图1-24　自卸汽车

$$N=\frac{QCK}{PT}$$

式中　Q——土方量；

T——工期；

C——每天工作班数；

K——时间利用系数，取0.8～0.9；

P——挖土机的生产率，$P=\frac{8\times3600\times qK_cK_b}{tK_s}$；

t——挖土机每次循环作业延续时间，即每挖一斗的时间；

q——挖土机的斗容量；

K_c——斗的充盈系数，可取0.8～1.1；

K_b——工作时间利用系数，一般取0.6～0.8；

K_s——土的最初可松性系数。

2. 自卸汽车与挖土机的配套

自卸汽车与挖土机的配套应以保证挖土机连续工作为原则。汽车载重量以装3～5斗土为宜；汽车数量N=汽车每一工作循环的延续时间T/每次装车时间t，或N=（挖土机台班产量/汽车台班产量）+1。

三、土方机械设备的安全技术要求

根据《建筑施工土石方工程安全技术规范》（JGJ 180—2009）规定：

1. 一般规定

1）土石方施工的机械设备应有出厂合格证书。

2）机械设备进场前，应对现场和行进道路进行踏勘。不满足通行要求的地段应采取必要的措施。

3）作业前应检查施工现场，查明危险源。机械作业不宜在地下电缆或燃气管道等2m半径范围内进行。

4）作业时操作人员不得擅自离开岗位或将机械设备交给其他无证人员操作，严禁疲劳和酒后作业。严禁无关人员进入作业区和操作室。机械设备连续作业时，应遵守交接班制度。

5）遇到下列情况之一时应立即停止作业：

① 填挖区土体不稳定，有坍塌可能。

② 地面涌水冒浆，出现陷车或因雨发生坡道打滑。

③ 发生大雨、雷电、浓雾、水位暴涨及山洪暴发等情况。

④ 施工标志及防护设施被损坏。

⑤ 工作面净空不足以保证安全作业。

⑥ 出现其他不能保证作业和运行安全的情况。

2. 开挖土方设备的安全要求

1）推土机工作时严禁有人站在履带或刀片的支架上。两台以上推土机在同一区域作业时，两机前后距离不得小于8m，平行时左右距离不得小于1.5m。

2）铲运机作业前应将行车道整修好，路面宽度宜大于机身宽度2m。两台以上铲运机在同一区域作业时，自行式铲运机前后距离不得小于20m（铲土时不得小于10m），拖式铲运机前后距离不得小于10m（铲土时不得小于5m）；平行作业两机间距不宜少于2m，不得强行超车。

3）拉铲或反铲作业时，挖掘机履带到工作面边缘的安全距离不应小于1.0m。

课题5　基坑开挖的施工过程及验槽

一、基坑开挖的施工过程

平整场地→建筑物定位→放线→土方开挖（开挖过程中应考虑放坡和边坡支护问题；遇到有地下水时，应考虑降水，同时，及时抄平，控制开挖深度，严禁超挖）→开挖到设计底面标高，进行钎探和验槽→验槽合格→进行下道工序施工。

二、基坑开挖的主要施工方法

1. 平整场地

作业前应查明地下管线、障碍物等情况，制订处理方案后方可开始场地平整工作。

2. 建筑物定位

建筑物定位就是将建筑设计总平面图中建筑物外轮廓的轴线交点测设到地面上，并用木桩标定出来，桩顶钉小铁钉指示点位（这类桩称为轴线桩）；然后根据轴线桩进行细部测设，如图1-25、图1-26所示。

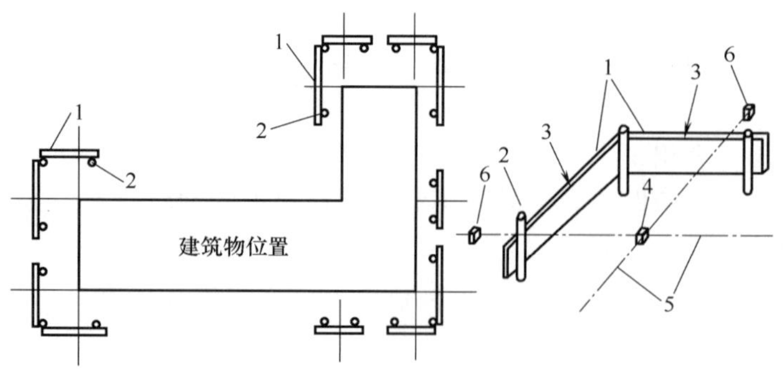

图1-25　建筑物定位

1—龙门板　2—龙门桩　3—轴线钉　4—轴线桩　5—轴线　6—控制桩

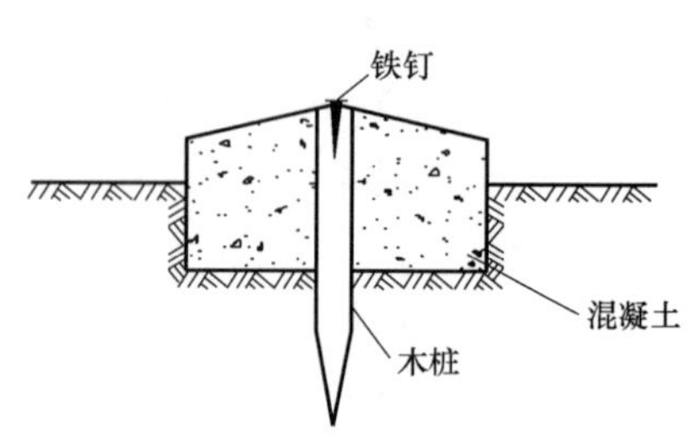

图1-26　木桩固定方法

为进一步控制各轴线位置，应将主要轴线延长引测到安全地点并做好标志（称为控制桩）。为了便于开槽后施工各阶段中能控制轴线位置，可把轴线位置引测到龙门板上用轴线钉标定。龙门板顶部标高一般为±0.000，以便控制基槽和基础施工时的标高。定位一般用经纬仪、水准仪和钢尺等测量仪器。

3. 放线

房屋定位后，根据基础的宽度、土质情况、基础埋置深度及施工方法，计算确定基槽（坑）上口开挖宽度，拉通线后用石灰在地面上画出基槽（坑）开挖的上口边线，即放线，如图1-27所示。工作面的留置要求：混凝土和钢筋混凝土基础为300mm。放好开挖线，经复测及验收合格后开始开挖。

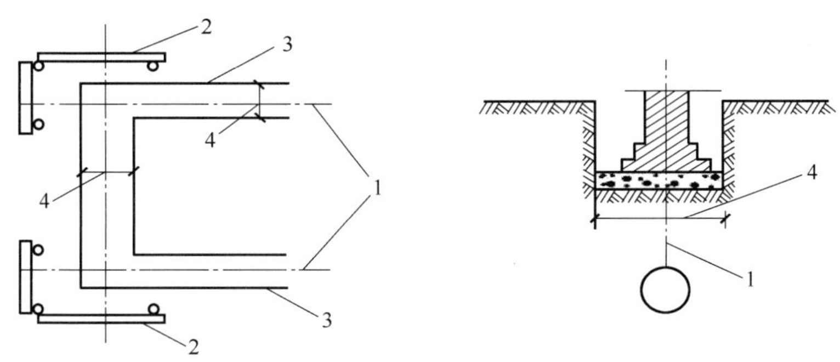

图1-27　确定基槽上口开挖边线示意

1—墙（柱）轴线　2—龙门板　3—白灰线（基槽开挖边线）　4—基槽宽度

4. 土方开挖

基坑土方开挖的一般规定：

1）基坑工程必须遵循先设计后施工的原则；应按设计和施工方案要求分层、分段、均衡开挖。

2）土方开挖前，应查明基坑周边及影响范围内建（构）筑物与水、电、燃气等地下管线的情况，并采取措施保护其使用安全。

3）基坑开挖深度范围内有地下水时，应采取有效的地下水控制措施。

4）基坑工程应编制应急预案。

5）土方开挖的顺序、方法必须与设计工况一致，并遵循“开槽支撑，先撑后挖，分层开挖，严禁超挖”的原则。土方开挖宜从上到下分层、分段、均衡进行；当基底标高不同时，应遵守先深后浅的施工顺序。

5. 基坑支护

基坑支护是指为保护地下主体结构施工和基坑周边环境的安全，对基坑采用的临时性支挡、加固、保护与地下水控制的措施。支护结构是指支挡或加固基坑侧壁的承受荷载的结构。

（1）基坑支护应满足的功能要求　保证基坑周边建（构）筑物、地下管线、道路的安全和正常使用；保证主体地下结构的施工空间。

（2）支护结构形式选择　根据《建筑基坑支护技术规程》（JGJ 120—2012）的规定，各类支护结构的适用条件见表1-4。

表 1-4 各类支护结构的适用条件

<table>
<tr><th colspan="2" rowspan="2">结构类型</th><th colspan="3">适用条件</th></tr>
<tr><th>安全等级</th><th colspan="2">基坑深度、环境条件、土类和地下水条件</th></tr>
<tr><td rowspan="5">挡式结构</td><td>锚拉式结构</td><td rowspan="5">一级、二级、三级</td><td>适用于较深的基坑</td><td rowspan="5">1. 排桩适用于可采用降水或截水帷幕的基坑
2. 地下连续墙宜同时用作主体地下结构外墙，可同时用于截水
3. 锚杆不宜用在软土层和高水位的碎石土、砂土层中
4. 当邻近基坑有建筑物地下室、地下构筑物等，锚杆的有效锚固长度不足时，不应采用锚杆
5. 当锚杆施工会造成基坑周边建（构）筑物的损害或违反城市地下空间规划等规定时，不应采用锚杆</td></tr>
<tr><td>支撑式结构</td><td>适用于较深的基坑</td></tr>
<tr><td>悬臂式结构</td><td>适用于较浅的基坑</td></tr>
<tr><td>双排桩</td><td>当锚拉式、支撑式和悬臂式结构不适用时，可考虑采用双排桩</td></tr>
<tr><td>支护结构与主体结构结合的逆作法</td><td>适用于基坑周边环境条件很复杂的深基坑</td></tr>
<tr><td rowspan="4">钉墙</td><td>单一土钉墙</td><td rowspan="4">二级、三级</td><td>适用于地下水位以上或经降水的非软土基坑，且基坑深度不宜大于 12m</td><td rowspan="4">当基坑潜在滑动面内有建筑物、重要地下管线时，不宜采用土钉墙</td></tr>
<tr><td>预应力锚杆复合土钉墙</td><td>适用于地下水位以上或经降水的非软土基坑，且基坑深度不宜大于 15m</td></tr>
<tr><td>水泥土桩垂直复合土钉墙</td><td>用于非软土基坑时，基坑深度不宜大于 12m；用于淤泥质土基坑时，基坑深度不宜大于 6m；不宜用在高水位的碎石土、砂土、粉土层中</td></tr>
<tr><td>微型桩垂直复合土钉墙</td><td>适用于地下水位以上或经降水的基坑，用于非软土基坑时，基坑深度不宜大于 12m；用于淤泥质土基坑时，基坑深度不宜大于 6m</td></tr>
<tr><td colspan="2">重力式水泥土墙</td><td>二级、三级</td><td colspan="2">适用于淤泥质土、淤泥基坑，且基坑深度不宜大于 7m</td></tr>
<tr><td colspan="2">放坡</td><td>三级</td><td colspan="2">1. 施工场地应满足放坡条件
2. 可与上述支护结构形式结合</td></tr>
</table>

注：1. 当基坑不同部位的周边环境条件、土层性状、基坑深度等不同时，可在不同部位分别采用不同的支护形式。
2. 支护结构可采用上、下部以不同结构类型组合的形式。

（3）支挡式结构的施工方法　支挡式结构是以挡土构件和锚杆或支撑为主要构件，或以挡土构件为主要构件的支护结构。支挡式结构的形式有锚拉式结构、支撑式结构、悬臂式结构、双排桩、逆作法。这里主要介绍排桩施工。

1）排桩。排桩是指由沿基坑侧壁排列设置的支护桩及冠梁所组成的支挡式结构部件或悬臂式支挡结构。其中，冠梁是设置在挡土构件顶部的钢筋混凝土连梁。

2）排桩的桩型。排桩的桩型与成桩工艺应根据桩所穿过土层的性质、地下水条件及基坑周边环境要求等选择，有混凝土灌注桩、型钢桩、钢管桩、钢板桩、型钢水泥土搅拌桩等桩型。

3）混凝土灌注桩排桩。

① 采用混凝土灌注桩时，支护桩的桩身混凝土强度等级、钢筋配置和混凝土保护层厚

度应符合下列规定：桩身混凝土强度等级不宜低于 C25；支护桩的纵向受力钢筋宜选用 HRB400、HRB335 钢筋；箍筋可采用螺旋式箍筋，箍筋直径不应小于纵向受力钢筋最大直径的 1/4，且不应小于 6mm；箍筋间距宜取 100～200mm，且不应大于 400mm 及桩的直径；沿桩身配置的加强箍筋应满足钢筋笼起吊安装要求，宜选用 HPB300、HRB335 钢筋，其间距宜取 1000～2000mm；纵向受力钢筋的保护层厚度不应小于 35mm，采用水下灌注混凝土工艺时，不应小于 50mm。

② 支护桩顶部应设置混凝土冠梁。冠梁的宽度不宜小于桩径，高度不宜小于桩径的 0.6 倍。

③ 排桩的桩间土应采取防护措施。桩间土防护措施宜采用内置钢筋网或钢丝网的喷射混凝土面层。喷射混凝土面层的厚度不宜小于 50mm，混凝土强度等级不宜低于 C20，混凝土面层内配置的钢筋网的纵、横向间距不宜大于 200mm。

④ 排桩施工顺序。排桩墙宜采用间隔成桩的施工顺序。对混凝土灌注桩，应在混凝土终凝后，再进行相邻桩的成孔施工。图 1-28 为施工现场混凝土灌注桩排桩。混凝土灌注桩排桩墙的基本工艺流程：混凝土灌注桩施工→桩机移位→桩养护→破桩→冠梁施工。

图 1-28　施工现场混凝土灌注桩排桩

⑤ 冠梁施工。冠梁施工时，应将桩顶部的浮浆、低强度混凝土及破碎部分清除。冠梁混凝土浇筑采用土模时，土面应修理整平。

⑥ 采用混凝土灌注桩时，其质量检测应符合下列规定：应采用低应变动测法检测桩身完整性，检测桩数不宜少于总桩数的 20%，且不得少于 5 根；当根据低应变动测法判定的桩身完整性为Ⅲ类或Ⅳ类时，应采用钻芯法进行验证，并应扩大低应变动测法检测的数量。

（4） 土钉墙支护结构的施工方法

1） 土钉的概念。土钉是指设置在基坑侧壁土体内的承受拉力与剪力的杆件。例如，成孔后植入钢筋杆体并通过孔内注浆在杆体周围形成固结体的钢筋土钉，将设有出浆孔的钢管直接击入基坑侧壁土中并在钢管内注浆的钢管土钉。

2） 土钉墙。土钉墙是指由随基坑开挖而分层设置的、纵横向密布的土钉群、喷射混凝土面层及原位土体所组成的支护结构。

3） 复合土钉墙。复合土钉墙是指土钉墙与预应力锚杆、微型桩、旋喷桩、搅拌桩中的一种或多种组成的复合型支护结构。

4） 土钉墙的材料要求。土钉钢筋宜采用 HRB400、HRB335 钢筋，钢筋直径应根据土钉抗拔承载力的设计要求确定，且宜取 16～32mm。土钉水平间距和竖向间距宜为 1～2m；当基坑较深、土的抗剪强度较低时，土钉间距应取小值。土钉倾角宜为 5°～20°；应沿土钉全长设置对中定位支架，其间距宜取 1.5～2.5m；土钉钢筋保护层厚度不宜小于 20mm。当土钉墙高度不大于 12m 时，喷射混凝土面层的构造要求应符合下列规定：喷射混凝土面层厚度宜取 80～100mm；喷射混凝土设计强度等级不宜低于 C20；喷射混凝土面层中应配置钢筋网和通长的加强钢筋，钢筋网宜采用 HPB300 钢筋，钢筋直径宜取 6～10mm，钢筋网间距宜取 150～250mm。

5）土钉墙的施工过程。基坑开挖与修坡→定位放线→钻孔→安设土钉→注浆→铺钢筋网→喷射面层混凝土→土钉现场测试→施工检测，如图 1-29、图 1-30 所示。

图 1-29　土钉钻孔、铺钢筋网示意

图 1-30　进行下一层土钉墙的施工

6）土钉墙的施工方法。

① 基坑开挖和修坡。基坑要按设计要求严格分层分段开挖，在完成上一层作业面土钉且喷射混凝土面层达到设计要求时才可进行下一层土层的开挖。坡面经机械开挖后要采用小型机械或人工进行切削修坡，以使坡度与坡面的平整度达到设计要求。

② 钢筋土钉成孔时应符合下列要求：

a. 土钉成孔范围内存在地下管线等设施时，应在查明其位置并避开后，再进行成孔作业。

b. 应根据土层的性状选择成孔方法，选择的成孔方法应能保证孔壁的稳定性，并减小对孔壁的扰动。

c. 当成孔遇不明障碍物时，应停止成孔作业，在查明障碍物的情况并采取针对性措施后方可继续成孔。

d. 对易塌孔的松散土层宜采用机械成孔工艺；成孔困难时，可采用注入水泥浆等方法进行护壁。

③ 钢筋土钉杆体的制作、安装应符合下列要求：

a. 钢筋使用前，应调直并清除污锈。

b. 当钢筋需要连接时，宜采用搭接焊、帮条焊；应采用双面焊，双面焊的搭接长度或帮条长度应不小于主筋直径的5倍，焊缝高度不应小于主筋直径的0.3倍。

c. 对中支架的断面尺寸应符合土钉杆体保护层厚度要求，对中支架可选用直径6~8mm的钢筋焊制。

d. 土钉成孔后应及时插入土钉杆体，遇塌孔、缩径时，应在处理后再插入土钉杆体。

④ 钢筋土钉注浆时应符合下列规定：

a. 注浆材料可选用水泥浆或水泥砂浆。水泥浆的水胶比宜取0.5~0.55；水泥砂浆的水胶比宜取0.40~0.45，灰砂比宜取0.5~1.0。拌和用砂宜选用中粗砂，按质量计的含泥量不得大于3%。

b. 水泥浆或水泥砂浆应拌和均匀，一次拌和的水泥浆或水泥砂浆应在初凝前使用。

c. 注浆前应将孔内残留的虚土清除干净。

d. 注浆时，宜采用将注浆管与土钉杆体绑扎，同时插入孔内并由孔底注浆的方式。注浆管端部至孔底的距离不宜大于200mm；注浆及拔管时，注浆管口应始终埋入注浆液面内，应在新鲜浆液从孔口溢出后停止注浆；注浆后，当浆液液面下降时，应进行补浆。

⑤ 喷射混凝土面层施工应符合下列规定：

a. 喷射作业应分段依次进行，同一分段内喷射顺序应自下而上均匀喷射，一次喷射厚度宜为30~80mm。

b. 喷射混凝土时，喷头与土钉墙墙面应保持垂直，其距离宜为0.6~1.0m。

c. 喷射混凝土终凝2h后应及时喷水养护。

d. 钢筋与坡面的间隙应大于20mm。

e. 钢筋网可采用绑扎固定；钢筋连接宜采用搭接焊，焊缝长度不应小于钢筋直径的10倍。

f. 采用双层钢筋网时，第二层钢筋网应在第一层钢筋网被喷射混凝土覆盖后铺设。

7）土钉墙的质量检测应符合下列规定：

① 应对土钉的抗拔承载力进行检测，抗拔试验可采用逐级加荷法；土钉的检测数量不宜少于土钉总数的1%，且同一土层中的土钉检测数量不应少于3根；试验最大荷载不应小于土钉轴向拉力标准值的1.1倍；检测土钉应按随机抽样的原则选取，并应在土钉固结体强度达到设计强度的70%后进行试验。

② 土钉墙面层喷射混凝土应进行现场试块强度试验，每500m^2喷射混凝土面积试验数量不应少于一组，每组试块不应少于3个。

③ 应对土钉墙的喷射混凝土面层厚度进行检测，每500m^2喷射混凝土面积检测数量不应少于一组，每组的检测点不应少于3个；全部检测点的面层厚度平均值不应小于厚度设计值，最小厚度不应小于厚度设计值的80%。

标准、规范学习

根据《建筑基坑支护技术规程》（JGJ 120—2012）的规定：

1）双排桩。双排桩是指沿基坑侧壁排列设置的由前、后两排支护桩和梁连接成的刚架及冠梁所组成的支挡式结构。

2）地下连续墙。地下连续墙是指分槽段用专用机械成槽、浇筑钢筋混凝土所形成的连续地下墙体，也可称为现浇地下连续墙。

3）锚杆。锚杆是指由杆体（钢绞线、普通钢筋、热处理钢筋或钢管）、注浆形成的固结体、锚具、套管、连接器所组成的一端与支护结构构件连接，另一端锚固在稳定岩土体内的受拉杆件。杆体采用钢绞线时，也可称为锚索。

4）冠梁。冠梁是指设置在挡土构件顶部的钢筋混凝土连梁。

5）腰梁。腰梁是指设置在挡土构件侧面的连接锚杆或内支撑的钢筋混凝土或型钢梁式构件。

6. 基槽（坑）开挖深度的控制

为了控制基槽开挖深度，在即将挖到槽底设计标高时，用水准仪在槽壁上测设一些水平的小木桩（图1-31），使木桩的上表面到槽底设计标高为一固定值（如0.500m），用以控制挖槽深度。为了施工时使用方便，一般在槽壁各拐角处和槽壁每隔3～4m处均测设一水平桩；必要时，可沿水平桩的上表面拉上白线绳，作为清理槽底和打基础垫层时掌握标高的依据。水平桩高程测设的允许误差为±10mm。图1-31中计算水平桩的上表面标高为2.350m－0.50m＝1.850m，水准仪的读数$b=a+1.850$m。

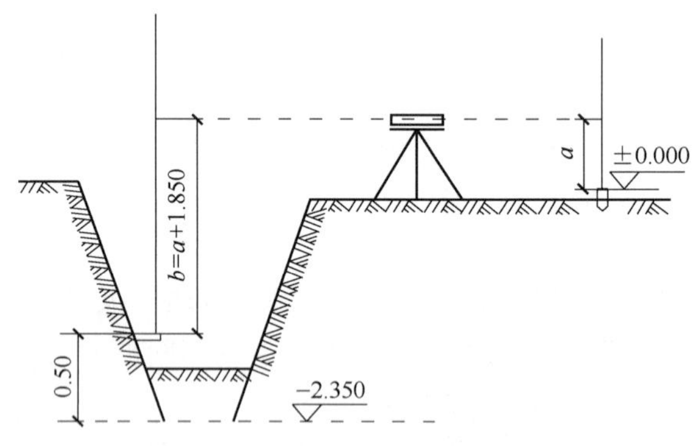

图1-31 基槽（坑）深度控制

7. 基坑开挖过程中的防护和作业要求

根据《建筑施工土石方工程安全技术规范》（JGJ 180—2009）的规定：

1）开挖深度超过2m的基坑周边必须安装防护栏杆，防护栏杆高度不应低于1.2m。防护栏杆应由横杆及立杆组成。横杆应设2～3道；立杆间距不宜大于2.0m，立杆到坡边的距离宜大于0.5m。防护栏杆宜加挂密目安全网和挡脚板。安全网应自上而下封闭设置；挡脚板高度不应小于180mm，挡脚板下沿的离地高度不应大于10mm；防护栏杆应安装牢固，材料应有足够的强度。

2）基坑内宜设置供施工人员上下的专用梯道。梯道应设扶手栏杆，梯道的宽度不应小于1m。

3）同一垂直作业面的上下层不宜同时作业。需同时作业时，上下层之间应采取隔离防护措施。

4）基坑支护结构必须在达到设计要求的强度后，方可开挖下层土方，严禁提前开挖和超挖。施工过程中，严禁设备或重物碰撞支撑、腰梁、锚杆等基坑支护结构，也不得在支护结构上放置或悬挂重物。

5）基坑边坡的顶部应设排水措施。基坑底四周宜设排水沟和集水井，并及时排除积水。基坑挖至坑底时应及时清理基底并浇筑垫层。

6）遇异常软弱土层、流砂（土）、管涌，应立即停止施工，并及时采取措施。

7）除基坑支护设计允许外，基坑边不得堆土、堆料、放置机具。

8）深基坑开挖过程中必须进行基坑变形监测，发现异常情况应及时采取措施。

标准、规范学习

根据中华人民共和国住房和城乡建设部下发的《危险性较大的分部分项工程安全管理办法》（建质［2009］87号），对分部分项工程的部分规定如下：

1）危险性较大的分部分项工程的范围：开挖深度超过3m（含3m）或虽未超过3m但地质条件和周边环境复杂的基坑（槽）支护、降水工程；开挖深度超过3m（含3m）的基坑（槽）的土方开挖工程。

2）超过一定规模的危险性较大的分部分项工程：开挖深度超过5m（含5m）的基坑（槽）的土方开挖、支护、降水工程；开挖深度虽未超过5m，但地质条件、周围环境和地下管线复杂，或影响毗邻建筑（构筑）物安全的基坑（槽）的土方开挖、支护、降水工程。

3）施工单位应当在危险性较大的分部分项工程施工前编制专项方案；对于超过一定规模的危险性较大的分部分项工程，施工单位应当组织专家对专项方案进行论证。

三、基坑（槽）钎探和验槽

基坑（槽）挖至基底设计标高后，为防止基础的不均匀沉降，对地基应进行严格的检查，主要是钎探和验槽。

1. 钎探

钎探主要用来检验地基土每2m范围的土质是否均匀一致，是否有局部过硬或过软的部位，以及是否有地洞、墓穴等异常情况。钎探方法：将一定长度的钢钎打入槽底以下的土层内，根据每打入一定深度的锤击次数，间接地判断地基土质的情况。打钎分人工和机械两种方法。

（1）钢钎的规格和数量　人工打钎时，钢钎用直径为22～25mm的钢筋制成，钎尖为60°的尖锥状，钎长为1.8～2.0m，如图1-32所示。打钎用的锤重为3.6～4.5kg，举锤高度为50～70cm，将钢钎垂直打入土中，并记录每打入土层30cm的锤击数。机械打钎时，锤重约 10kg，锤的落距为 50cm；钢钎的直径为 25mm，长度为 1.8m。

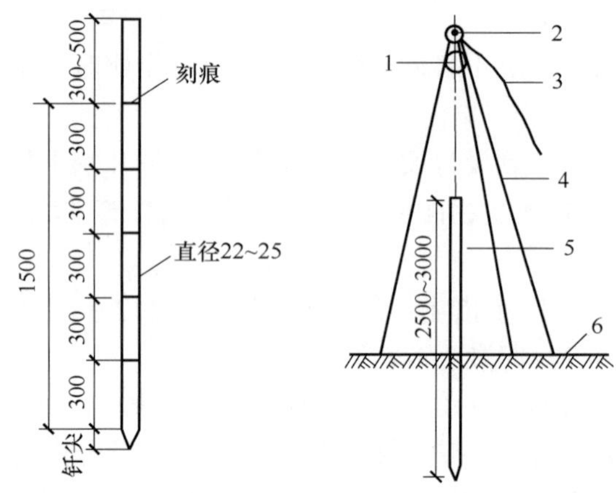

图 1-32 基坑钎探示意

1—重锤 2—滑轮 3—操纵绳 4—三脚架 5—钢钎 6—基坑底

(2) 钎孔布置和钎探深度 钎孔布置和钎探深度应根据地基土质的复杂情况及基槽的宽度、形状确定，见表 1-5。

表 1-5 钎孔布置和钎探深度

槽宽/cm	排 列 方 式	间距/m	钎探深度/m
小于 80	中心一排	1 ~ 2	1.2
80 ~ 200	两排错开	1 ~ 2	1.5
大于 200	梅花形	1 ~ 2	2.0
柱基础	梅花形	1 ~ 2	≥1.5m，并不浅于短边宽度

注：对于较软弱的新近沉积黏性土和人工杂填土的地基，钎孔间距应不大于 1.5m。

(3) 钎探的施工要求

1) 首先根据基槽底的平面尺寸绘制基槽平面图，在图上根据要求确定钎探点的平面位置，并依次编号绘制成钎探平面图。

2) 钎探时按钎探平面图标定的钎探点顺序进行，钎探时大锤应靠自重下落，以保持外力均匀，最后整理成钎探记录表（表 1-6）。

表 1-6 钎探记录

<table>
<tr><th rowspan="2">探 孔 号</th><th rowspan="2">打入长度/m</th><th colspan="8">每 30cm 锤击数</th><th rowspan="2">总 锤 击 数</th><th rowspan="2">备 注</th></tr>
<tr><th></th><th></th><th></th><th></th><th></th><th></th><th></th><th></th></tr>
<tr><td>1</td><td></td><td></td><td></td><td></td><td></td><td></td><td></td><td></td><td></td><td></td><td></td></tr>
<tr><td>2</td><td></td><td></td><td></td><td></td><td></td><td></td><td></td><td></td><td></td><td></td><td></td></tr>
<tr><td>打钎者</td><td></td><td colspan="2">施工员</td><td colspan="3"></td><td colspan="2">质检员</td><td colspan="3"></td></tr>
</table>

3) 钎探完毕后，用砖等块材状材料盖住钎探孔，待验槽时还要验孔。

4) 待验槽完毕后，用粗砂灌孔。

(4) 钎探结果分析 全部钎探完毕后，逐层分析研究钎探记录，逐点进行比较，将锤击数显著过多或过少的钎孔在钎探平面图上做上记号；然后在该部位进行重点检查，如有异常情况，要会同设计等有关单位进行处理。

2. 验槽

全部钎探完毕后，应由总监理工程师或建设单位有关人员会同设计、勘察、监理、施工等单位共同进行验槽。验槽的目的在于检查地基是否与勘察设计资料相符合，这是因为一般设计依据的地质勘察资料取自建筑物基础的有限几个点，无法反映钻孔之间的土质变化，只有在开挖后才能确切地了解。如果实际土质与设计地基土不符，则应由结构设计人员提出地基处理方案，处理后经有关单位签署后归档备查。经处理合格后，再进行基础工程施工。

验槽的主要内容有以下两方面：

1）观察基槽基底和侧壁土质情况，土层构成及其走向，是否有异常现象，以判断是否达到设计要求的土层。由于地基土开挖后情况复杂、变化多样，这里将常见基槽观察的项目和内容进行简要说明，验槽观察内容见表1-7。

表1-7　验槽观察内容

观察目的		观察内容
槽壁土层		土层分布情况及走向
重点部位		柱基础、墙角、承重墙下及其他受力较大部位
整个槽底	槽底土质	是否挖到老土层上（地基持力层）
	土的颜色	是否均匀一致，有无异常过干过湿
	土的软硬	是否软硬一致
	土的虚实	有无振颤现象，有无空穴声音

2）检查基底标高和平面尺寸、坡度是否符合设计要求。土方开挖质量检验标准应符合《建筑地基基础工程施工质量验收规范》（GB 50202—2002）的规定。验槽合格后，应立即进行基础工程的施工。

实时训练

［练1-6］某基坑长度为60m，宽度为40m，正在开挖，室外地坪标高为 -0.45m，基底设计标高为 -2.35m，当基坑挖至设计标高时，作为现场的施工员，如何控制挖土的设计标高不会产生超挖？如果发生超挖如何解决？验槽应如何组织？请绘制钎探平面布置图。

课题6　土方的填筑和压实

一、填方土料的选择

选择填方土料应符合设计要求。如设计无要求时，应符合下列规定：

1）碎石类土、砂土（使用细、粉砂时应取得设计单位同意）和爆破石渣，可用作表层以下的填料；其最大粒径不得超过每层铺填厚度的2/3。

2）含水量符合压实要求的黏性土，可用作各层填料。

3）碎块草皮和有机质含量大于8%的土，仅用于无压实要求的填方工程。

4）淤泥和淤泥质土一般不能用作填料，但在软土或沼泽地区，经过处理其含水量符合压实要求后，可用于填方中的次要部位；含盐量符合规定的盐渍土，一般可以使用，但填料中不得含有盐晶、盐块或含盐植物的根茎。

5）含冻土块的土不得用于室内回填。

二、施工工艺流程

基坑底清理→检验土质→分层铺土→分层压实→检验密实度→修整找平、验收。

1）填土前，应将基土上的洞穴或基底表面上的树根、垃圾等杂物都处理完毕，清除干净。

2）检验土质。检验回填土料的种类、粒径，有无杂物，是否符合规定，以及土料的含水量是否在控制的范围内。若含水量偏高，可采用翻松、晾晒或均匀掺入干土等措施；若含水量偏低，可采用预先洒水润湿等措施。

3）填土应分层铺摊，分层压实。每层铺土的厚度应根据土质、密实度要求和机具性能确定。填土应尽量采用同类土填筑；如采用不同类填料分层填筑时，上层宜填筑透水性较小的填料，下层宜填筑透水性较大的填料。填方基土表面应做成适当的排水坡度，边坡不得用透水性较小的填料封闭。填方施工应接近水平地分层填筑。当填方位于倾斜的地面时，应先将斜坡挖成阶梯状，然后分层填筑，以防填土横向移动。分段填筑时，每层接缝处应做成斜坡形，碾迹重叠0.5～1.0m。上、下层错缝距离不应小于1m。

4）回填土每层压实后，应按规定进行环刀取样，测出干土的质量密度；达到要求后，再进行上一层的铺土。

5）填方全部完成后，应进行表面拉线找平，凡超过标准高程的地方，及时依线铲平；凡低于标准高程的地方，应补土找平夯实。

三、填土的压实方法

填土压实方法有碾压法、夯实法和振动法三种，此外还可利用运土工具压实。

1. 碾压法

碾压法是由沿着表面滚动的鼓筒或轮子的压力压实土壤。一切拖动和自动的碾压机具，如平滚碾、羊足碾和气胎碾等的工作都属于同一原理。该法主要用于大面积填土。

2. 夯实法

夯实法是利用夯锤自由下落的冲击力来夯实土壤，主要用于小面积的回填土。夯实机具类型较多，有木夯、石夯、蛙式打夯机，以及利用挖土机或起重机装上夯板后的夯土机等。其中，蛙式打夯机轻巧灵活、构造简单，在小型土方工程中应用广泛。

3. 振动法

振动法是将重锤放在土层的表面或内部，借助于振动设备使重锤振动，土壤颗粒即发生相对位移达到紧密状态。此法振实非黏性土效果较好。

四、影响填土压实质量的因素

1. 压实功的影响

土的密度与所消耗的功的关系。当土的含水量一定，在开始压实时，土的密度急剧增加，待到接近土的最大密度时，压实功虽然增加许多，而土的密度则变化甚小。在实际施工中，对于砂土只需碾压2～3遍，对粉质黏土或黏土只需5～6遍。

2. 含水量的影响

土的含水量对填土压实有很大影响，较干燥的土，由于土颗粒之间的摩阻力大，填土不易被夯实。而含水量较大，超过一定限度，土颗粒间的空隙全部被水充填而呈饱和状态，填土也不易被压实，容易形成橡皮土。为了保证填土在压实过程中具有最优的含水量，当土过湿时，应予翻松、晾晒或掺入同类干土及其他吸水性材料；如土料过干，则应预先洒水湿润。

工程实践经验介绍

在实际施工中，会用到土的最佳含水量，它是指能使填土压实至最大密实度的含水量。在现场判定的方法是：以手握成团，落地开花为宜。

3. 铺土厚度的影响

土在压实功的作用下，其应力随深度的增加而逐渐减小。在压实过程中，土的密实度在表层较大，随深度的加深而逐渐减小；超过一定深度后，虽经反复碾压，土的密实度仍与未压实前一样。填方每层的铺土厚度和压实遍数见表1-8。

表1-8　填方每层的铺土厚度和压实遍数

项　目	压实机具	分层厚度/mm	每层压实遍数
1	平碾（8～12t）	200～300	6～8
2	羊足碾（5～16t）	200～350	6～16
3	蛙式打夯机（200kg）	200～250	3～4
4	振动碾（8～15t）	60～130	6～8
5	振动压路机（2t）	120～150	10
6	推土机	200～300	6～8
7	拖拉机	200～300	8～16
8	人工打夯	不大于200	3～4

实时训练

［练1-7］在回填土时，较干燥的土压实会出现什么情况？较湿润的土压实会出现什么情况？现场如何判断土的含水量是否符合要求？

五、填土压实的质量检查

填土压实后要达到一定的密实度要求。填土的密实度要求和质量指标通常以压实系数

λ_c 表示。压实系数是土的施工控制干密度和土的最大干密度的比值。压实系数一般根据工程结构性质、使用要求以及土的性质确定。

1. 检验项目

检验项目一般依据施工图要求，包括密度指标和含水量指标。在建筑工程的施工图样上如果规定有密度指标，则回填后应进行密度试验；施工现场的实测干密度 ρ_d 应不小于工程图样要求的最小干密度 ρ_{dmin} 的控制指标。如果规定有压实系数指标，则先进行击实试验（击实试验提供给施工单位该土最佳含水量 w_{op} 状态下的最大干密度 ρ_{dmax} 及控制干密度）；然后在现场按击实试验报告中的最佳含水量和控制干密度在回填后再进行密度试验，实测干密度应不小于击实试验报告中的控制干密度。

2. 取样方法

密度试验常用取样方法有：环刀法、灌砂法、灌水法或其他方法。其中，环刀法与灌砂法应用较为广泛。

采用环刀法测定土的实际干密度时，其取样组数为：对大基坑每 50～100m^2 面积内不应少于一个检验点；对基槽每 10～20m 不应少于一个检验点；每个独立柱基不应少于一个检验点。

课题 7　土方工程质量检验标准

一、土方开挖工程的质量检验标准

土方开挖工程的质量检验标准应符合表 1-9 的规定。

表 1-9　土方开挖工程的质量检验标准

项　目	序号	检 查 项 目	允许偏差或允许值/mm					检 验 方 法
			桩基基坑基槽	场地平整 人工	场地平整 机械	管沟	地（路）面基层	
主控项目	1	标高	-50	±30	±50	-50	-50	水准仪
	2	长度、宽度（由设计中心线向两边量）	+200 -50	+300 -100	+500 -150	100		经纬仪，用钢尺量
	3	边坡	设计要求					观察或用坡度尺检查
一般项目	1	表面平整度	20	20	50	20	20	用 2m 靠尺和楔形塞尺检查
	2	基底土性	设计要求					观察或土样分析

注：地（路）面基层的偏差只适用于直接在挖、填方上做地（路）面的基层。

二、土方回填质量验收标准

1）土方回填前应清除基底的垃圾、树根等杂物，抽除坑穴积水、淤泥，验收基底标高；如在耕植土或松土上填方，应在基底压实后再进行。

2）对填方土料应按设计要求验收后方可填入。

3）填方施工过程中应检查排水措施、每层填筑厚度、含水量控制、压实程度。填筑厚度及压实遍数应根据土质、压实系数及所用机具确定。

4）填方施工结束后，应检查标高、边坡坡度、压实程度等，检验标准应符合表1-10的规定。

表1-10　填土工程质量检验标准　（单位：mm）

<table>
<tr><th rowspan="3">项　目</th><th rowspan="3">序号</th><th rowspan="3">检 查 项 目</th><th colspan="5">允 许 偏 差</th><th rowspan="3">检 查 方 法</th></tr>
<tr><th rowspan="2">桩基基坑基槽</th><th colspan="2">场地平整</th><th rowspan="2">管沟</th><th rowspan="2">地（路）面基层</th></tr>
<tr><th>人工</th><th>机械</th></tr>
<tr><td rowspan="2">主控项目</td><td>1</td><td>标高</td><td>-50</td><td>±30</td><td>±50</td><td>-50</td><td>-50</td><td>水准仪</td></tr>
<tr><td>2</td><td>分层压实系数</td><td colspan="5">设计要求</td><td>按规定方法</td></tr>
<tr><td rowspan="3">一般项目</td><td>1</td><td>回填土料</td><td colspan="5">设计要求</td><td>取样检查或直观鉴别</td></tr>
<tr><td>2</td><td>分层厚度及含水量</td><td colspan="5">设计要求</td><td>水准仪及抽样检查</td></tr>
<tr><td>3</td><td>表面平整度</td><td>20</td><td>20</td><td>30</td><td>20</td><td>20</td><td>用靠尺或水准仪</td></tr>
</table>

课题8　土方工程质量通病及防治措施

一、场地积水（场地范围内局部积水）

（1）产生原因

1）场地周围未做排水沟或场地未做成一定排水坡度，或存在反向排水坡。

2）测量偏差，使场地标高不一。

（2）防治措施　按要求做好场地排水坡和排水沟；做好测量复核，避免出现标高错误。

二、挖方边坡塌方

（1）产生原因

1）基坑（槽）开挖较深，未按规定放坡。

2）在有地表水、地下水作用的土层开挖基坑（槽），未采取有效降（排）水措施。

3）坡顶堆载过大或受外力振动影响，应坡体内剪切应力增大，土体失去稳定而导致塌方。

4）土质松软，开挖次序、方法不当而造成塌方。

（2）防治措施　根据不同土层的土质情况采用适当的挖方坡度；做好地面排水措施，基坑开挖范围内有地下水时，采取降水措施；坡顶上弃土、堆载，应远离挖方土边缘3～5m；土方开挖应自上而下分段分层依次进行，并随时做成一定坡势，以利泄水；避免先挖坡脚，造成坡体失稳；相邻基坑（槽）开挖，应遵循先深后浅，或同时进行的施工顺序。

三、超挖

（1）产生原因

1）采用机械开挖，操作控制不严，局部多挖。

2）边坡上存在松软土层，受外界因素影响自行滑塌，造成坡面凹洼不平。

3）测量放线错误。

（2）防治措施　机械开挖，预留0.3m厚采用人工修坡；加强测量复测，进行严格定位。

四、基坑（槽）泡水（地基被水淹泡，造成地基承载力降低）

（1）产生原因

1）开挖基坑（槽）未设排水沟或挡水堤，地面水流入基坑（槽）。

2）在地下水位以下挖土，未采取降水措施将水位降至基底开挖面以下。

3）施工中未连续降水，或停电影响。

（2）防治措施　开挖基坑（槽）周围应设排水沟或挡水堤；地下水位以下挖土应降低地下水位，使水位降低至开挖面以下0.5～1.0m。

五、基底产生扰动土

（1）产生原因

1）基槽开挖时排水措施差，尤其是在基底积水或土壤含水量大的情况下进行施工，土很容易被扰动。

2）土方开挖时超挖，后又用虚土回填，该虚土经施工操作后改变了原状土的物理性能，变成了扰动土。

（2）防治措施　认真做好基坑排水和降水工作，降水工作待基础回填土完成后方可停止；土方开挖应连续进行，尽量缩短施工时间，雨期施工或基坑（槽）开挖后不能及时进行下一道工序施工时，可在基底标高以上留15～30cm的土不挖，待下一道工序开工前再挖除；采用机械挖土时，应在基底标高以上留一定厚度的土用人工清除；冬期施工时，还应注意基底土不要受冻，下一道工序施工前应认真检查，禁止受冻土被隐蔽覆盖；为防止基底土冻结，可预留松土层或采用保温材料进行覆盖，待下一道工序施工前再清除松土层或去掉保温材料覆盖层；严格控制基底标高，如个别地方发生超挖，严禁用虚土回填，处理方法应征得设计单位的同意。

课题9　土方工程的安全技术措施

一、基本规定

根据《建筑施工土石方工程安全技术规范》（JGJ 180—2009）的规定：

1）土石方工程施工应由具有相应资质及安全生产许可证的企业承担。

2）土石方工程应编制专项施工安全方案，并应严格按照方案实施。

3）施工前应针对安全风险进行安全教育及安全技术交底。特种作业人员必须持证上岗，机械操作人员应经过专业技术培训。

4）施工现场发现危及人身安全和公共安全的隐患时，必须立即停止作业，排除隐患后方可恢复施工。

5）在土石方施工过程中，当发现古墓、古物等地下文物或其他不能辨认的液体、气体及异物时，应立即停止作业，做好现场保护，并报有关部门，待处理后方可继续施工。

二、场地平整的安全规定

1）土石方施工区域应在行车、行人可能经过的路线点处设置明显的警示标志。

2）在房屋旧基础或设备旧基础的开挖清理过程中，应符合下列规定：

① 当旧基础埋置深度大于2m时，不宜采用人工开挖和清除。

② 对旧基础进行爆破作业时，应按相关标准的规定执行。

③ 土质均匀且地下水位低于旧基础底部，开挖深度不超过下列限值时，其挖方边坡可做成直立壁不加支撑；开挖深度超过下列限值时，应按《建筑施工土石方工程安全技术规范》（JGJ 180—2009）的规定放坡或采取支护措施：

a. 稍密的杂填土、素填土、碎石类土、砂土超过1m。

b. 密实的碎石类土（充填物为黏土）超过1.25m。

c. 可塑状的黏性土超过1.5m。

d. 硬塑状的黏性土超过2m。

3）当现场堆积物高度超过1.8m时，应在四周设置警示标志或防护栏；清理时严禁掏挖。

4）在河、沟、塘、沼泽地（滩涂）等场地施工时，应了解淤泥、沼泽的深度和成分，并应符合下列规定：

① 施工中应做好排水工作；对有机质含量较高、有刺激性气体及淤泥厚度大于1.0m的场地，不得采用人工清淤。

② 根据淤泥、软土的性质和施工机械的重量，可采用抛石挤淤或木（竹）排（筏）铺垫等措施，确保施工机械移动作业安全。

③ 施工机械不得在淤泥、软土上停放、检修。

④ 第一次回填土的厚度不得小于0.5m。

三、基坑工程施工安全规定

（1）土方开挖过程中，应定期对基坑及周边环境进行巡视，随时检查基坑位移（土体裂缝）、倾斜、土体及周边道路沉陷或隆起、地下水涌出、管线开裂、不明气体冒出和基坑防护栏杆的安全性等。

（2）在冰雹、大雨、大雪、风力六级及以上强风等恶劣天气之后，应及时对基坑和安全设施进行检查。

技能实训——土方工程量的计算、施工方案和技术交底的编制

将全班分成若干小组，按照以下实训题目进行计算、讨论，在规定的时间内完成实训，

每组进行汇报和答辩。

1. 某住宅小区10#楼，建筑面积5191m^2，六层，底框砖混结构，一层层高3.3m，二~六层层高2.8m，问题如下：

1）现基坑底长60m，宽40m，深2.1m，四边放坡，边坡坡度1∶0.5，通过实际操作，确定基坑开挖的边线，并撒出白灰线，同时计算基坑土方工程量。

2）确定基坑土方工程开挖的施工顺序。其开挖过程中的深度如何控制？

3）为保证基坑边坡不塌方，基坑边坡采用土钉墙进行加固，确定土钉墙施工工艺流程。

4）开挖过程中，用反铲挖土机，其挖土的特点是什么？开挖的方式是什么？开挖到基底应留多厚的土层采用人工开挖？

5）当开挖到设计基底标高时，进行人工钎探，钎探的目的是什么？如何钎探？钎探施工的要求有什么？

6）验槽由谁来组织，有哪些单位参加？验槽的内容是什么？

7）验槽完毕，一场大雨泡槽，应采取什么措施？

8）基础施工完毕，进行回填土，压实的方法有哪些？填土的施工要求有哪些？影响压实的主要因素有哪些？回填压实后的土如何用环刀法进行质量检查？

2. 某拟建建筑物学生公寓为框架结构10层，基础形式为筏形基础，地下2层，基础埋深为-8.76m。工程拟建场区地形基本平坦，拟建建筑物北侧距离围墙15.0m；南侧有古树8棵（处理措施详见补充方案），距离基坑边1.6~2.1m；东侧距离围墙15m，拟建临设（3层）距基坑2~5m；西侧原有银杏树一排已移走；围墙外皆为道路。基坑外围地下埋有电力、热力及上下水管线，管线埋深约2.50m。

支护范围：基坑南侧及西侧，深度为地面下8.20m，采用土钉墙支护。

1）试编制该工程土钉墙施工的施工方案。

2）编写该框架结构土方工程施工的技术交底（可以利用学校无线局域网查阅资料）。

单元 2

地基与基础工程施工

[**单元学习指导**]

本单元是地基与基础分部工程的分项工程，主要讲述：

1. 地基处理方法。
2. 基础的形式和基础施工过程。

[**单元学习目标**]

知识目标

1. 了解并熟悉地基加固的方法。
2. 掌握浅基础施工方法。
3. 掌握桩基础施工方法。

技能目标

1. 能对基础施工进行技术交底。
2. 会编制桩基础施工方案；会判定桩基础施工质量的好坏。
3. 能组织基础验收。
4. 能针对地基与基础工程施工现场可能发生的安全事故采取应对措施。

万丈高楼平地起，基础作为建筑物的最下面部分，承受着建筑物的全部荷载，并将这些荷载传递给地基。荷载较小的建筑物，一般采用天然地基。建筑物荷载较小，建筑层数低，土质条件好，多采用浅基础。浅基础常用的形式有无筋扩展基础（如砖基础、混凝土基础、灰土基础等）、扩展基础（如柱下独立基础、墙下条形基础、杯形基础）。随着我国高层建筑的普及，深基础被广泛用于建筑施工中。当浅层土层的地基承载力无法满足上部结构传来的荷载要求时，常采用深基础。深基础的常见形式有筏形基础（筏形基础分为梁板式和平板式两种类型）、桩基础等。

课题 1　地基的局部处理

根据验槽查明的局部异常地基，在查明原因和确定范围后均应妥善处理。具体处理方法应根据地基情况、工程地质及施工条件而有所不同，应本着使建筑物的各个部位沉降尽量趋于一致，以减小地基的不均匀沉降为处理原则。常见处理方法有以下几种：

一、松土坑（填土、软土）

1）当松土坑的范围在基槽范围内时，挖除坑中的松软土，使坑底及坑壁均见天然土为止，然后回填与天然土压缩性相近的材料，如图 2-1 所示。

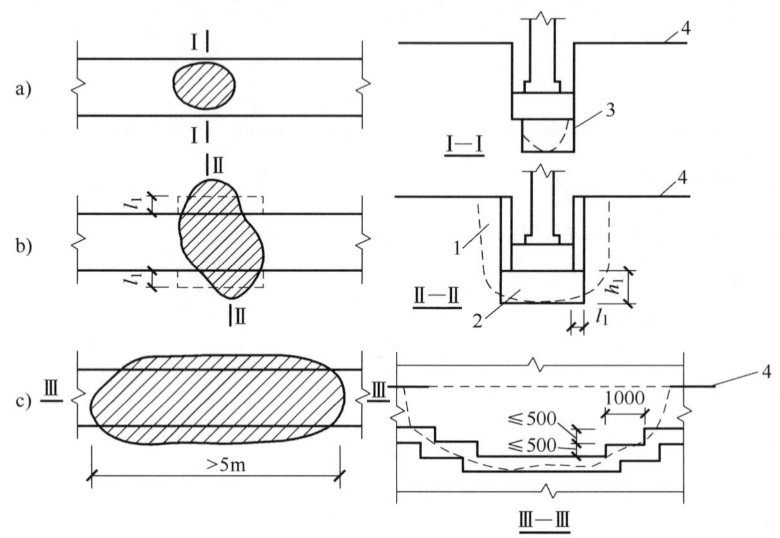

图 2-1　松土坑处理

1—软弱土　2—2∶8 灰土　3—松土全部挖出然后填以好土　4—天然地面

回填材料：当天然土为砂土时，用砂或级配砂石分层夯实回填；当天然土为较密实的黏性土时，用 3∶7 灰土分层夯实回填；当为中密可塑的黏性土或新近沉积黏性土时，可用 1∶9 或 2∶8 灰土分层夯实回填。每层回填厚度不大于 200mm。

2）当松土坑的范围超过基槽边沿时，将该范围内的基槽适当加宽，采用与天然土压缩性相近的材料回填。当用砂土或砂石回填时，基槽每边均应按 1∶1 坡度放宽；如用 1∶9 或 2∶8 灰土回填时，基槽每边均应按 0.5∶1 坡度放宽，如图 2-2所示。

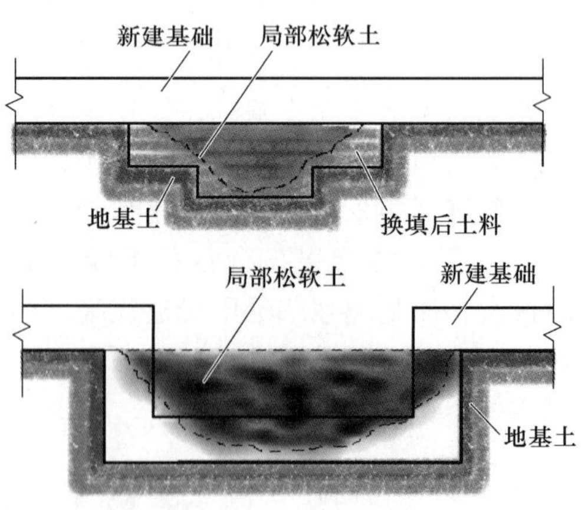

图 2-2　松土坑超过基槽边

3）较深的松土坑（当深度大于槽宽或大于 1.5m 时），槽底处理后，还应适当考虑加强上部结构的强度和刚度。处理方法：在灰土基础上 1 ~ 2 皮砖处（或混凝土基础内）、防潮层下 1 ~ 2 皮砖处及首层顶板处各配置 3 根（或 4 根），直径为 8 ~ 12mm 的钢筋，跨过该松土坑两端各 1m；或改变基础形式，如采用梁板式跨越松土坑、桩基础穿透松土坑等方法。

二、砖井或土井的处理方法

1）井在基槽中间，其内填土较密实时，可将井壁砖石拆除到基底以下 1m，再用 3∶7 灰土或2∶8灰土分层回填夯实至基底。如井内回填土不密实，可用大块石将下面软土挤密后，再按上述方法进行处理，如图2-3所示。

2）当井直径大于1.5m时，可做地基梁或在墙内配筋跨越；如井在基础的转角，除按1）处理外，还应在基础部位增设钢筋混凝土圈梁或挑梁加强。

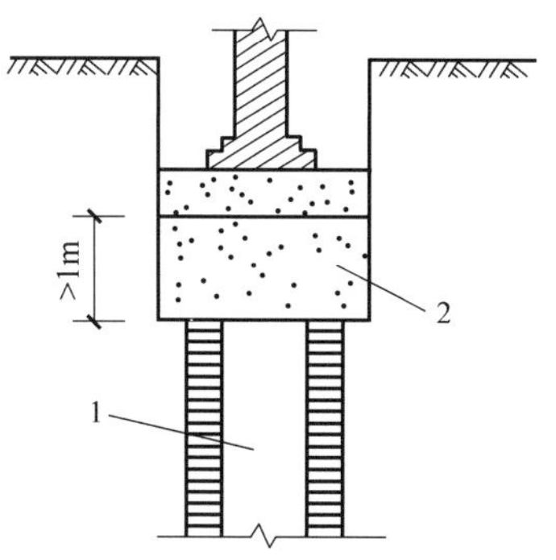

图2-3 基槽下砖井处理方法
1—砖井 2—回填土

三、局部硬土的处理

基础下局部遇基岩、旧墙基、大孤石、老灰土或圬工构筑物，尽可能挖去，以防建筑物由于局部落于坚硬地基上，造成不均匀沉降而使建筑物开裂；或将坚硬地基部分凿去300~500mm深，再回填土砂混合物或砂作软性褥垫，使软硬部分起到调整地基变形的作用，避免产生裂缝，如图2-4所示。

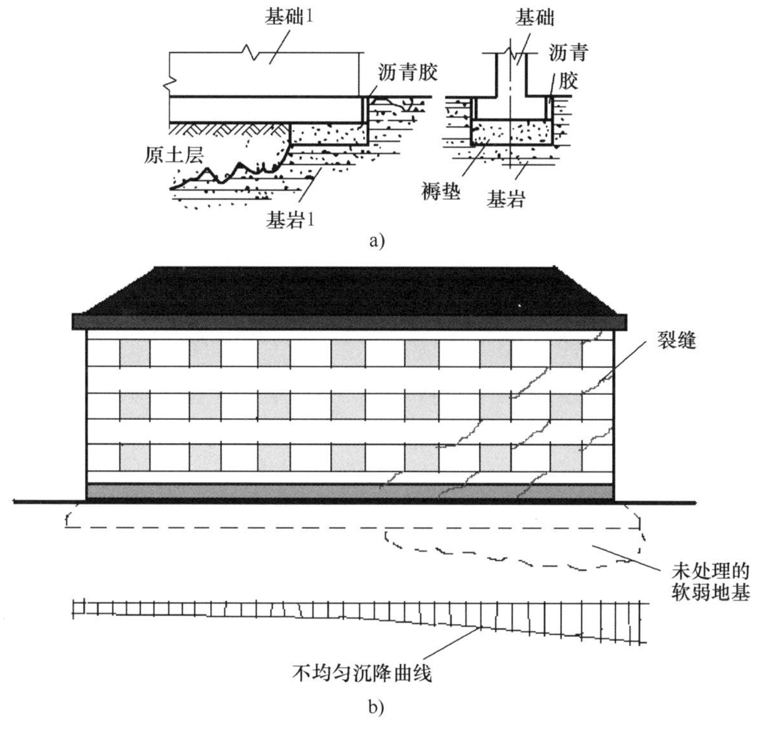

图2-4 局部硬土的处理方法

四、橡皮土的处理

当地基为黏性土，且含水量很大趋于饱和时，要避免直接夯拍，可采用晾槽或掺白灰的办法降低土的含水量。如地基土已发生了颤动现象，则应采取措施，如利用碎石或卵石将泥挤紧或将泥挖去，重新回填处理（可采用分层填灰土、砂土或一定级配的砂石夯实）。注意下列情况：

1）如在地基中遇有文物、古墓，应及时与有关部门取得联系，处理后再进行施工。

2）如在地基内发现未经说明的电缆、管道，不得自行处理，应与主管部门共同商定施工方法。

课题 2　软弱地基的加固

为了满足结构的安全和正常使用，地基必须具有满足要求的承载力和变形，对于不能满足要求的地基，除改变基础的形式外，常用的一种方式是对地基进行处理与加固。

标准、规范学习

《建筑地基处理技术规范》（JGJ 79—2012）规定：地基处理是提高地基强度，改善其变形性质或渗透性质而采取的技术措施。

在高层建筑地基处理中常采用复合地基，复合地基的概念是：部分土体被增强或被置换，形成由地基土和增强体共同承担荷载的人工地基。

《建筑地基处理技术规范》（JGJ 79—2012）规定地基处理的方法有换填垫层、加筋垫层、压实地基、夯实地基、挤密地基、水泥粉煤灰碎石桩复合地基、夯实水泥土桩复合地基、水泥搅拌桩复合地基、旋喷桩复合地基、灰土桩复合地基等。

一、换填垫层

1. 换填垫层的概念及分类

换填垫层是指挖去表面浅层软弱土层或不均匀土层，回填坚硬、较粗粒径的材料，并夯压密实形成的垫层。适用于浅层软弱土层或不均匀土层的地基处理。换填垫层根据换填材料不同可分为土、石垫层和土工合成材料加筋垫层。

2. 换填垫层所用材料

1）砂石。宜选用碎石、卵石、角砾、圆砾、砾砂、粗砂、中砂或石屑，应级配良好，不含植物残体、垃圾等杂质。

2）粉质黏土。土料中有机质含量不得超过5%，也不得含有冻土或膨胀土。

3）灰土。体积配合比宜为2∶8 或3∶7。土料宜用粉质黏土，不宜使用块状黏土和砂质粉土，不得含有松软杂质，并应过筛，其颗粒不得大于15mm。石灰宜用新鲜的消石灰，其颗粒不得大于5mm。

4）粉煤灰。可用于道路、堆场和小型建（构）筑物等的换填垫层。粉煤灰垫层上宜覆土0.3～0.5m。

5）矿渣、其他工业废渣。

6）土工合成材料加筋垫层。作为加筋的土工合成材料应采用抗拉强度较高、受力时伸长率不大于5%、耐久性好、耐腐蚀的土工格栅、土工格室、土工垫或土工织物等土工合成材料。

3. 施工机械的选用

垫层施工应根据不同的换填材料选择施工机械。粉质黏土、灰土宜采用平碾、振动碾或羊足碾，中小型工程也可采用蛙式夯、柴油夯；砂石等宜用振动碾；粉煤灰宜采用平碾、振动碾、平板振动器、蛙式夯；矿渣宜采用平板振动器或平碾，也可采用振动碾。

4. 施工要求

施工工艺过程：挖软弱层→回填→夯实。材料要求：土料的施工含水量控制在最优含水量范围内。施工要点如下：

1）施工前先验槽、清松土、打底夯两遍。

2）分层铺填，厚度200~300mm，灰土用机械打夯或碾压，砂土用振动碾碾压。

3）垫层底面宜设在同一标高上，如深度不同，基坑底土面应挖成阶梯或斜坡搭接，并按先深后浅的顺序进行垫层施工，搭接处应夯压密实。

4）粉质黏土及灰土垫层分段施工时，不得在柱基、墙角及承重窗间墙下接缝。上下两层的缝距不得小于500mm，接缝处应夯压密实。灰土应拌和均匀并应当日铺填夯压。

5）灰土夯压密实后3d内不得受水浸泡；粉煤灰垫层铺填后宜当天压实。每层验收后应及时铺填上层或封层，防止干燥后松散起尘产生污染，同时应禁止车辆碾压通行。

6）垫层竣工验收合格后，应及时进行基础施工与基坑回填。

5. 铺设土工合成材料施工要求

1）下铺地基土层顶面应平整，防止土工合成材料被刺穿、顶破。

2）土工合成材料应先铺纵向后铺横向，且铺设时应把土工合成材料张拉平整、绷紧，严禁有折皱。

3）土工合成材料的连接宜采用搭接法、缝接法或胶接法，连接强度不应低于原材料抗拉强度，端部应采用有效固定方法，防止筋材拉出。

4）应避免土工合成材料暴晒或裸露，阳光暴晒时间不应大于8h。

标准、规范学习

《建筑地基处理技术规范》（JGJ 79—2012）规定：

（1）当垫层底部存在古井、古墓、洞穴、旧基础、暗塘等软硬不均的部位时，应根据建筑对不均匀沉降的要求予以处理，并经检验合格后，方可铺填垫层。

（2）基坑开挖时应避免坑底土层受扰动，可保留180~220mm厚的土层暂不挖去，待铺填垫层前再挖至设计标高。严禁扰动垫层下的软弱土层，应防止软弱垫层被践踏、受冻或受水浸泡。在碎石或卵石垫层底部宜设置150~300mm厚的砂垫层或铺一层土工织物，并应防止基坑边坡塌土混入垫层中。

6. 质量检查

1）对粉质黏土、灰土、粉煤灰和砂石垫层的施工质量检验可用环刀法、贯入仪、静力触探、轻型动力触探或标准贯入试验进行检验；对砂石、矿渣垫层可用重型动力触探进行检验。并均应通过现场试验以设计压实系数所对应的贯入度为标准，检验垫层的施工质量。

2）垫层的施工质量检验必须分层进行，应在每层的压实系数符合设计要求后铺设下层土。

3）采用环刀法检验垫层的施工质量时，取样点应位于每层厚度的2/3深度处。检验点数量，对大基坑每50～100m^2不应少于1个检验点；对基槽每10～20m不应少于1个点；每个独立柱基不应少于1个点。采用贯入仪或动力触探检验垫层的施工质量时，每分层检验点的间距应小于4m。

4）竣工验收采用静载荷试验检验垫层承载力时，每个单体工程不宜少于3点；对于大型工程则应按单体工程的数量或工程的面积确定检验点数。在有充分试验依据时，也可采用标准贯入试验或静力触探试验。

5）对加筋垫层中土工合成材料应进行如下检验：土工合成材料质量符合设计要求，外观无破损、无老化、无污染；张拉平整、无皱折、紧贴下承层，锚固端锚固牢固；上下层土工合成材料搭接缝要交替错开，搭接强度应满足设计要求。

二、压实、夯实、挤密地基

1. 压实地基

压实地基是指大面积填土经处理后形成的地基，浅层软弱地基以及不均匀地基换填处理按照《建筑地基处理技术规范》（JGJ 79—2012）的规定执行，即上面换填垫层处理所述。

2. 夯实地基的概念及适用范围

夯实地基是指采用强夯法或强夯置换法处理的地基。强夯法适用于处理碎石土、砂土、低饱和度的粉土与黏性土、湿陷性黄土、素填土和杂填土等地基。强夯置换法适用于高饱和度的粉土与软塑～流塑的黏性土等地基上对变形控制要求不严的工程。

（1）强夯法的概念　用起重机械将10～60t的夯锤吊至预定高度，开启脱钩装置，待夯锤脱钩自由下落后，给地基以巨大的冲击力和振动，迫使土颗粒重组，排除孔隙中的水与气体，从而对土体进行强力夯实的一种加固方法。

（2）强夯法的技术参数　锤重不小于8t，落距不宜小于6m。夯击点布置：一般按正方形或梅花形。夯击遍数应根据地基土的性质确定，可采用点夯2～4遍，对于渗透性较差的细颗粒土，必要时夯击遍数可适当增加。最后再以低能量满夯1～2遍，满夯可采用轻锤或低落距锤多次夯击，锤印应搭接。两遍夯击之间应有一定的时间间隔，间隔时间取决于土中超静孔隙水压力的消散时间。对于渗透性较差的黏性土地基，间隔时间不应少于3～4周；对于渗透性好的地基可连续夯击。强夯处理范围应大于建筑物基础范围，每边超出基础外缘的宽度宜为基底下设计处理深度的1/2～2/3，并不宜小于3m。

（3）施工要点　根据初步确定的强夯参数，提出强夯试验方案，进行现场试夯。待试夯结束规定时间后，检测现场，合格后进行施工。施工步骤如下：

1）清理并平整施工场地。

2）标出第一遍夯点位置，并测量场地高程。

3）起重机就位，夯锤置于夯点位置。

4）测量夯前锤顶高程。

5）将夯锤起吊到预定高度，开启脱钩装置，待夯锤脱钩自由下落后，放下吊钩，测量锤顶高程，若发现因坑底倾斜而造成夯锤歪斜时，应及时将坑底整平。

6）重复以上步骤，按设计规定的夯击次数及控制标准完成一个夯点的夯击，换夯点，重复步骤3）～6），完成第一遍全部夯点的夯击。

7）用推土机将夯坑填平，并测量场地高程。

8）在规定的间隔时间后，按上述步骤逐次完成全部夯击遍数；最后用低能量满夯，将场地表层松土夯实，并测量夯后场地高程。

（4）质量检查

1）检查施工过程中的各项测试数据和施工记录，不符合设计要求时应补夯或采取其他有效措施。

2）强夯处理后的地基竣工验收承载力检验，应在施工结束后间隔一定时间方能进行。对于碎石土和砂土地基，其间隔时间可取7～14d；粉土和黏性土地基可取14～28d。

3）强夯处理后的地基竣工验收时，承载力检验应采用静载试验、原位测试和室内土工试验。

3. 挤密地基

（1）挤密地基的概念及适用范围　挤密地基是指利用沉管、冲击、夯扩、振冲、振动沉管等方法在土中挤压、振动成孔，使桩孔周围土体得到挤密、振密，并向桩孔内分层填料形成的地基。适用于处理湿陷性黄土、砂土、粉土、素填土和杂填土等地基。

（2）土桩、灰土桩挤密地基的施工要求

1）成孔应按设计要求、成孔设备、现场土质和周围环境等情况，选用沉管（振动、锤击）、冲击或钻孔夯扩等方法。桩孔直径宜为300～600mm。

2）桩顶设计标高以上的预留覆盖土层厚度宜符合下列要求：沉管（锤击、振动）成孔，宜不小于1.0m；冲击成孔、钻孔夯扩法，宜不小于1.5m。

3）成孔时，地基土宜接近最优（或塑限）含水量，当土的含水量低于12%时，宜对拟处理范围内的土层进行增湿。

4）成孔和孔内回填夯实应符合下列要求：

① 成孔和孔内回填夯实的施工顺序：当整片处理时，宜从里（或中间）向外间隔1～2孔进行，对大型工程，可采取分段施工；当局部处理时，宜从外向里间隔1～2孔进行。

② 向孔内填料前，孔底应夯实，并应抽样检查桩孔的直径、深度和垂直度。

③ 桩孔的垂直度偏差不宜大于1.5%。

④ 桩孔中心点的偏差不宜超过桩距设计值的5%。

⑤ 经检验合格后，应按设计要求，向孔内分层填入筛好的素土、灰土或其他填料，并应分层夯实至设计标高。

5）铺设灰土垫层前，应按设计要求将桩顶标高以上的预留松动土层挖除或夯（压）密实。

6）施工过程中，应有专人监理成孔及回填夯实的质量，并应做好施工记录。如发现地基土质与勘察资料不符，应立即停止施工，待查明情况或采取有效措施处理后，方可继续施工。

7）桩孔夯填质量应随机抽样检测，抽检的数量不应少于桩总数的1%，且总计不得少于9根桩。

8）土桩、灰土桩挤密地基的静载荷试验的检验数量不应少于桩总数的1%，且每项单体工程不应少于3点。

三、复合地基

复合地基是指部分土体被增强或被置换，形成由地基土和增强体共同承担荷载的人工地基。这里主要讲述水泥粉煤灰碎石桩复合地基和夯实水泥土桩复合地基。

1. 水泥粉煤灰碎石桩复合地基

水泥粉煤灰碎石桩又称 CFG 桩，是由碎石、石屑、粉煤灰组成混合料，掺适量水进行拌和，用振动（锤击）沉管打桩机或其他成桩机具制成的一种低强度的桩体，其主要用来加固地基，因此桩顶和基础之间应设置褥垫层，褥垫层厚度宜取 0.4 ~ 0.6 倍桩径。褥垫层材料宜用中砂、粗砂、级配砂石和碎石等，最大粒径不宜大于 30mm，以利于桩间土发挥承载力，与桩组成复合地基。

（1）适用范围及作用　CFG 桩可适用于条形基础、独立基础，也可用于筏形基础和箱形基础。就土性而言，CFG 桩可用于填土、饱和及非饱和黏性土，既可用于挤密效果好的土，又可用于挤密效果差的土。“C”“F”“G”分别代表水泥、粉煤灰与碎石。由于利用工业废料——粉煤灰代替部分水泥，因此大大地降低了工程造价，增加了桩身后期强度。通过柔性褥垫层的设置，使 CFG 桩复合地基得到均匀沉降和较高的承载力，因此，CFG 桩是加固软土地基较经济、适用、快速、可靠的一种新型灌注桩。褥垫层具有重要作用，它可起到保证桩土共同承担荷载，调整桩与土垂直及水平荷载的分担，减小基础底面应力集中的作用。

（2）施工工艺　水泥粉煤灰碎石桩的施工，应根据现场条件选用下列施工工艺：

1）长螺旋钻孔、管内泵压混合料灌注桩，适用于黏性土、粉土、砂土以及对噪声或泥浆污染要求严格的场地。

2）振动沉管灌注成桩，适用于粉土、黏性土及素填土地基。

3）长螺旋钻孔、管内泵压混合料灌注桩施工和振动沉管灌注成桩施工除应执行国家现行有关规定外，还应符合下列要求：

① 施工前应按设计要求由试验室进行配合比试验，施工时按配合比配制混合料。长螺旋钻孔、管内泵压混合料灌注桩施工的坍落度宜为 160 ~ 200mm；振动沉管灌注成桩施工的坍落度宜为 30 ~ 50mm，振动沉管灌注成桩后桩顶浮浆厚度不宜超过 200mm。

② 长螺旋钻孔、管内泵压混合料灌注桩施工在钻至设计深度后，应准确掌握提拔钻杆时间，混合料泵送量应与拔管速度相配合，遇到饱和砂土或饱和粉土层，不得停泵待料。

③ 施工桩顶标高高出设计桩顶标高不宜少于 0.5m；当施工作业面与有效桩顶标高距离较大时，宜增加混凝土灌注量，提高施工桩顶标高，防止缩径。

④ 成桩过程中，抽样做混合料试块（边长为 150mm 的立方体），标准养护，测定其立方体抗压强度。

⑤ 褥垫层铺设宜采用静力压实法，当基础底面下桩间土的含水量较小时，也可采用动力夯实法，夯填度（夯实后的褥垫层厚度与虚铺厚度的比值）不得大于 0.9。

⑥ 水泥粉煤灰碎石桩复合地基质量检验应符合下列要求：

a. 施工质量检验主要应检查记录、混合料坍落度、桩数、桩位偏差、褥垫层厚度、夯填度和桩体试块抗压强度等。

b. 水泥粉煤灰碎石桩复合地基竣工验收时，承载力检验应采用复合地基静载荷试验或单桩静载荷试验。

c. 水泥粉煤灰碎石桩复合地基检验应在桩身强度满足试验荷载条件，且宜在施工结束 28d 后进行。试验数量不应少于总桩数的 1%，且每个单体工程的试验数量不应少于 3 点。

d. 应抽取不少于总桩数的 10% 的桩进行低应变动力试验，检测桩身完整性。

实时训练

［练2-1］什么是CFG桩？现场采用长螺旋钻孔、管内泵压混合料灌注桩施工（图2-5）的坍落度应为多少？CFG桩施工完毕，其上应铺设的褥垫层有何要求？采用什么夯实方法？什么是夯填度？

图2-5 长螺旋钻孔、管内泵压混合料灌注桩施工

2. 夯实水泥土桩复合地基

夯实水泥土桩是指用人工或机械成孔，选用相对单一的土质材料，与水泥按一定配比，在孔外充分拌和均匀制成水泥土，分层向孔内回填并强力夯实，制成均匀的水泥土桩。桩、桩间土和褥垫层一起形成复合地基。

（1）适用范围及作用　夯实水泥土桩复合地基适用于处理地下水位以上的粉土、黏性土、素填土和杂填土等地基，可处理地基的厚度不宜大于15m。夯实水泥土桩通过两方面作用使地基强度提高：一是成桩夯实过程中挤密桩间土，使桩间土的强度有一定程度提高；二是水泥土本身夯实成桩，且水泥与土混合后可产生一系列物理化学反应，使桩体本身有较高强度和抗变形能力。

（2）施工工艺　测放桩位→钻机就位→钻进成孔→至预定深度→验孔→合格→把拌好的水泥土分层回填、分层压实至成桩。

（3）施工要点

1）成孔应按设计要求、成孔设备、现场土质和周围环境等情况，选用钻孔、洛阳铲成孔等方法。桩孔直径宜为300～600mm。

2）桩孔内的填料，应根据工程要求进行配合比试验，夯实水泥土桩体强度宜取28d龄期试块的立方体抗压强度平均值。水泥与土的体积配合比，宜为1∶5～1∶8。

3）孔内填料应分层回填夯实，填料的平均压实系数不应低于0.97，其中压实系数最小值不应低于0.93。

4）桩顶标高以上应设置100～300mm厚的褥垫层。垫层材料可采用粗砂、中砂、碎石等，最大粒径不宜大于20mm。褥垫层的夯填度不应大于0.9。

5）施工过程中，应有专人监理成孔及回填夯实的质量，并应做好施工记录。如发现地基土质与勘察资料不符，应立即停止施工，待查明情况或采取有效措施处理后，方可继续施工。

（4）夯实水泥土桩复合地基质量检验应符合的规定

1）成桩后，应及时抽样检验水泥土桩处理的质量。对一般工程，主要应检查施工记录、检测全部处理深度内桩体的干密度。

2）桩孔夯填质量应随机抽样检测，抽检的数量不应少于桩总数的1%。

3）复合地基承载力检验应采用单桩或多桩复合地基荷载试验进行检测，检验数量不应少于桩总数的0.5%，且每项单体工程不应少于3点。

标准、规范学习

《建筑地基处理技术规范》（JGJ 79—2012）增加了部分新内容，在这里摘录一些与本课题相关的内容。

1）灰土桩复合地基是指用灰土填入孔内分层夯实形成增强体的复合地基。

2）注浆加固是指将水泥浆或其他化学浆液注入地基土层中，增强土颗粒间的联结，使土体强度提高、变形减少、渗透性降低的加固方法。

3）微型桩是指用桩工机械或其他小型设备在土中形成直径不大于30cm的桩。

课题3　浅基础的施工

一、浅基础的分类

1. 按受力特点分类

按受力特点分为刚性基础（无筋扩展基础）、柔性基础（扩展基础）。

刚性基础的特点是基础的抗压能力好，而抗弯、抗拉、抗剪能力较差。刚性基础通常采用砖、石、素混凝土、三合土和灰土等材料建造，适用于六层及六层以下的民用建筑和墙承重厂房的基础。

柔性基础的特点是抗变形能力比无筋扩展基础大，具有比较好的抗剪能力和抗弯能力，可以用扩大基础底面积的方法来满足地基承载力的要求，而不必增加基础的埋置深度。柔性基础由钢筋混凝土建造，适用于地基比较软弱、不够均匀，上部结构荷载较大，存在弯矩和水平力等荷载组合作用等的情况。

2. 按构造形式分类

按构造形式分为独立基础（图2-6）、条形基础（图2-7）、筏板基础、箱形基础（图2-8c）、桩基础。

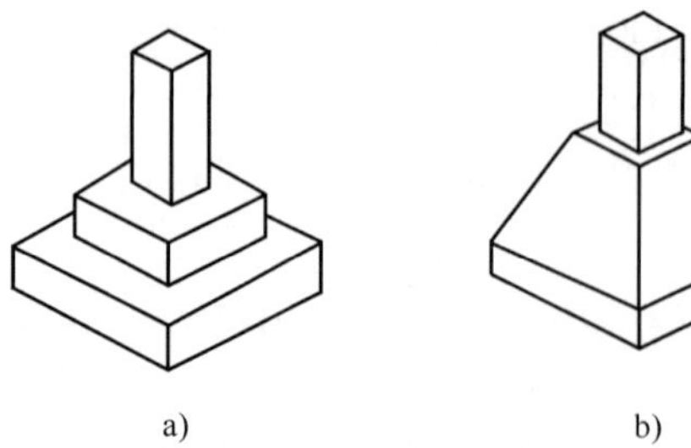

图2-6　独立基础

a）阶梯形　b）锥形图

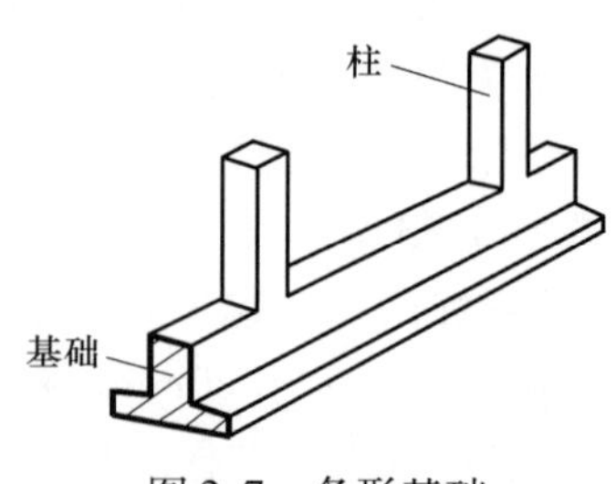

图2-7　条形基础

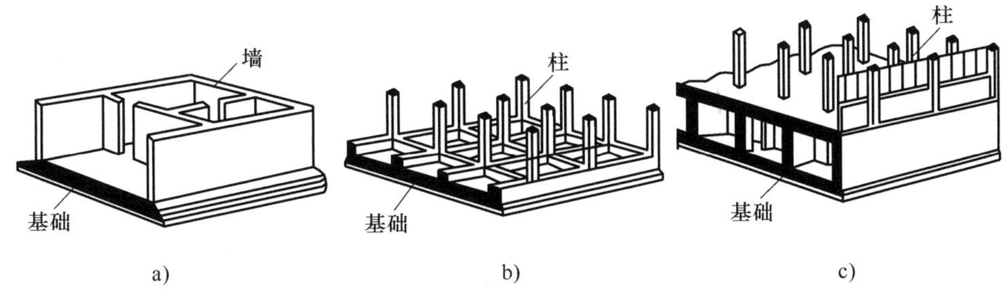

图 2-8　整片基础

a）板式　b）梁板式　c）箱形

3. 按所用的材料分类

按所用的材料分为灰土基础、三合土基础、混凝土基础、毛石混凝土基础、钢筋混凝土基础（图 2-9）、毛石基础、砖基础（图 2-10）等。钢筋混凝土基础一般为柔性基础。

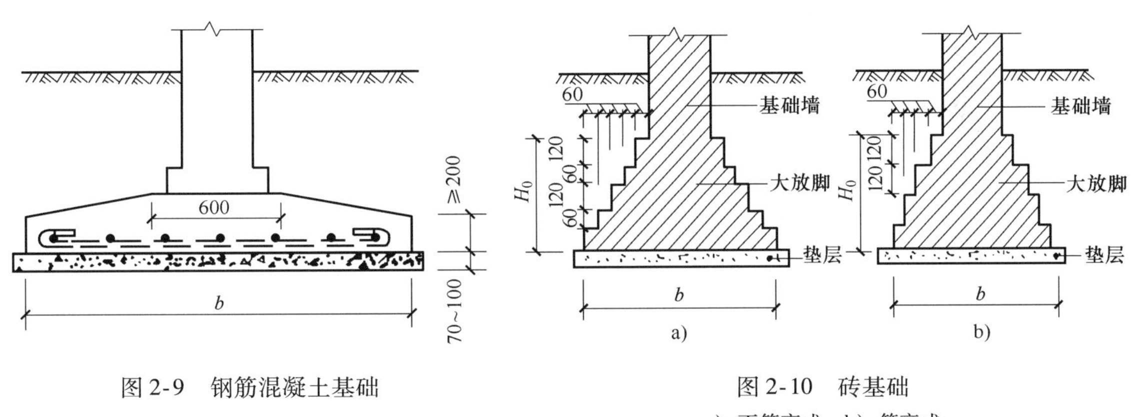

图 2-9　钢筋混凝土基础

图 2-10　砖基础

a）不等高式　b）等高式

二、基础的施工

1. 砖基础施工

（1）砖基础的形式　砖基础一般采用大放脚。大放脚包括两类：等高式大放脚，两皮一收，收进 1/4 砖长（60mm），不等高式大放脚，两皮一收与一皮一收间隔砌筑，收进 1/4 砖长。

（2）作业条件

1）基槽、垫层验收，标高、轴线复核，办好了隐蔽验收手续。

2）在垫层上放好砖基础的轴线和大放脚的边线。

3）抄平、立皮数杆。在墙角、交接处立皮数杆。

4）平整场地，槽边留有堆料处。

5）脚手架及其他工具、机械等准备就绪。

6）在常温下施工，烧结普通砖在砌筑前一天浇水湿润。

（3）施工工艺　基坑验槽、砖基找平放线→配制砂浆→摆砖撂底→盘角→立皮数杆、挂线→砌筑基础→基础验收→办理隐蔽验收手续。

1）砌筑时，灰缝砂浆要饱满，严禁用冲浆法灌缝。砖基础的水平灰缝厚度和垂直灰缝宽度宜为 10mm。水平灰缝的砂浆饱满度不得小于 80%。每皮砖要挂线，它与皮数杆的偏差值不得超过 10mm。

2）砖基础底标高不同时，应从低处砌起，并应由高处向低处搭砌；当设计无要求时，搭砌长度不应小于砖基础大放脚的高度。砖基础的转角处和交接处应同时砌筑；当不能同时砌筑时，应留置斜槎。

3）基础墙的防潮层，当设计无具体要求时，宜用 1:2 水泥砂浆加适量防水剂铺设，其厚度宜为 20mm。防潮层位置宜在室内地面标高以下一皮砖处。

 **实时训练**

［练 2-2］如图 2-11 所示，在实训室砌筑砖基础，采用一顺一丁，砌筑等高式大放脚，大放脚底部尺寸长度 2700mm，宽度为 630mm，要求学生先进行放线，干砖试摆，然后再进行砌筑。

图 2-11　学生砌筑砖基础

2. 扩展基础施工

根据《建筑地基基础设计规范》（GB 50007—2011）的规定：

扩展基础是指为扩散上部结构传来的荷载，使作用在基底的压应力满足地基承载力的设计要求，且基础内部的应力满足材料强度的设计要求，通过向侧边扩展一定底面积的基础。其类型包括柱下钢筋混凝土独立基础和墙下钢筋混凝土条形基础。柱下钢筋混凝土独立基础形式常为阶梯形和锥形，基础底板常为正方形和矩形。

规范还规定：当柱下钢筋混凝土独立基础的边长和墙下钢筋混凝土条形基础的宽度大于或等于 2.5m 时，底板受力钢筋的长度可取边长或宽度的 0.9 倍，并宜交错布置：钢筋混凝土条形基础底板在 T 形及十字形交接处，底板横向受力钢筋仅沿一个主要受力方向通长布置，另一方向的横向受力钢筋可布置到主要受力方向底板宽度 1/4 处，在拐角处底板横向受力钢筋应沿两个方向布置。

下面主要介绍柱下钢筋混凝土独立基础的施工。柱下钢筋混凝土独立基础的施工工艺与施工要点：验槽合格→混凝土垫层施工→抄平放线→绑钢筋→支基础模板→浇筑、振捣、养护混凝土→拆除模板→清理。

1）支模、拆模操作注意事项。模板安装前，应反复检查地基垫层标高及中心线位置，弹出基础边线；根据施工图样的尺寸制作每一阶梯模板，支模顺序由下至上逐层向上安装；应选择合适的支撑体系和支撑方法，防止结构混凝土浇筑时产生变形，严重时混凝土浇筑时发生倒塌。

2）振捣和养护注意事项。混凝土浇筑时，不应发生初凝和离析现象，其坍落度必须符合《混凝土结构工程施工质量验收规范》（GB 50204—2015）的规定。为保证混凝土浇筑时不产生离析现象，混凝土自吊斗口下落的自由倾落高度不得超过2m，浇筑高度如超过3m时必须采取措施，用串桶或溜管等。浇筑混凝土时应分段分层连续进行，严格按照振捣施工方案施工，防止混凝土振捣不密实，产生孔洞，影响混凝土的强度。混凝土浇筑完毕后，应按施工技术方案及时采取有效的养护措施。在已浇筑的混凝土强度达到1.2MPa以后，才能在其上踩踏或安装模板及支架等。

3）钢筋绑扎注意事项。四周两行钢筋交叉点应每点绑扎牢。中间部分交叉点可相隔交错扎牢，但必须保证受力钢筋不位移；双向主筋的钢筋网，则需将全部钢筋相交点扎牢。相邻绑扎点的钢丝扣成八字形，以免歪斜变形。

［练2-3］某实训楼独立基础，如图2-12所示。基础底部尺寸为3800mm×3800mm，放出基础边线尺寸，请问如何安装基础的模板。坡形独立基础浇筑混凝土应注意哪些问题？

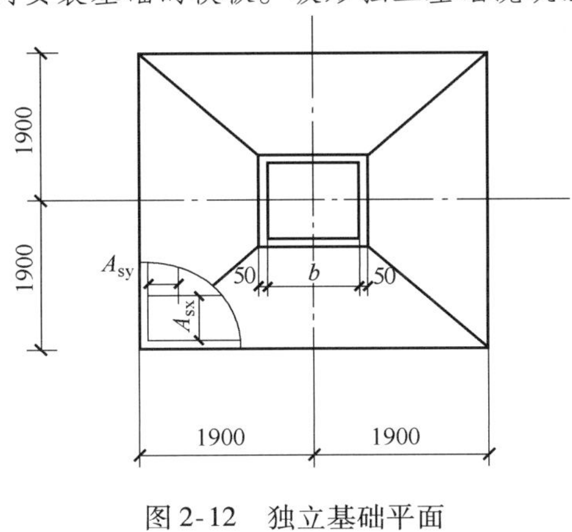

图2-12　独立基础平面

3. 钢筋混凝土筏板基础施工

筏板基础又称为筏片基础、筏形基础，由底板、梁等整体构成。筏板基础又分为平板式和梁板式两类，在外形和构造上像倒置的钢筋混凝土无梁楼盖和肋形楼盖。而梁板式又有两种形式：一种是梁在板的底下埋入土内；一种是梁在板的上面。平板式基础一般用于荷载不大，柱网较均匀且间距较小的情况。梁板式基础整体性好，抗弯强度大，可充分利用地基承载力，调整上部结构的不均匀沉降，适用于土质软弱不均匀而上部荷载又较大的情况，在多层和高层建筑中被广泛采用。

1）施工工艺。施工准备（降低地下水位等）→基坑开挖→铺垫层→在垫层上抄平弹线→绑扎筏板下层网钢筋→梁钢筋→柱、墙插筋→绑扎筏板上层网钢筋→浇筑筏板混凝土（板式）、浇筑筏板及上部梁混凝土。

2）施工方法。底板钢筋绑扎前应先按图样、钢筋间距要求，在混凝土垫层上弹出轴线、基坑线、地梁边线、钢筋位置线，按线摆放钢筋，摆放要求横平竖直。绑扎底板筋：按照弹好的钢筋位置线，底板钢筋施工先深后浅，先铺底板底层钢筋：长向筋在下，短向筋在上。支撑马凳筋布置：马凳筋用剩余短料焊制成，短向放置，间距1.2～1.5m。然后铺设底板上层钢筋：短向筋在下，长向筋在上，所有交点均应绑扎。接头尽量采用焊接或机械连接，要求接头在同一截面相互错开50%，同一根钢筋尽量减少接头。墙插筋在底部应固定，上口筋应不少于两道水平钢筋，保证插筋垂直、不歪斜、不倾倒、不变形。

筏形混凝土基础应一次连续浇筑完成，少设留施工缝。厚度大的筏板基础，属于大体积混凝土，应符合下列规定：

1）宜采用掺合料和外加剂改善混凝土的和易性，减少水泥的用量，减低水化热，其用量应通过试验确定。

2）宜连续浇筑，少设施工缝；宜采用斜面式薄层浇捣，利用自然流淌形成斜坡，浇筑时应采取防止混凝土将钢筋推离设计位置的措施；采用分仓浇筑时，相邻仓块浇筑的间隔时间不宜少于14d。

3）宜采用蓄热法或冷却法养护，其内外温差不宜大于25℃。

4）必须进行二次抹面，以减少表面收缩裂缝，必要时可在混凝土表层设置钢丝网。

标准、规范学习

《高层建筑筏形与箱形基础技术规范》（JGJ 6—2011）规定：

1）当筏形与箱形基础的长度超过40m时，应设置永久性的沉降缝和温度收缩缝。当不设置永久性的沉降缝和温度收缩缝时，应采取设置沉降后浇带、温度后浇带、诱导缝或用微膨胀混凝土、纤维混凝土浇筑基础等措施。

2）后浇带的宽度不宜小于800mm，在后浇带处，钢筋应贯通。后浇带两侧应采用钢筋支架和钢丝网隔断，保持带内的清洁，防止钢筋锈蚀或被压弯、踩弯，并应保证后浇带两侧混凝土的浇筑质量。

课题4　桩基础施工

当天然地基上部土层土质不良，不能满足建筑物对地基土强度和变形要求，或地基承载力不能满足要求时，应采用桩基础。

一、桩基础的作用、组成和分类

桩基一般由桩和连接桩顶的承台或承台梁组成。承台的作用是把上部结构的荷载传递到桩上；桩的作用是把分配到的荷载传递到深层坚实的土层上和桩周围的土层上，将软弱土层挤密实以提高地基土的承载能力和密实度。

1. 按承载性状分类

按承载性状分为端承桩和摩擦桩，如图2-13所示。

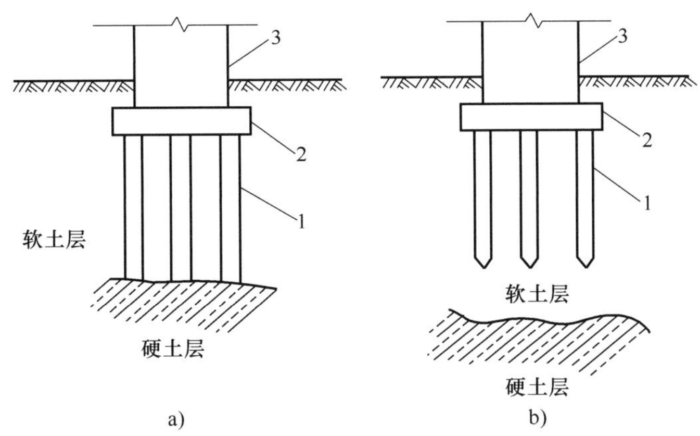

图2-13 端承桩和摩擦桩

a）端承桩 b）摩擦桩

1—桩 2—承台 3—上部结构

1）端承桩。穿过软弱土层，而达到坚硬土层的桩。以桩尖阻力承担全部荷载，控制以贯入度为主。

2）摩擦桩。悬浮于软弱土层的桩。以桩身于土层的摩阻力承担全部荷载。施工时以控制桩尖设计标高为主。

2. 按成桩方法分类

1）非挤土桩：干作业法钻（挖）孔灌注桩、泥浆护壁法钻（挖）孔灌注桩、套管护壁法钻（挖）孔灌注桩等。

2）部分挤土桩：长螺旋压灌灌注桩、冲孔灌注桩、钻孔挤扩灌注桩、预钻孔打入（静压）预制桩、打入（静压）式敞口钢管桩等。

3）挤土桩：沉管灌注桩、沉管夯（挤）扩灌注桩、打入（静压）预制桩等。

二、灌注桩施工

灌注桩是在施工现场的桩位上先成孔，然后在孔内灌注混凝土，或者加入钢筋后再灌注混凝土而形成的。

1. 灌注桩施工准备

（1）灌注桩施工应具备下列资料

1）建筑场地岩土工程勘察报告。

2）桩基工程施工图及图样会审纪要。

3）建筑场地和邻近区域内的地下管线、地下构筑物、危房、精密仪器车间等的调查资料。

4）主要施工机械及其配套设备的技术性能资料。

5）桩基工程的施工组织设计。

6）水泥、砂、石、钢筋等原材料及其制品的质检报告。

7）有关荷载、施工工艺的试验参考资料。

（2）钻孔机具及其他准备

1）施工前应组织图纸会审，会审纪要连同施工图等应作为施工据，并应列入工程档案。

2）桩基施工用的供水、供电、道路、排水、临时房屋等临时设施，必须在开工前准备就绪。

3）施工场地应进行平整处理，保证施工机械正常作业。

4）桩基轴线的控制点和水准点应设在不受施工影响的地方，开工前，经复核后妥善保护，施工中应经常复测。

2. 灌注桩施工工艺

测定桩位→桩机就位→钻孔→清孔→制作、安放钢筋笼→检查成孔质量→合格后灌注混凝土。

（1）泥浆护壁成孔灌注桩施工　工艺过程：测定桩位（桩基轴线定位和水准定位）→埋设护筒、制备泥浆→桩机就位→成孔→清孔→安放钢筋骨架→浇筑水下混凝土。

1）埋设护筒和制备泥浆。

① 泥浆护壁成孔时，宜采用孔口护筒。护筒埋设应准确、稳定，护筒中心与桩位中心的偏差不得大于50mm；护筒可用4～8mm厚的钢板制作。护筒的埋设深度：在黏性土中不宜小于1.0m；砂土中不宜小于1.5m。

② 施工期间护筒内的泥浆面应高出地下水位1.0m以上，在受水位涨落影响时，泥浆面应高出最高水位1.5m以上；在清孔过程中，应不断置换泥浆，直至浇筑水下混凝土；废弃的浆、渣应进行处理，不得污染环境。

2）成孔。对孔深较大的端承桩和粗粒土层中的摩擦桩，宜采用反循环工艺成孔或清孔，也可根据土层情况采用正循环钻进，反循环清孔。如在钻进过程中发生斜孔、塌孔和护筒周围冒浆、失稳等现象时，应停钻，待采取相应措施后再进行钻进。钻孔达到设计深度，灌注混凝土之前，孔底沉渣厚度：对端承桩，不应大于50mm；对摩擦桩，不应大于100mm。

3）灌注水下混凝土。钢筋笼吊装完毕后，应安置导管或气泵管进行二次清孔，并应进行孔位、孔径、垂直度、孔深、沉渣厚度等检验，合格后应立即灌注混凝土。水下灌注混凝土应符合下列规定：水下灌注混凝土必须具备良好的和易性，配合比应通过试验确定；坍落度宜为180～220mm；水泥用量不应少于360kg/m^3（当掺入粉煤灰时水泥用量可不受此限）；水下灌注混凝土宜掺外加剂。

（2）长螺旋钻孔压灌桩施工

工艺过程：测定桩位→桩机就位→钻孔→清孔→制作、安放钢筋笼→检查成孔质量→合格后灌注混凝土。

① 钻孔。钻机定位后，应进行复检，钻头与桩位点偏差不得大于20mm，开孔时下钻速度应缓慢；钻进过程中，不宜反转或提升钻杆。钻进过程中，当遇到卡钻、钻机摇晃、偏斜或发生异常声响时，应立即停钻，查明原因，采取相应措施后方可继续作业。

② 灌注混凝土。

a. 根据桩身混凝土的设计强度等级，应通过试验确定混凝土配合比；混凝土坍落度宜为180～220mm；粗骨料可采用卵石或碎石，最大粒径不宜大于30mm；可掺加粉煤灰或外加剂。

b. 混凝土泵应根据桩径选型，混凝土输送泵管布置宜减少弯道，混凝土泵与钻机的距离不宜超过60m。桩身混凝土的泵送压灌应连续进行。

c. 当钻机移位时，混凝土泵料斗内的混凝土应连续搅拌。泵送混凝土时，料斗内混凝土的高度不得低于400mm。混凝土输送泵管宜保持水平，当长距离泵送时，泵管下面应垫实。

d. 当环境温度高于30℃时，宜在输送泵管上覆盖隔热材料，每隔一段时间应洒水降温。

e. 钻至设计标高后，应先泵入混凝土并停顿10~20s，再缓慢提升钻杆。提钻速度应根据土层情况确定，且应与混凝土泵送量相匹配，保证管内有一定高度的混凝土。

f. 在地下水位以下的砂土层中钻进时，钻杆底部活门应有防止进水的措施，压灌混凝土应连续进行。压灌桩的充盈系数宜为1.0~1.2。桩顶混凝土的超灌高度不宜小于0.3~0.5m。

g. 成桩后，应及时清除钻杆及泵（软）管内的残留混凝土。长时间停置时，应采用清水将钻杆、泵管、混凝土泵清洗干净。

h. 混凝土压灌结束后，应立即将钢筋笼插至设计深度。钢筋笼插设宜采用专用插筋器。

（3）锤击沉管灌注桩施工

1）概念。使用锤击式桩锤或振动式桩锤将带有混凝土预制桩尖或钢桩尖的桩管沉入土中，造成桩孔；然后放入钢筋笼，浇筑混凝土；最后拔出钢管，形成所需的灌注桩。

2）施工程序一般为：定位→埋设混凝土预制桩尖→桩机就位→锤击沉管→灌注混凝土→边拔管、边锤击、边继续灌注混凝土（中间插入吊放钢筋笼）→成桩。

3）施工方法。锤击沉管灌注桩施工应根据土质情况和荷载要求，分别选用单打法、复打法或反插法。灌注混凝土和拔管的操作控制应符合下列规定：

① 沉管至设计标高后，应立即检查和处理桩管内的进泥、进水和吞桩尖等情况，并立即灌注混凝土。

② 当桩身配置局部长度钢筋笼时，第一次灌注混凝土应先灌至笼底标高，然后放置钢筋笼，再灌至桩顶标高。第一次拔管高度应以能容纳第二次灌入的混凝土量为限，不应拔得过高。在拔管过程中应采用测锤或浮标检测混凝土面的下降情况。

③ 拔管速度应保持均匀，对一般土层，拔管速度宜为1m/min。

④ 混凝土的充盈系数不得小于1.0；对于充盈系数小于1.0的桩，应全长复打；对可能断桩和缩颈桩，应采用局部复打。成桩后的桩身混凝土顶面应高于桩顶设计标高500mm以内。全长复打时，桩管入土深度宜接近原桩长，局部复打应超过断桩或缩颈区1m以上。混凝土的坍落度宜采用80~100mm。

（4）干作业成孔灌注桩施工　干作业钻、挖孔灌注桩适用于地下水位以上的黏性土、粉土、填土，中等密实以上的砂土和风化岩层。

1）施工工艺流程：场地清理→测量放线定桩位→桩机就位→钻孔取土成孔→清除孔底沉渣→成孔质量检查验收→吊放钢筋笼→浇筑孔内混凝土。

2）施工方法。钻孔时应符合下列规定：

① 钻杆应保持垂直稳固、位置准确，防止因钻杆晃动引起扩大孔径。

② 钻进过程中，应随时清理孔口积土，遇到地下水、塌孔、缩孔等异常情况时，应及时处理。

③ 成孔达到设计深度后，孔口应予保护，及时验收，并应做好记录。

④ 灌注混凝土前，应在孔口安放护孔漏斗，然后放置钢筋笼，并应再次测量孔内虚土厚度。扩底桩灌注混凝土时，第一次应灌到扩底部位的顶面，随即振捣密实；浇筑桩顶以下5m 范围内混凝土时，应随浇筑随振动，每次浇筑高度不得大于1.5m。

（5）人工挖孔灌注桩施工　人工挖孔灌注桩是指桩孔采用人工挖掘方法进行成孔，然后安放钢筋笼，浇筑混凝土而成的桩。

1）孔径、孔深的构造要求。人工挖孔灌注桩的孔径（不含护壁）不得小于0.8m，且不宜大于2.5m；孔深不宜大于30m。当桩净距小于2.5m 时，应采用间隔开挖。相邻排桩跳挖的最小施工净距不得小于4.5m。

2）护壁要求。人工挖孔灌注桩混凝土护壁的厚度不应小于100mm，混凝土强度等级不应低于桩身混凝土强度等级，并应振捣密实；护壁应配置直径不小于8mm 的构造钢筋，竖向筋应上下搭接或拉接。

3）人工挖孔灌注桩施工应采取下列安全措施：

① 孔内必须设置应急软爬梯供人员上下；使用的电葫芦、吊笼等应安全可靠，并配有自动卡紧保险装置，不得使用麻绳和尼龙绳吊挂或脚踏井壁凸缘上下。电葫芦宜用按钮式开关，使用前必须检验其安全起吊能力。

② 每日开工前必须检测井下的有毒、有害气体，并应有足够的安全防范措施。当桩孔开挖深度超过10m 时，应有专门向井下送风的设备，风量不宜少于25L/s。

③ 孔口四周必须设置护栏，护栏高度宜为0.8m。

④ 挖出的土石方应及时运离孔口，不得堆放在孔口周边1m 范围内，机动车辆的通行不得对井壁的安全造成影响。

⑤ 施工现场的一切电源、电路的安装和拆除必须遵守《施工现场临时用电安全技术规范》（JGJ 46—2005）的规定。

4）施工工艺。

① 开孔前，桩位应准确定位放样，在桩位外设置定位基准桩，安装护壁模板必须用桩中心点校正模板位置，并应由专人负责。

② 开挖土方。挖土顺序是自上而下，先中间、后孔边。

③ 施工第一节井圈护壁。井圈顶面应比场地高出100～150mm，壁厚应比下面井壁厚度增加100～150mm。井圈中心线与设计轴线的偏差不得大于20mm。

④ 修筑井圈护壁应符合下列规定：

a. 护壁的厚度、拉接钢筋、配筋、混凝土强度等级均应符合设计要求。

b. 上下节护壁的搭接长度不得小于50mm。

c. 每节护壁均应在当日连续施工完毕；护壁混凝土必须保证振捣密实，应根据土层渗水情况使用速凝剂。

d. 护壁模板的拆除应在灌注混凝土24h 之后；发现护壁有蜂窝、漏水现象时，应及时补强。

⑤ 挖至设计标高，终孔后应清除护壁上的泥土和孔底残渣、积水，并应进行隐蔽工程验收。验收合格后，应立即封底和灌注桩身混凝土。

⑥ 灌注桩身混凝土时，混凝土必须通过溜槽；当落距超过3m 时，应采用串筒，串筒末端距孔底高度不宜大于2m；也可采用导管泵送。混凝土宜采用插入式振捣器振实。

⑦ 当渗水量过大时，应采取场地截水、降水或水下灌注混凝土等有效措施。严禁在桩孔中边抽水、边开挖、边灌注（包括相邻桩的灌注）。

三、钢筋混凝土预制桩施工

1. 预制桩的制作、运输、堆放

制作工艺过程：现场制作场地压实、整平→场地地坪浇筑→支模→绑扎钢筋→浇混凝土→养护至30%强度拆模→支间隔端头模板、刷隔离剂、绑钢筋→浇间隔桩混凝土→制作第二层桩→养护至70%强度起吊→达100%强度后运输、堆放。

制作方法：重叠法生产，但是不宜超过四层；混凝土强度不宜小于C30，浇筑时从桩顶连续浇筑到桩尖，不能中断。预制桩的起吊：混凝土达设计强度的70%方可起吊，达100%时方可运输；吊点位置随桩长而异。预制桩的运输：运输过程中支点应与吊点位置一致，且随打随运，避免二次搬运。预制桩的堆放场地应平整坚实，垫木间距由吊点确定，且上下对齐，堆放层数不宜超过四层。

2. 锤击沉桩（打入桩）施工

预制桩的打入法施工就是利用锤击的方法把桩打入地下，这是预制桩最常用的沉桩方法。施工工艺流程：施工准备→桩的制作、起吊、运输、堆放→试打几根桩→确定打桩顺序→打桩→打桩结束→挖出桩→破桩头→接桩（截桩）→承台施工→桩基础施工完毕。

1）打桩机具设备准备。打桩机具主要有打桩机及辅助设备。打桩机主要有桩锤、桩架和动力装置三部分。桩锤作用：对桩施加冲击力，将桩打入土中。桩锤类型：落锤、单动汽锤、双动汽锤、柴油锤、液压锤。

① 桩架的作用。支持桩身和桩锤，将桩吊到打桩位置，并在打入过程中引导桩的方向，保证桩锤沿着所要求的方向冲击。

② 桩架的选择。选择桩架时，应考虑桩锤的类型、桩的长度和施工条件等因素。桩架的高度由桩的长度、桩锤高度、桩帽厚度及所用滑轮组的高度来确定。此外，还应留1～3m的高度作为桩锤的伸缩余量。

③ 桩架高度=桩长+桩锤高度+桩帽高度+滑轮组高度+1～2m的起锤工作余量。常用的桩架形式有以下三种：滚筒式桩架、多功能桩架、履带式桩架。动力装置包括驱动桩锤用的动力设施，如卷扬机、锅炉、空气压缩机和管道、绳索和滑轮等。

2）打桩前的准备工作

① 清理障碍：高空、地上、地下。

② 平整场地：在建筑物基线以外4～6m范围内的整个区域，或桩机进出场地及移动路线上。

③ 打桩试验：了解桩的沉入时间、最终沉入度、持力层的强度、桩的承载力等。

④ 抄平放线：在打桩现场设置水准点（至少2个），用作抄平场地标高和检查桩的入土深度；按设计图要求定出桩基轴线和每个桩位。定桩位是用小木桩或白灰点标出桩位。

3）确定打桩顺序（图2-14）。打桩时，由于桩对土体的挤密作用，先打入的桩被后打入的桩水平挤推而造成偏移和变位或被垂直挤拔，造成浮桩；而后打入的桩难以达到设计标高或入土深度，造成土体隆起和挤压，截桩过大。所以，群桩施工时，为了保证质量和进度，防止周围建筑物被破坏，打桩前应根据桩的密集程度，桩的规格、长度，以及桩架移动是否方便等因素来选择正确的打桩顺序。当桩的中心距不大于4倍桩的直径或边长时，常用的打桩顺序一般有下面几种：自两侧向中间打、逐排打设、自中间向四周打、自中间向两侧打。

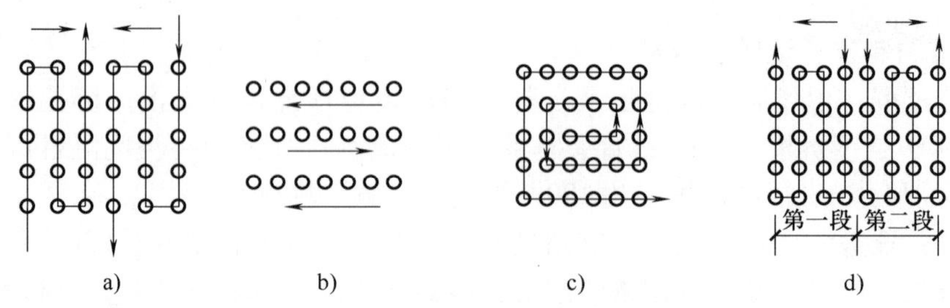

图2-14　打桩顺序示意

a）自两侧向中间打　b）逐排打设　c）自中间向四周打　d）自中间向两侧打

根据施工经验，打桩的顺序，以自中间向四周打、自中间向两侧打为佳。但桩距大于四倍桩直径时，则与打桩顺序关系不大，可采用由一侧向单一方向施打的方式（逐排打设），这样，桩架单方向移动，打桩效率高。当桩的规格、埋深、长度不同时，宜先大后小、先深后浅、先长后短施打。

4）打桩。打桩开始时，应先采用小的落距（0.5～0.8m）做轻的锤击，使桩正常沉入土中1～2m，经检查桩尖不发生偏移，再逐渐增大落距至规定高度，继续锤击，直至把桩打到设计要求的深度。

打桩有“轻锤高击”和“重锤低击”两种方式。打桩的过程：移桩架于桩位处→用卷扬机提升桩→将桩送入龙门导管内，安放桩尖→桩顶放置弹性垫层（草袋、麻袋）、放下桩帽和垫木（在桩帽上）→试打检查（桩身、桩帽、桩锤是否在同一轴线上）→继续打桩。

5）桩终止锤击的控制应符合下列规定：

① 当桩端位于一般土层时，应以控制桩端设计标高为主，贯入度为辅。

② 桩端达到坚硬、硬塑的黏性土、中密以上粉土、砂土、碎石类土及风化岩时，应以贯入度控制为主，桩端标高为辅。

③ 贯入度已达到设计要求而桩端标高未达到时，应继续锤击三阵，并按每阵10击的贯入度不应大于设计规定的数值确认，必要时施工控制贯入度应通过试验确定。

④ 当遇到贯入度剧变，桩身突然发生倾斜、位移或有严重回弹，桩顶或桩身出现严重裂缝、破碎等情况时，应暂停打桩，并分析原因，采取相应措施。

6）测量和记录。打桩过程中应进行测量和记录。

7）桩头处理与承台施工。在打完各种预制桩开挖基坑时，按设计要求的桩顶标高将桩头多余的部分截去。截桩头时不能破坏桩身，要保证桩身的主筋伸入承台，长度应符合设计要求。当桩顶标高在设计标高以下时，在桩位上挖成喇叭口，凿掉桩头混凝土，剥出主筋并焊接接长至设计要求的长度，与承台钢筋绑扎在一起；钢管桩还应焊好桩顶连接件，并应按设计处理好桩头和垫层防水。承台混凝土应一次浇筑完成，混凝土入槽宜采用平铺法。对大体积混凝土施工，应采取有效措施防止温度应力引起裂缝。

3. 静力压桩法

施工工艺：场地清理→测量定位→桩尖就位、对中、调直→压桩→接桩→再压桩→截桩。

四、桩基工程验收

1）桩基工程应进行桩位、桩长、桩径、桩身质量和单桩承载力的检验。

2）工程桩应进行承载力和桩身质量检验，具体如下：

① 有下列情况之一的桩基工程，应采用静荷载试验对工程桩单桩竖向承载力进行检测，检测数量应根据桩基设计等级、本工程施工前取得试验数据的可靠性等因素，按《建筑基桩检测技术规范》（JGJ 106—2014）确定：

a. 工程施工前已进行单桩静载试验，但施工过程变更了工艺参数或施工质量出现异常时。

b. 施工前未进行单桩静载试验的工程。

c. 地质条件复杂、桩的施工质量可靠性低。

d. 采用新桩型或新工艺。

② 有下列情况的桩基工程，可采用高应变动测法对工程桩单桩的竖向承载力进行检测：设计等级为甲、乙级的建筑桩基静荷载试验检测的辅助检测。

③ 桩身质量除对预留混凝土试件进行强度等级检验外，还应进行现场检测。检测方法可采用动测法，对于大直径桩还可采取钻芯法、声波透射法。检测数量可根据《建筑基桩检测技术规范》（JGJ 106—2014）确定。

技能实训——地基加固处理和筏形基础施工

将全班分成若干小组，按照以下实训题目进行计算、讨论，在规定的时间内完成实训，并提交报告。

1. 根据实训楼图样结构设计说明及本工程地质勘察资料，地基持力层为第②层黄土状粉质粘土层，地基承载力特征值 $f_{ak}=130\text{kPa}$，地基土无湿陷性，天然地基不能满足设计要求，需进行地基处理。处理后地基承载力特征值 $f_{spk}=200\text{kPa}$，建议采用夯实水泥土桩进行地基处理。桩端持力层进入④层黄土状粉质粘土层，并在桩顶铺设200mm厚的碎石褥垫层，处理后满足沉降要求。复合地基承载力特征值应通过现场复合地基静载荷试验确定。根据上述条件，回答下列问题：

1）本工程采用的地基加固处理方法是什么？

2）什么是夯实水泥土桩复合地基加固？施工工艺过程包括哪些步骤？

3）褥垫层的厚度是多少？什么是夯填度？夯实水泥土桩复合地基质量如何检验？

2. 某工程总建筑面积16533.54m^2，工程由地下一层、地上十六层组成。建筑物总高度为48.0m，基础采用钢筋混凝土筏形基础。在⑤～⑥轴中间设置1000mm宽的后浇带。问题如下：

1）钢筋混凝土筏形基础的施工工艺过程是什么？

2）当筏形基础的长度超过多少米时，应设置永久性的沉降缝和温度收缩缝。当不设置永久性的沉降缝和温度收缩缝时，应设置沉降后浇带，后浇带处钢筋是否断开？模板安装有什么要求？

3）筏形基础的底板钢筋绑扎（图2-15）有何要求？

图2-15　施工现场筏形基础的底板钢筋绑扎

单元 3

地下防水工程施工

［单元学习指导］

本单元是地基与基础分部工程的子分部工程，主要讲述：

1. 地下防水工程防水等级；确定地下工程的防水方案。
2. 地下防水工程的分项工程所包括的内容。
3. 地下主体结构防水工程的防水混凝土的质量控制要点，留置抗渗试块的要求。
4. 防水混凝土应连续浇筑，宜少留施工缝，当留设施工缝应符合的要求。
5. 继续浇筑混凝土时，施工缝处理的方法。
6. 水泥砂浆防水层的施工要点。
7. 地下工程铺贴卷材防水层的施工要点、铺贴方法和铺贴顺序。
8. 地下工程涂刷防水涂料防水层的施工要点。
9. 施工缝、变形缝、后浇带施工验收要求。

［单元学习目标］

知识目标

1. 了解并熟悉地下防水工程防水等级。
2. 了解并熟悉地下防水方案种类。
3. 掌握后浇带构造要求和施工要求。
4. 熟悉地下防水工程验收内容。

技能目标

1. 在现场会做防水混凝土的抗渗试块。
2. 学会防水混凝土留设施工缝时的要求。
3. 能确定防水施工方法；掌握地下工程铺贴卷材防水层的施工方法。
4. 懂地下防水工程的施工验收。
5. 会编制地下防水的施工方案。

课题 1　地下防水工程施工的基本规定

随着高层建筑、大型公共建筑的增多，再加上向地下要空间，地下工程变得越来越多，地下防水工程越来越引起人们的重视，而地下防水成功与否，在一定程度上影响建筑物的结构安全和使用寿命。地下防水工程是指对房屋建筑工程、防护工程、市政隧道、地下铁道等地下工程进行防水设计、防水施工和维护管理等各项技术工作的工程实体。地下工程施工应严格遵守《地下工程防水技术规范》（GB 50108—2008）和《地下防水工程质量验收规范》（GB 50208—2011）的规定。

一、地下工程的防水等级划分

地下工程的防水等级分为四级，各级标准应符合表3-1的要求。

表3-1　地下工程的防水等级标准

防水等级	标　准
一级	不允许渗水，结构表面无湿渍
二级	不允许漏水，结构表面可有少量湿渍 工业与民用建筑：湿渍总面积不大于总防水面积的1/1000，任意100m^2防水面积不超过2处，单个湿渍面积不大于0.1m^2
三级	有少量漏水点，不得有线流和漏泥砂。任意100m^2防水面积不超过7处，单个湿渍面积不大于0.3m^2，单个漏水点的漏水量不大于2.5L/d
四级	有漏水点，不得有线流和漏泥砂。整个工程平均漏水量不大于2L/(m^2·d)，任意100m^2防水面积的平均漏水量不大于4L/(m^2·d)

二、地下防水施工前的要求

1）地下防水工程必须由持有资质等级证书的防水专业队伍进行施工，主要施工人员应持有省级及以上建设行政主管部门或其指定单位颁发的执业资格证书或防水专业岗位证书。

2）地下防水工程施工前，应通过图纸会审，掌握结构主体及细部构造的防水要求，施工单位应编制防水工程专项施工方案，经监理单位或建设单位审查批准后执行。

3）防水材料必须经具备相应资质的检测单位进行抽样检验，并出具产品性能检测报告。

4）地下防水工程的施工，应建立各道工序的自检、交接检和专职人员检查的制度，并有完整的检查记录。工程隐蔽前，应由施工单位通知有关单位进行验收，并形成隐蔽工程验收记录；未经监理单位或建设单位代表对上道工序的检查确认，不得进行下道工序的施工。

5）地下防水工程施工期间，必须保持地下水位稳定在工程底部最低高程0.5m以下，必要时应采取降水措施。对采用明沟排水的基坑，应保持基坑干燥。

三、地下防水工程的分项工程

地下防水工程是地基与基础分部工程的一个子分部工程，其分项工程的划分应符合表3-2的要求。

表 3-2 地下防水工程的分项工程

子分部工程		分项工程
地下防水	主体结构防水	防水混凝土、水泥砂浆防水层、卷材防水层、涂料防水层、塑料防水板防水层、金属板防水层、膨润土防水材料防水层
	细部构造防水	施工缝、变形缝、后浇带、穿墙管、预埋件、预留通道接头、桩头、孔口、坑、池
	特殊施工法防水	锚喷支护、地下连续墙、盾构隧道、沉井、逆筑结构
	排水	渗排水、盲沟排水，隧道、坑道排水，塑料排水板排水
	注浆	预注浆、后注浆、结构裂缝注浆

实时训练

［练 3-1］地下工程的防水等级中，防水标准要求最高的为哪个等级？防水等级为二级时，按照地下工程防水标准，任意 $100m^2$ 防水面积上的湿渍不超过几处？单个湿渍的最大面积不大于多少 m^2？

课题 2 地下防水工程主体结构防水

主体结构防水的方法主要讲述：防水混凝土、水泥砂浆防水层、卷材防水层、涂料防水层等。

一、防水混凝土结构施工

防水混凝土结构是指依靠混凝土材料本身的密实性（调整混凝土配合比、掺外加剂或使用新品种水泥）而具有防水能力的整体式混凝土或钢筋混凝土结构。它既是承重结构、围护结构，又满足抗渗、耐腐蚀和耐侵蚀要求。防水混凝土适用于抗渗等级不低于 P6 的地下混凝土结构，不适用于环境温度高于 80℃的地下工程。

1. 防水混凝土结构类型

主要包括普通防水混凝土和外加剂防水混凝土。普通防水混凝土是在普通混凝土骨料级配的基础上，调整配合比，控制水胶比、水泥用量、灰砂比和坍落度来提高混凝土的密实性，从而抑制混凝土中的孔隙，达到防水的目的。而外加剂防水混凝土是加入适量外加剂（减水剂、防水剂），改善混凝土内部组织结构，增加混凝土的密实性，提高混凝土的抗渗能力。

2. 防水混凝土材料要求和配合比

1）水泥的选择。宜采用普通硅酸盐水泥或硅酸盐水泥，采用其他品种水泥时应经试验确定。不得使用过期或受潮结块的水泥，并不得将不同品种或强度等级的水泥混合使用。

2）砂宜选用中粗砂，含泥量不应大于 3.0%，泥块含量不宜大于 1.0%；碎石或卵石的粒径宜为 5 ~ 40mm，含泥量不应大于 1.0%，泥块含量不应大于 0.5%。

3）外加剂的品种和用量应经试验确定，所用外加剂应符合《混凝土外加剂应用技术规范》（GB 50119—2013）的规定。

4）防水混凝土的配合比应经试验确定，并应符合下列规定：

① 试配要求的抗渗水压值应比设计值提高 0.2MPa。

② 混凝土胶凝材料总量不宜小于 320kg/m^3，其中水泥用量不宜少于 260kg/m^3。水胶比不得大于 0.50，有侵蚀性介质时水胶比不宜大于 0.45；砂率宜为 35%～40%，泵送时可增加到 45%；灰砂比宜为 1∶1.5～1∶2.5；混凝土拌合物的氯离子含量不应超过胶凝材料总量的 0.1%；混凝土中各类材料的总碱量不得大于 3kg/m^3。

5）防水混凝土采用预拌混凝土时，入泵坍落度宜控制在 120～160mm，坍落度每小时损失不应大于 20mm，坍落度总损失值不应大于 40mm。

标准、规范学习

1）防水混凝土结构的厚度不小于 250mm。

2）裂缝宽度不得大于 0.2mm，并不得贯通。

3）钢筋保护层厚度应根据结构的耐久性和工程环境选用，迎水面钢筋保护层厚度不应小于 50mm。

3. 防水混凝土的施工要求

1）用于防水混凝土的模板应拼缝严密，支撑牢固。防水混凝土结构内部设置的各种钢筋或绑扎钢丝，不得接触模板。用于固定模板的螺栓必须穿过混凝土结构时，可采用工具式螺杆或螺栓加堵头，螺栓上应加焊方形止水环。拆模后应将留下的凹槽用密封材料封堵密实，并应用聚合物水泥砂浆抹平，如图 3-1 所示。

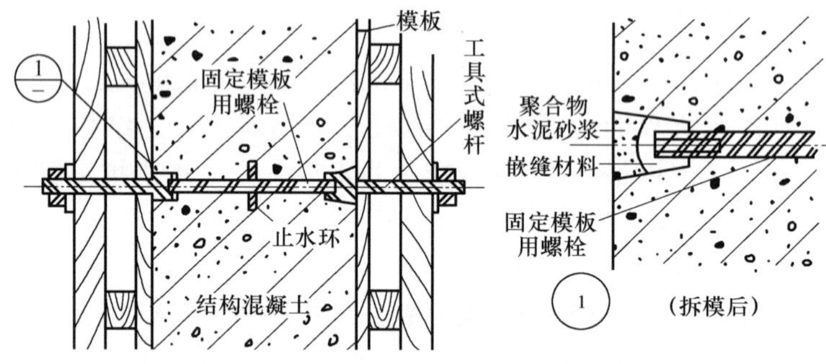

图 3-1　固定模板用螺栓的防水构造

2）防水混凝土拌合物应采用机械搅拌，搅拌时间不宜少于 2min。

3）防水混凝土拌合物在运输后如出现离析现象，必须进行二次搅拌，当坍落度损失后不能满足施工要求时，应加入原水胶比的水泥浆或掺加同品种的减水剂进行搅拌，严禁直接加水。

4）防水混凝土应采用机械振捣，避免漏振、欠振和超振；应分层连续浇筑，分层厚度不得大于 500mm。

5）防水混凝土应连续浇筑，不宜留施工缝，当留设施工缝时，应符合下列规定：

① 墙体水平施工缝不应留在剪力最大处或底板与侧墙的交接处，应留在高出底板表面不小于 300mm 的墙体上，如图 3-2 所示；墙体有预留孔洞时，施工缝距孔洞边缘不应小

于300mm。

② 垂直施工缝应避开地下水和裂隙水较多的地段，并宜与变形缝相结合。

③ 施工缝处的防水构造要求，如图3-3～图3-5所示。

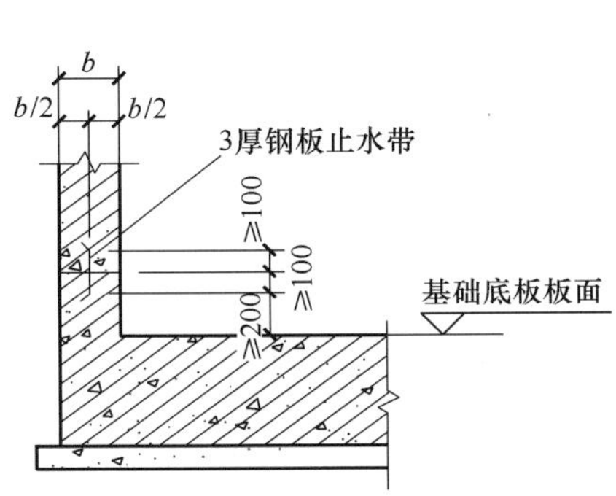

图3-2 施工缝留设及处理示意

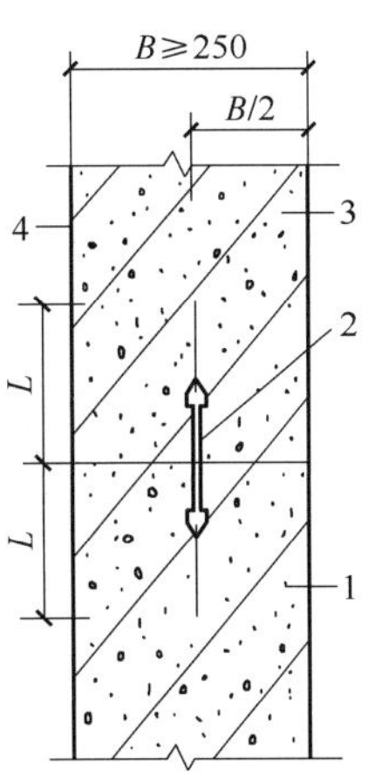

图3-3 施工缝防水构造（一）

1—先浇混凝土 2—中埋止水带

3—后浇混凝土 4—结构迎水面

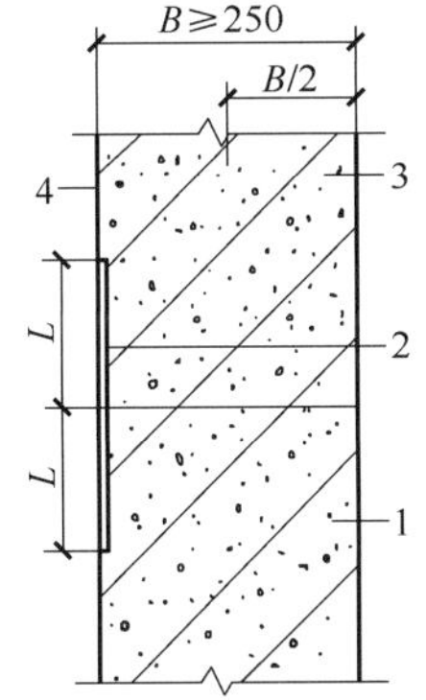

图3-4 施工缝防水构造（二）

1—先浇混凝土 2—外贴止水带

3—后浇混凝土 4—结构迎水面

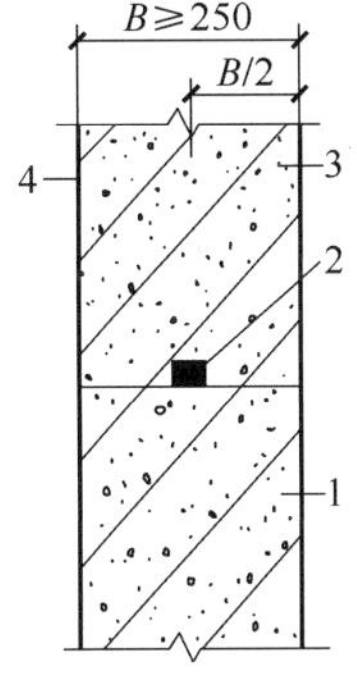

图3-5 施工缝防水构造（三）

1—先浇混凝土 2—遇水膨胀止水条

3—后浇混凝土 4—结构迎水面

图3-3中，若用钢板止水带，则$L\geqslant150$mm；若用橡胶止水带，则$L\geqslant200$mm；若用钢边橡胶止水带，则$L\geqslant120$mm。

图3-4中，若用外贴止水带，则$L\geqslant150$mm；若用外涂防水涂料和外抹防水砂浆，则$L=200$mm。

6）施工缝的施工应符合下列规定：水平施工缝浇筑混凝土前，应将其表面浮浆和杂物清除，然后铺设净浆或涂刷混凝土界面处理剂、水泥基渗透结晶型防水涂料，再铺30～50mm厚的1∶1水泥砂浆，并应及时浇筑混凝土；垂直施工缝浇筑混凝土前，将其表面清理干净，并涂刷混凝土界面处理剂或水泥基渗透结晶型防水涂料，并及时浇筑混凝土；遇水膨胀止水条应与接缝表面密贴；选用的遇水膨胀止水条应具有缓胀性能，其 7d 的膨胀率不应大于最终膨胀率的 60%，最终膨胀率宜大于 220%；采用中埋式止水带时，应定位准确、固定牢靠；采用遇水膨胀止水条时，止水条与施工缝基面应密贴，中间不得有空鼓、脱离等现象，止水条应牢固地安装在缝表面或预埋凹槽内，止水条搭接连接时的搭接宽度不得小于 30mm，如图 3-6 所示。

图 3-6 现场施工缝处理示意

7）混凝土试块的留设。浇筑混凝土过程中，应及时留出混凝土抗压强度试块和抗渗试块。抗压强度试块同普通混凝土留置方法。对于抗渗试块，连续浇筑混凝土每 500m^3 应留置一组抗渗试件（一组为六个抗渗试件），且每项工程不得少于两组，抗渗试块为圆台体。采用预拌混凝土的抗渗试件，留置组数应根据结构的规模和要求确定。

4. 大体积防水混凝土的施工要求

1）在设计许可的情况下，掺粉煤灰混凝土设计强度等级的龄期宜为 60d 或 90d。

2）宜选用水化热低和凝结时间长的水泥。

3）宜掺入减水剂、缓凝剂等外加剂和粉煤灰、磨细的矿渣粉等掺合料。

4）炎热季节施工，应采取降低原材料的温度、减少混凝土运输时吸收外界热量等降温措施，入模温度不应大于 30℃。

5）混凝土内部预埋管道，宜进行水冷散热。

6）应采取保温保湿养护，混凝土中心温度与表面温度的温差不应大于 25℃，表面温度与环境温度的差值不应大于 20℃，温降梯度不得大于 3℃/d，养护时间不应少于 14d。

5. 防水混凝土质量验收

（1）主控项目

1）防水混凝土的原材料、配合比及坍落度必须符合设计要求。

2）防水混凝土的抗压强度和抗渗性能必须符合设计要求。

3）防水混凝土的施工缝、变形缝、后浇带、穿墙管、埋设件等的设置和构造必须符合设计要求。

（2）一般项目

1）防水混凝土结构表面应坚实、平整，不得有露筋、蜂窝等缺陷；埋设件位置应正确。

2）防水混凝土结构表面的裂缝宽度不应大于0.2mm，且不得贯通。

3）防水混凝土结构厚度不应小于250mm，其允许偏差为 -5 ~8mm；主体结构迎水面钢筋保护层不应小于50mm，其允许偏差为 ±5mm。

 实时训练

［练3-2］某工程基础底板混凝土的强度等级为C30，抗渗等级为P6；外墙混凝土的强度等级为C40，抗渗等级为P6；均为商品混凝土。问题如下：

1）墙体水平施工缝应如何留设（画图说明）？

2）继续浇筑混凝土的施工缝应如何处理？在现场如何留设抗渗等级为P6的试块？

3）如果底板防水混凝土为大体积混凝土，混凝土中心温度与表面温度的温差不应大于多少？并应采取什么措施？

二、水泥砂浆防水层

1. 水泥砂浆防水层的概念及适用范围

水泥砂浆防水层是指在混凝土或砌砖的基层上用多层抹面的水泥砂浆等构成的防水层，它是通过水泥砂浆的抹压均匀、密实，并交替施工构成坚硬封闭的整体，具有较高的抗渗能力（2.5 ~3.0MPa，30d无渗漏），以阻止压力水的渗透。水泥砂浆防水层应采用聚合物水泥防水砂浆，以及掺外加剂或掺合料的防水砂浆。水泥砂浆防水层适用于地下工程主体结构的迎水面或背水面，不适用于受持续振动或环境温度高于80℃的地下工程。

2. 水泥砂浆防水层所用的材料应符合的规定

1）水泥应使用普通硅酸盐水泥、硅酸盐水泥或特种水泥，不得使用过期或受潮结块的水泥。

2）砂宜采用中砂，含泥量不应大于1%，硫化物和硫酸盐含量不得大于1%。

3）用于拌制水泥砂浆的水应采用不含有害物质的洁净水。

4）聚合物乳液的外观为均匀液体，无杂质、无沉淀、不分层。

5）外加剂的技术性能应符合国家或行业有关标准的要求。

3. 水泥砂浆防水层的基层质量应符合的规定

1）基层表面应平整、坚实、清洁，并应充分湿润，无明水。

2）基层表面的孔洞、缝隙应采用与防水层相同的水泥砂浆填塞并抹平。

3）施工前应将埋设件、穿墙管预留凹槽内嵌填密封材料后，再进行水泥砂浆防水层施工。

4. 水泥砂浆防水层施工应符合的规定

1）水泥砂浆的配制，应按所掺材料的技术要求准确计量。

2）分层铺抹或喷涂，铺抹时应压实、抹平，最后一层表面应提浆压光。

3）防水层各层应紧密黏合，每层宜连续施工；必须留设施工缝时，应采用阶梯坡形槎，但与阴阳角的距离不得小于200mm，如图3-7所示。

4）水泥砂浆终凝后应及时进行养护，养护温度不宜低于5℃，并应保持砂浆表面湿润，

养护时间不得少于14d。聚合物水泥防水砂浆未达到硬化状态时，不得浇水养护或直接受雨水冲刷；硬化后应采用干湿交替的养护方法。潮湿环境中，可在自然条件下养护。

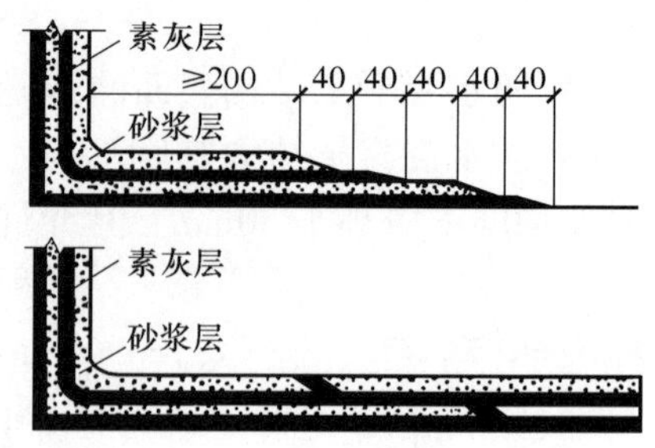

图3-7　防水层留槎、接槎处理方法

5）水泥砂浆防水层的质量检验。

① 主控项目包括：防水砂浆的原材料及配合比必须符合设计要求；防水砂浆的粘结强度和抗渗性能必须符合设计要求；水泥砂浆防水层与基层之间必须结合牢固，无空鼓现象。

② 一般项目包括：水泥砂浆防水层表面应密实、平整，不得有裂纹、起砂、麻面等缺陷；水泥砂浆防水层施工缝的留槎位置应正确，接槎应按层次顺序操作，层层搭接紧密；水泥砂浆防水层的平均厚度应符合设计要求，最小厚度不得小于设计值的85%；水泥砂浆防水层表面平整度的允许偏差应为5mm。

三、卷材防水层

1. 卷材防水层的适用范围

卷材防水层适用于受侵蚀性介质或受振动作用的地下工程，应铺设在混凝土主体迎水面上。主要用于建筑物的地下室，铺设在结构主体底板垫层至墙体顶端的基面上，在外围形成封闭的防水层。卷材防水层应采用高聚物改性沥青防水卷材和合成高分子防水卷材。所选用的基层处理剂、胶粘剂、密封材料等应与铺贴的卷材相匹配。

2. 地下工程用防水材料进场抽样复验的方法

地下工程用防水材料进场抽样复验的方法见表3-3。

表3-3　地下工程用防水材料进场抽样复验的方法

材料名称	抽样数量	外观质量检验	物理性能检验
高聚物改性沥青防水卷材	多于1000卷抽5卷，每500～1000卷抽4卷，100～499卷抽3卷，100卷以下抽2卷，进行规格尺寸和外观质量检验。在外观质量检验合格的卷材中，任取一卷做物理性能检验	断裂、皱折、孔洞、剥离、边缘不整齐，胎体露白、未浸透，撒布材料粒度、颜色，每卷卷材的接头	拉力、最大拉力时延伸率、低温柔度、不透水性
合成高分子防水卷材	多于1000卷抽5卷，每500～1000卷抽4卷，100～499卷抽3卷，100卷以下抽2卷，进行规格尺寸和外观质量检验。在外观质量检验合格的卷材中，任取一卷做物理性能检验	折痕、杂质、胶块、凹痕，每卷卷材的接头	断裂拉伸强度、扯断伸长率、低温弯折、不透水性

3. 防水卷材施工前的准备工作

1）铺贴防水卷材前，基面应干净、干燥，并应涂刷基层处理剂；当基面潮湿时，应涂刷湿固化型胶粘剂或潮湿界面隔离剂。

2）基层阴阳角应做成圆弧或45°坡角，其尺寸应根据卷材品种确定；在转角处、变形缝、施工缝、穿墙管等部位应铺贴卷材加强层，加强层宽度不应小于500mm。

3）防水卷材的搭接宽度应符合表3-4的要求。铺贴双层卷材时，上下两层和相邻两幅卷材的接缝应错开1/3～1/2幅宽，且两层卷材不得相互垂直铺贴。

表3-4 防水卷材的搭接宽度

卷材品种	搭接宽度/mm
弹性体改性沥青防水卷材	100
改性沥青聚乙烯胎防水卷材	100
自粘聚合物改性沥青防水卷材	80
三元乙丙橡胶防水卷材	100/60（胶粘剂/胶粘带）

4. 卷材防水层的施工方法

主要讲述冷粘法、热熔法、自粘法三种方法。

1）冷粘法铺贴卷材应符合下列规定：胶粘剂涂刷应均匀，不得露底、堆积；根据胶粘剂的性能，应控制胶粘剂涂刷与卷材铺贴的间隔时间；铺贴时不得用力拉伸卷材，应排除卷材下面的空气，辊压应黏结牢固；铺贴卷材应平整、顺直，搭接尺寸正确，不得有扭曲、皱折；卷材接缝部位应采用专用胶粘剂或胶粘带满粘，接缝口应用密封材料封严，其宽度不应小于10mm。

2）热熔法铺贴卷材应符合下列规定：火焰加热器加热卷材应均匀，不得加热不足或烧穿卷材；卷材表面热熔后应立即滚铺，排除卷材下面的空气，并黏结牢固；铺贴卷材应平整、顺直，搭接尺寸正确，不得有扭曲、皱折；卷材接缝部位应溢出热熔的改性沥青胶料，并粘贴牢固，封闭严密。

3）自粘法铺贴卷材应符合下列规定：铺贴卷材时，应将有黏性的一面朝向主体结构；外墙、顶板铺贴时，应排除卷材下面的空气，并黏结牢固；铺贴卷材应平整、顺直，搭接尺寸准确，不得有扭曲、皱折和起泡；立面卷材铺贴完成后，应将卷材端头固定，并应用密封材料封严；低温施工时，宜对卷材和基面采用热风适当加热，然后铺贴卷材。

5. 保护层的规定

卷材防水层完工并经验收合格后应及时做保护层。保护层应符合下列规定：

1）顶板的细石混凝土保护层与防水层之间宜设置隔离层。细石混凝土保护层厚度：机械回填时不宜小于70mm，人工回填时不宜小于50mm。

2）底板的细石混凝土保护层厚度不应小于50mm。

3）侧墙宜采用软质保护材料或铺抹20mm厚1∶2.5水泥砂浆。

6. 外防外贴法铺贴卷材防水层

采用外防外贴法铺贴卷材防水层时应符合下列规定：

1）铺贴卷材应先铺平面，后铺立面，交接处应交叉搭接。

2）临时性保护墙应用石灰砂浆砌筑，内表面用石灰砂浆做找平层，并刷石灰浆。如用模板代替临时性保护墙时，应在其上涂刷隔离剂。

3）从底面折向立面的卷材与永久性保护墙接触的部位，应采用空铺法施工；与临时性保护墙或围护结构模板接触的部位，应临时贴附在该墙上或模板上，卷材铺好后，其顶端应临时固定。

4）当不设保护墙时，从底面折向立面的卷材的接槎部位应采取可靠的保护措施。

5）主体结构完成后，铺贴立面卷材时，应先将接槎部位的隔层卷材揭开，并将其表面清理干净，如卷材有局部损伤，应及时进行修补。卷材接槎的搭接长度，高聚物改性沥青卷材为150mm，合成高分子卷材为100mm。当用两层卷材时，卷材应错槎接缝，上层卷材应盖过下层卷材。卷材防水层甩槎、接槎做法如图3-8、图3-9所示。

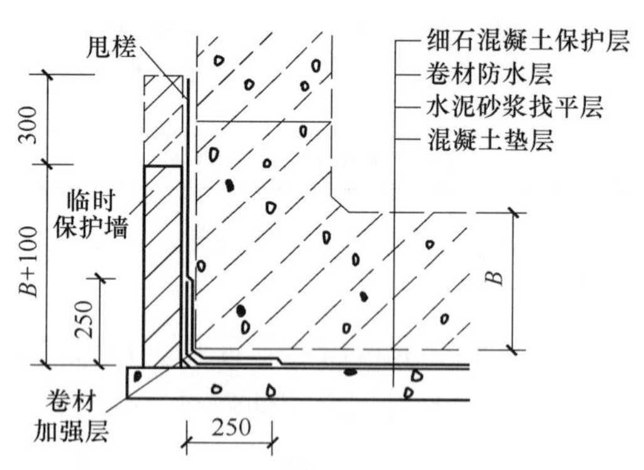

图3-8　卷材防水层甩槎做法

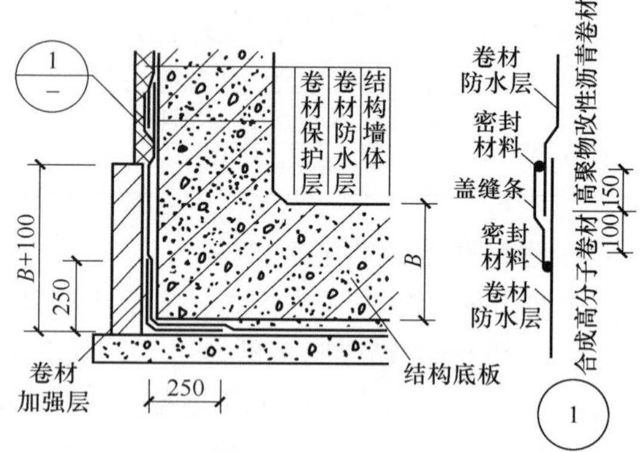

图3-9　卷材防水层接槎做法

外防外贴法铺贴卷材防水层施工工艺过程：施工准备→浇筑混凝土垫层→砌四周的临时性保护墙→在垫层上和保护墙上抹水泥砂浆找平层→铺贴卷材（先平面后立面）→做细石混凝土保护层→进行底板、墙身、顶板结构的施工→拆模，清理外墙面，做1∶3水泥砂浆找平层→拆临时性保护墙→做外防水将卷材层层往上铺贴→砌永久性保护墙→回填土。现场外防外贴法铺贴卷材如图3-10所示。

图3-10　现场外防外贴法铺贴卷材

7. 卷材防水层的施工质量检验

卷材防水层的施工质量检验数量，应按铺贴面积每100m^{2}抽查1处，每处10m^2，且不得少于3处。

1）主控项目：卷材防水层所用卷材及主要配套材料必须符合设计要求；卷材防水层在

转角处、变形缝、施工缝、穿墙管等部位的做法必须符合设计要求。

2）一般项目：卷材防水层的搭接缝应粘贴或焊接牢固，密封严密，不得有扭曲、皱折、翘边和起泡等缺陷；采用外防外贴法铺贴卷材防水层时，立面卷材接槎的搭接宽度，高聚物改性沥青类卷材应为150mm，合成高分子类卷材应为100mm，且上层卷材应盖过下层卷材；侧墙卷材防水层的保护层与防水层应结合紧密，保护层厚度应符合设计要求；卷材搭接宽度的允许偏差为-10mm。

四、涂料防水层

1. 涂料防水层的种类和适用范围

涂料防水层适用于受侵蚀性介质作用或受振动作用的地下工程；有机防水涂料宜用于主体结构的迎水面，无机防水涂料宜用于主体结构的迎水面或背水面。有机防水涂料应采用反应型、水乳型、聚合物水泥等涂料；无机防水涂料应采用掺外加剂、掺合料的水泥基防水涂料或水泥基渗透结晶型防水涂料。

2. 涂料防水层的施工规定

1）多组分涂料应按配合比准确计量，搅拌应均匀，并应根据有效时间确定每次配制的用量。

2）涂料应分层涂刷或喷涂，涂层应均匀，涂刷应待前遍涂层干燥成膜后进行；每遍涂刷时应交替改变涂层的涂刷方向，同层涂膜的先后搭压宽度宜为30~50mm。

3）涂料防水层甩槎处的接缝宽度不应小于100mm，接涂前应将其甩槎表面处理干净。

4）采用有机防水涂料时，基层阴阳角处应做成圆弧；在转角处、变形缝、施工缝、穿墙管等部位应增加胎体增强材料并增涂防水涂料，宽度不应小于500mm。

5）胎体增强材料的搭接宽度不应小于100mm，上下两层和相邻两幅胎体的接缝应错开1/3幅宽，且上下两层胎体不得相互垂直铺贴。

涂料防水层完工并经验收合格后应及时做保护层。

课题3 细部构造防水

细部构造防水主要包括：施工缝、变形缝、后浇带等。

一、施工缝施工验收内容

1. 主控项目

1）施工缝用止水带、遇水膨胀止水条或止水胶、水泥基渗透结晶型防水涂料和预埋注浆管必须符合设计要求。

2）施工缝防水构造必须符合设计要求。

2. 一般项目

1）墙体水平施工缝应留设在高出底板表面不小于300mm的墙体上。拱、板与墙结合的水平施工缝，宜留在拱、板和墙交接处以下150~300mm处；垂直施工缝应避开地下水和裂隙水较多的地段，并宜与变形缝相结合。

2）在施工缝处继续浇筑混凝土时，已浇筑的混凝土抗压强度不应小于1.2MPa。

3）水平施工缝浇筑混凝土前，应将其表面浮浆和杂物清除；然后铺设净浆，涂刷混凝土界面处理剂或水泥基渗透结晶型防水涂料；再铺 30 ~ 50mm 厚的 1∶1 水泥砂浆，并及时浇筑混凝土。

4）垂直施工缝浇筑混凝土前，应将其表面清理干净，再涂刷混凝土界面处理剂或水泥基渗透结晶型防水涂料，并及时浇筑混凝土。

5）中埋式止水带及外贴式止水带埋设位置应准确，固定应牢靠。

6）遇水膨胀止水带应具有缓膨胀性能；止水条与施工缝基面应密贴，中间不得有空鼓、脱离等现象；止水条应牢固地安装在缝表面或预埋凹槽内；止水条采用搭接连接时，搭接宽度不得小于 30mm。

7）遇水膨胀止水胶应采用专用注胶器挤出粘结在施工缝表面，并做到连续、均匀、饱满，无气泡和孔洞，挤出宽度及厚度应符合设计要求；止水胶挤出成型后，固化期内应采取临时保护措施；止水胶固化前不得浇筑混凝土。

8）预埋式注浆管应设置在施工缝断面中部，注浆管与施工缝基面应密贴并固定牢靠，固定间距宜为 200 ~ 300mm；注浆导管与注浆管的连接应牢固、严密，导管埋入混凝土内的部分应与结构钢筋绑扎牢固，导管的末端应临时封堵严密。

二、变形缝

1. 变形缝的构造

变形缝应满足密封防水、适应变形、方便施工、检修容易等要求。变形缝的宽度宜为 20 ~ 30mm，变形缝的防水构造如图 3-11 和图 3-12 所示。

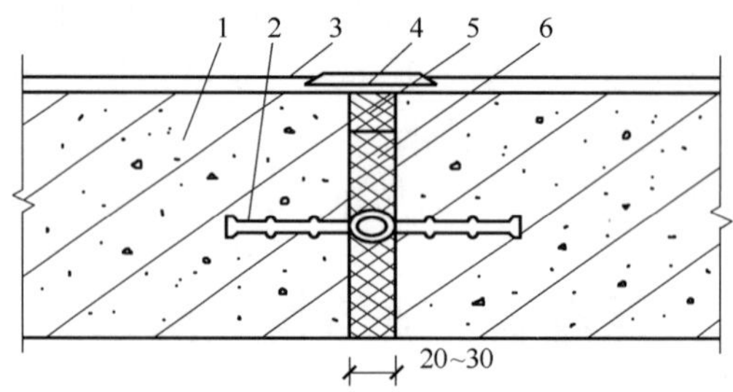

图 3-11　中埋式止水带与嵌缝材料复合使用

1—混凝土结构　2—中埋式止水带　3—防水层　4—隔离层　5—密封材料　6—填缝材料

图 3-12 中，若用外贴式止水带，则 $L \geqslant 300$mm；若用外贴防水卷材，则 $L \geqslant 400$mm；若用外涂防水涂料，则 $L \geqslant 400$mm。

2. 变形缝的施工质量验收

（1）主控项目

1）变形缝用止水带、填缝材料和密封材料必须符合设计要求。

2）变形缝防水构造必须符合设计要求。

3）中埋式止水带埋设位置应准确，其中间空心圆环与变形缝的中心线应重合。

（2）一般项目

1）中埋式止水带的接缝应设在边墙较高位置上，不得设在结构转角处。

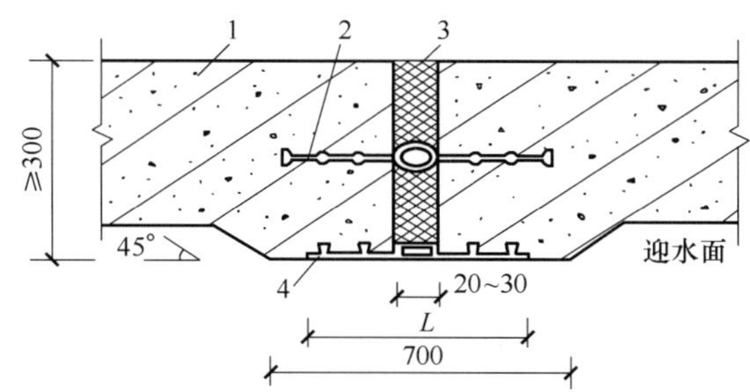

图3-12　中埋式止水带与外贴防水层复合使用

1—混凝土结构　2—中埋式止水带　3—填缝材料　4—外贴式止水带

2）接头宜采用热压焊接，接缝应平整、牢固，不得有裂口和脱胶现象；中埋式止水带在转角处应做成圆弧形；顶板、底板内止水带应安装成盆状，并宜采用专用钢筋套或扁钢固定。

3）外贴式止水带在变形缝与施工缝相交部位宜采用十字配件；外贴式止水带在变形缝转角部位宜采用直角配件。止水带埋设位置应准确，固定应牢靠，并与固定止水带的基层密贴，不得出现空鼓、翘边等现象。

4）嵌填密封材料的缝内两侧基面应平整、洁净、干燥，并应涂刷基层处理剂；嵌缝底部应设置背衬材料；密封材料嵌填应密实连续、饱满，黏结牢固。

5）变形缝处表面粘贴卷材与涂刷涂料前，应在缝上设置隔离层和加强层。

三、后浇带

1. 后浇带的概念

《混凝土结构工程施工规范》（GB 50666—2011）第2.0.10条规定：考虑环境温度变化、混凝土收缩、结构不均匀沉降等因素，将梁、板（包括基础底板）、墙划分为若干部分，经过一定时间后再浇筑的具有一定宽度的混凝土带。

标准、规范学习

《地下工程防水技术规范》（GB 50108—2008）规定：

1）后浇带宜用于不允许留设变形缝的工程部位。

2）后浇带应在其两侧混凝土龄期达到42d后再施工，高层建筑的后浇带施工应按规定时间进行。

3）后浇带应采用补偿收缩混凝土浇筑，其抗渗和抗压强度等级不应低于两侧混凝土。

4）后浇带应设在受力和变形较小的部位，其间距和位置应按结构设计确定，宽度宜为700～1000mm。

2. 后浇带的构造

后浇带两侧可做成平直缝或阶梯缝，其防水构造形式宜采用下列形式，如图3-13、图3-14、图3-15所示。施工现场底板、墙身后浇带留设如图3-16所示。

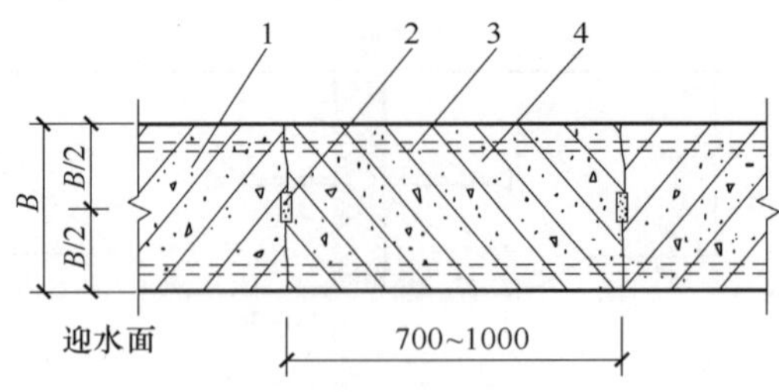

图 3-13　后浇带防水构造（一）

1—先浇混凝土　2—遇水膨胀止水条　3—结构主筋　4—后浇补偿收缩混凝土

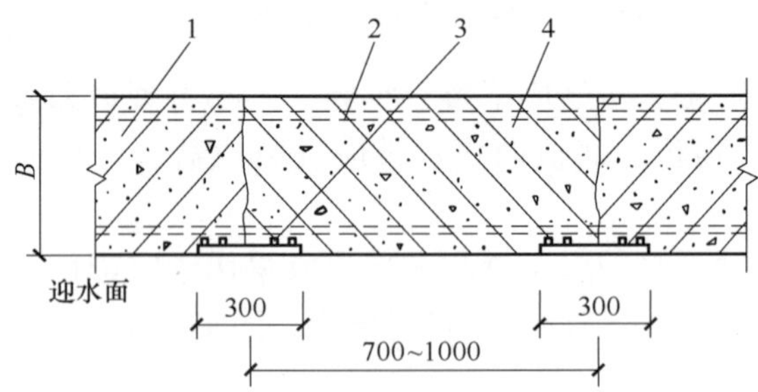

图 3-14　后浇带防水构造（二）

1—先浇混凝土　2—结构主筋　3—外贴式止水带　4—后浇补偿收缩混凝土

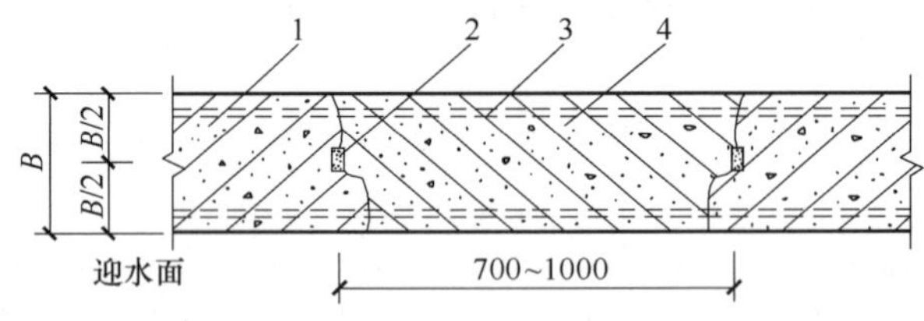

图 3-15　后浇带防水构造（三）

1—先浇混凝土　2—遇水膨胀止水条　3—结构主筋　4—后浇补偿收缩混凝土

图 3-16　施工现场底板、墙身后浇带留设

3. 底板后浇带混凝土浇筑的施工工艺

凿毛并清洗混凝土界面→钢筋除锈、调整→抽出后浇带处积水→安装止水条或止水带→

混凝土界面放置与后浇带同强度等级的砂浆或涂刷混凝土界面处理剂→后浇带混凝土施工→后浇带混凝土养护。

4. 后浇带质量验收

（1）主控项目

1）后浇带用遇水膨胀止水条或止水胶、预埋注浆管、外贴式止水带必须符合设计要求。

2）补偿收缩混凝土的原材料及配合比必须符合设计要求。

3）后浇带防水构造必须符合设计要求。

4）采用掺膨胀剂的补偿收缩混凝土，其抗压强度、抗渗性能和限制膨胀率必须符合设计要求。

（2）一般项目

1）补偿收缩混凝土浇筑前，后浇带部位和外贴式止水带应采取保护措施。

2）后浇带两侧的接缝表面应先清理干净，再涂刷混凝土界面处理剂或水泥基渗透结晶型防水涂料；后浇混凝土的浇筑时间应符合设计要求。

3）遇水膨胀止水条的施工应符合相关规范的规定。

4）后浇带混凝土应一次浇筑，不得留施工缝；混凝土浇筑后应及时养护，养护时间不得少于28d。

标准、规范学习

对于桩头防水设计，《地下防水工程质量验收规范》（GB 50208—2011）规定：桩头顶面和侧面裸露处应涂刷水泥基渗透结晶型防水涂料，并延伸至结构底板垫层150mm处；桩头周围300mm范围内应抹聚合物水泥防水砂浆过渡层；结构底板防水层应做在聚合物水泥防水砂浆过渡层上并延伸至桩头侧壁，其与桩头侧壁接缝处应采用密封材料嵌填；桩头的受力钢筋根部应采用遇水膨胀止水条或止水胶，并应采取保护措施。

技能实训——防水施工

将全班分成若干小组，按照以下实训题目进行计算、讨论，在规定的时间内完成实训，并提交报告。

某钢筋混凝土框架剪力墙结构，基础垫层施工用C15混凝土，随浇随压光，原浆收面，抹压次数不少于三遍，底板防水层采用SBS防水卷材，底板、墙身做法如图3-17所示（图中D表示底板厚度，L表示卷材搭接宽度）。本工程在底板、墙身、顶板留设800mm宽的后浇带。问题如下：

1）底板、墙身SBS防水卷材铺贴采用的是哪种施工方法？施工要求有哪些？

2）采用外防外贴法的施工工艺过程有哪些？

3）从图中确定墙身水平施工缝的位置距底板上表面为多少？施工缝处采用什么止水

措施？

4）什么是后浇带？后浇带采用什么混凝土浇筑？什么时候浇筑？浇筑完毕养护时间是多少天？通过画图，说明后浇带的防水做法。

5）确定防水混凝土墙身厚度是否符合要求。

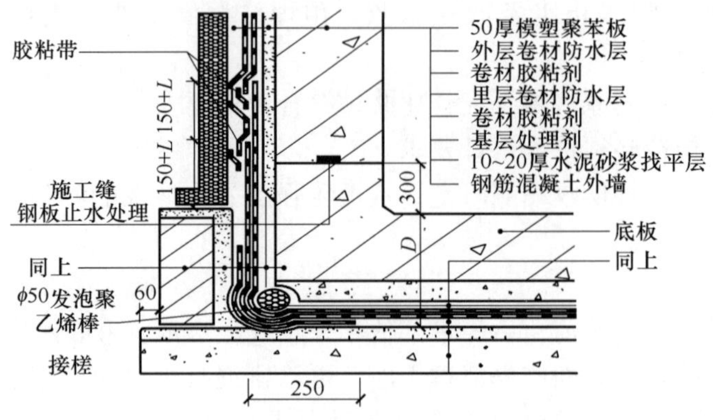

图3-17　地下室底板、墙身防水做法示意

模块二

主体结构工程施工

- 单元 4　砌体结构工程施工
- 单元 5　混凝土结构工程施工

单元 4

砌体结构工程施工

［单元学习指导］

在主体结构分部工程中，主要讲述砌体结构和混凝土结构子分部工程。砌体结构子分部工程主要讲述砖砌体、混凝土小型空心砌块砌体、填充墙砌体等分项工程，主要内容如下：

1. 所用砖和砌筑砂浆材料要求。
2. 采用的组砌方式、组砌方法。
3. 熟练并准确地进行楼层轴线及标高的引测。
4. 砖砌体的施工工艺过程。
5. 砖砌体的质量验收内容。
6. 砌块砌体的组砌形式和施工要求。
7. 填充墙砌体的施工工艺流程。
8. 填充墙砌体的施工质量验收。
9. 脚手架工程的组成及搭设要求。
10. 垂直运输设施的种类和要求。

［单元学习目标］

知识目标

1. 学会主体工程砖砌体、砌块砌体、构造柱、植筋等的施工要点。
2. 能对砌筑工程进行正确的施工质量验收。
3. 了解钢管扣件式脚手架的搭设、拆除和安全防护措施。

技能目标

1. 能编制砌体工程施工方案等技术文件并能独立进行现场施工的检查验收。
2. 能编制脚手架专项施工方案并能进行技术交底。

课题 1　砌体结构工程的认识

砌体结构是由块体和砂浆砌筑而成的由墙、柱作为建筑物主要受力构件的结构，是砖砌体、砌块砌体和石砌体结构的统称。《建筑工程施工质量验收统一标准》（GB 50300—2013）规定，砌体结构子分部工程内容包括：砖砌体、混凝土小型空心砌块砌体、石砌体、填充墙砌体、配筋砖砌体等分项工程。

一、砌体结构的基本规定

根据《砌体结构工程质量验收规范》(GB 50203—2011):

1) 砌体结构工程所用的材料应有产品合格证书、产品性能型式检验报告，质量应符合国家现行有关标准的要求。块体、水泥、钢筋、外加剂还应有材料主要性能的进场复验报告，并应符合设计要求。严禁使用国家明令淘汰的材料。

2) 砌体结构工程施工前，应编制砌体结构工程施工方案。

3) 砌体结构的标高、轴线，应引自基准控制点。

4) 砌筑基础前，应校核放线尺寸，允许偏差应符合表4-1的规定。

表4-1 放线尺寸的允许偏差

长度 L、宽度 B/m	允许偏差/mm	长度 L、宽度 B/m	允许偏差/mm
L(或 B) ≤30	±5	60 < L(或 B) ≤90	±15
30 < L(或 B) ≤60	±10	L(或 B) >90	±20

5) 伸缩缝、沉降缝、防震缝中的模板应拆除干净，不得夹有砂浆、块体及碎渣等杂物。

6) 在墙上留置临时施工洞口，其侧边距交接处墙面不应小于500mm，洞口净宽度不应超过1m。抗震设防烈度为9度地区建筑物的临时施工洞口位置，应会同设计单位确定。临时施工洞口应做好补砌。

7) 不得在下列墙体或部位设置脚手眼:

① 120mm厚墙、清水墙、料石墙、独立柱和附墙柱。

② 过梁上与过梁成60°角的三角形范围及过梁净跨度1/2的高度范围内。

③ 宽度小于1m的窗间墙。

④ 门窗洞口两侧石砌体300mm，其他砌体200mm范围内；转角处石砌体600mm，其他砌体450mm范围内。

⑤ 梁或梁垫下及其左右500mm范围内。

⑥ 设计不允许设置脚手眼的部位。

⑦ 轻质墙体。

⑧ 夹心复合墙外叶墙。

8) 脚手眼补砌时，应清除脚手眼内掉落的砂浆、灰尘；脚手眼处砖及填塞用砖应湿润，并应填实砂浆。

9) 设计要求的洞口、沟槽、管道应于砌筑时正确留出或预埋，未经设计同意，不得打凿墙体和在墙体上开凿水平沟槽。宽度超过300mm的洞口上部，应设置钢筋混凝土过梁。不应在截面长边小于500mm的承重墙体、独立柱内埋设管线。

10) 墙和柱的允许自由高度。尚未施工楼板或屋面的墙和柱，其抗风允许自由高度不得超过表4-2的规定，如果超过表中限值时，必须采用临时支撑等有效措施。

11) 砌筑完基础或每一楼层后，应校核砌体轴线和标高。在允许范围内，轴线偏差可在基础顶面或楼面上校正，标高偏差宜通过调整上部砌体灰缝厚度校正。

12) 雨天不宜在露天砌筑墙体，对下雨当日砌筑的墙体应进行遮盖。继续施工时，应复核墙体的垂直度，如果垂直度超过允许偏差，应拆除重新砌筑。

表 4-2　墙和柱的允许自由高度　（单位：m）

墙（柱）厚/mm	砌体密度 > 1600kg/m³			砌体密度 1300 ~ 1600kg/m³		
	风载/(kN/m²)			风载/(kN/m²)		
	0.3（约7级风）	0.4（约8级风）	0.5（约9级风）	0.3（约7级风）	0.4（约8级风）	0.5（约9级风）
190	—	—	—	1.4	1.1	0.7
240	2.8	2.1	1.4	2.2	1.7	1.1
370	5.2	3.9	2.6	4.2	3.2	2.1
490	8.6	6.5	4.3	7.0	5.2	3.5
620	14.0	10.5	7.0	11.4	8.6	5.7

注：本表适用于施工处相对标高 H 在 10m 范围的情况，如 $10m < H \leqslant 15m$、$15m < H \leqslant 20m$，表中的允许自由高度应分别乘以 0.9、0.8 的系数；如 $H > 20m$，应通过抗倾覆验算确定其允许自由高度。

13）砌体施工时，楼面和屋面堆载不得超过楼板的允许荷载值。当施工层进料口处施工荷载较大时，楼板下宜采取临时支撑措施。

14）正常施工条件下，砖砌体、小砌块砌体每日砌筑高度宜控制在 1.5m 或一步脚手架高度内；石砌体不宜超过 1.2m。

15）砌体结构工程检验批的划分应同时符合下列规定：

① 所用材料类型及同类型材料的强度等级相同。

② 不超过 250m³ 砌体。

③ 主体结构砌体一个楼层（基础砌体可按一个楼层计）；填充墙砌体量少时可多个楼层合并。

二、砌体材料

1. 砖的种类

主要包括：普通烧结砖、烧结多孔砖、混凝土多孔砖、混凝土实心砖、蒸压灰砂砖、蒸压粉煤灰砖。普通烧结砖的规格为：240mm × 115mm × 53mm，应按《烧结普通砖》（GB 5101—2003）执行；烧结多孔砖的一般规格为：240mm × 115mm × 90mm，应按《烧结多孔砖和多孔砌块》（GB 13544—2011）执行，其强度等级分为 MU30、MU25、MU20、MU15、MU10 五个强度等级。蒸压灰砂砖和蒸压粉煤灰砖的长 × 宽均为 240mm × 115mm，厚度有 53mm 和 90mm 两种，其强度等级分为 MU25、MU20、MU15。砖、砌块的种类如图 4-1 所示。

2. 砌块的种类

1）混凝土小型空心砌块为竖向方孔，规格为 390mm × 190mm × 190mm，其强度等级分为 MU20、MU15、MU10、MU7.5、MU5.0 五个强度等级。

2）加气混凝土砌块的规格较多，一般长度为 600mm，高度有 200mm、240mm、300mm，宽度有 200mm、250mm 等，其强度等级分为 MU7.5、MU5.0、MU3.5、MU2.5、MU1.0。

3. 砌筑砂浆

砌筑砂浆的种类主要有水泥砂浆、水泥混合砂浆及石灰砂浆。砂浆的强度等级有 M15、M10、M7.5、M5.0、M2.5 五个强度等级。

a)　　b)　　c)　　d)

图4-1　砖、砌块的种类

a）多孔砖　b）蒸压灰砂砖　c）混凝土小型空心砌块　d）加气混凝土砌块

1）砌筑砂浆中水泥使用应符合的规定。

① 水泥进场时应对其品种、等级、包装或散装仓号、出厂日期进行检查，并应对其强度、安定性进行复验，其质量必须符合《通用硅酸盐水泥》（GB 175—2007）的有关规定。

② 当在使用中对水泥质量有怀疑或水泥出厂超过三个月（快硬硅酸盐水泥超过一个月）时，应复查试验，并按其复验结果使用。

③ 不同品种的水泥，不得混合使用。

抽检数量：按同一生产厂家、同品种、同等级、同批号连续进场的水泥，袋装水泥不超过200t为一批，散装水泥不超过500t为一批，每批抽样不少于一次。

检验方法：检查产品合格证、出厂检验报告和进场复验报告。

2）砂宜采用过筛的中砂，不应混有草根、树叶、树枝、塑料、煤块、炉渣等杂物，砂中含泥量、泥块含量、石粉含量、云母等应符合相关行业标准。

3）石灰膏。建筑生石灰、建筑生石灰粉熟化为石灰膏，其熟化时间分别不得少于7d和2d；沉淀池中储存的石灰膏，应防止干燥、冻结和污染；严禁使用脱水硬化的石灰膏；建筑生石灰粉、消石灰粉不得代替石灰膏配制水泥石灰砂浆。

4）砌筑砂浆配合比。砌筑砂浆配合比应通过试配确定，当砌筑砂浆的组成材料有变更时，其配合比应重新确定。凡在砂浆中掺入增塑剂、早强剂、缓凝剂、防冻剂等外加剂时，应经有资质的检测单位检验和试配确定。配制砌筑砂浆时，各组分材料应采用质量计量，水泥和各种外加剂配料的允许偏差值为±2%；砂、粉煤灰、石灰膏等配料的允许偏差值为±5%。

5）砌筑砂浆的拌制。砌筑砂浆应采用机械搅拌，自投料完算起，搅拌时间应符合下列规定：

① 水泥砂浆和水泥混合砂浆不得少于120s。

② 水泥粉煤灰砂浆和掺用外加剂的砂浆不得少于180s。

③ 掺增塑剂的砂浆，其搅拌方式、搅拌时间应符合现行行业标准的规定。

④ 干混砂浆及加气混凝土砌块专用砂浆宜按掺用外加剂的砂浆确定搅拌时间或按产品说明书采用。

现场拌制的砂浆应随拌随用，拌制的砂浆应在3h内使用完毕；当施工期间最高气温超过30℃时，应在2h内使用完毕。预拌砂浆及蒸压加气混凝土砌块专用砂浆的使用时间应按照厂方提供的说明书确定。

6）砌筑砂浆试块强度验收时其强度合格标准的规定。

① 同一验收批砂浆试块强度平均值必须大于或等于设计强度等级值的1.1倍。

② 同一验收批砂浆试块抗压强度的最小一组平均值应大于或等于设计强度等级值的85%。

③ 砌筑砂浆的验收批，同一类型、强度等级的砂浆试块应不少于3组；同一验收批砂浆只有1组或2组试块时，每组试块抗压强度的平均值应大于或等于设计强度等级值的1.1倍；对于建筑结构的安全等级为一级或设计使用年限为50年及以上的房屋，同一验收批砂浆试块的数量不得少于3组。

④ 砂浆强度应以标准养护、28d龄期的试块抗压强度为准。

⑤ 制作砂浆试块的砂浆稠度应与配合比设计一致。

抽检数量：每一检验批且不超过250m^{3}砌体的各类、各强度等级的普通砌筑砂浆，每台搅拌机应至少抽检一次。验收批的预拌砂浆、蒸压加气混凝土砌块专用砂浆，抽检可为3组。

检验方法：在砂浆搅拌机出料口或在湿拌砂浆的储存容器出料口随机取样制作砂浆试块（现场拌制的砂浆，同盘砂浆只应制作1组试块），试块标准养护28d后做强度试验。

标准、规范学习

《砌体结构工程施工质量验收规范》（GB 50203—2011）规定：

小型砌块：块体主规格的高度大于115mm而又小于380mm的砌块，包括普通混凝土小型空心砌块、轻骨料混凝土小型空心砌块、蒸压加气混凝土砌块等，简称小砌块。

蒸压加气混凝土砌块专用砂浆：与蒸压加气混凝土性能相匹配的，能满足蒸压加气混凝土砌块砌体施工要求和砌体性能的砂浆，分为适用于薄灰砌筑法的蒸压加气混凝土砌块粘结砂浆，适用于非薄灰砌筑法的蒸压加气混凝土砌块砌筑砂浆。

预拌砂浆：由专业生产厂生产的湿拌砂浆或干混砂浆。

课题2　砖砌体工程施工

一、砖砌体工程的一般规定

1）适用范围。适用于烧结普通砖、烧结多孔砖、混凝土多孔砖、混凝土实心砖、蒸压灰砂砖、蒸压粉煤灰砖等砌体工程。

2）砌体砌筑时，混凝土多孔砖、混凝土实心砖、蒸压灰砂砖、蒸压粉煤灰砖等块体的产品龄期不应小于28d。

3）有冻胀环境和条件的地区，地面以下或防潮层以下的砌体，不应采用多孔砖。

4）不同品种的砖不得在同一楼层混砌。

5）砌筑烧结普通砖、烧结多孔砖、蒸压灰砂砖、蒸压粉煤灰砖砌体时，砖应提前

1～2d 适度湿润，严禁采用干砖或处于吸水饱和状态的砖砌筑，块体湿润程度宜符合下列规定：

① 烧结类块体的相对含水率为 60%～70%。

② 混凝土多孔砖及混凝土实心砖不需要浇水湿润，但在气候干燥炎热的情况下，宜在砌筑前对其喷水湿润。其他非烧结类块体的相对含水率为 40%～50%。

6）采用铺浆法砌筑砌体，铺浆长度不得超过 750mm；当施工期间气温超过 30℃时，铺浆长度不得超过 500mm。

7）240mm 厚承重墙的每层墙的最上一皮砖，砖砌体的阶台水平面上及挑出层的外皮砖，应整砖丁砌。

标准、规范规定

《砌体结构工程施工质量验收规范》（GB 50203—2011）规定：瞎缝是指砌体中相邻块体间无砌筑砂浆，又彼此接触的水平缝或竖向缝；假缝是指掩盖砌体灰缝内在质量缺陷，砌筑砌体时仅在靠近砌体表面处抹有砂浆，而内部无砂浆的竖向灰缝；通缝是指砌体中上下皮块体的搭接长度小于规定数值的竖向灰缝。

二、砖砌体的组砌形式

砖砌体的组砌要求是：上下错缝、内外搭接，以保证砌体的整体性。

1. 砖墙的组砌方式

砖墙的组砌方式常用的有一顺一丁、三顺一丁、梅花丁，其次有全顺砌法、全丁砌法、两平一侧砌法等，如图 4-2 所示。

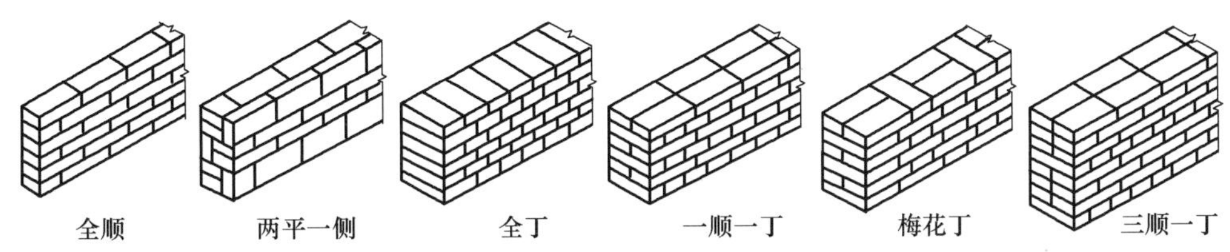

图 4-2　砖砌体的组砌形式

1）一顺一丁砌法（满顶满条）。由一皮顺砖与一皮丁砖相互交替砌筑而成，上下皮间的竖缝相互错开 1/4 砖长。

2）三顺一丁砌法。由三皮顺砖与一皮丁砖相互交替叠砌而成，上下皮顺砖与丁砖间竖缝错开 1/4 砖长，上下皮顺砖间竖缝错开 1/2 砖长。

3）梅花丁砌法（又叫沙包式）。在同一皮砖层内一块顺砖一块丁砖间隔砌筑（转角处不受此限），上下两皮间竖缝错开 1/4 砖长，顶砖必须在顺砖的中间。该砌法内外竖缝每皮都能错开，故抗压整体性较好，墙面容易控制平整，竖缝易于对齐。

4）全顺砌法（条砌法）。每皮全部用顺砖砌筑，两皮间竖缝搭接 1/2 砖长。此种砌法仅用于半砖墙。

5）全丁砌法。每皮全部用丁砖砌筑，两皮间竖缝搭接 1/4 砖长。此种砌法一般多用于圆形建筑物，如水塔、烟囱、水池、圆仓等。

6）两平一侧砌法（18cm 墙）。两皮平砌的顺砖旁砌一皮侧砖，两平砌层间的竖缝应错开 1/2 砖长。

2. 砖基础的组砌方式

1）砖基础构造。基础垫层包括灰土、碎砖三合土或混凝土；砖基础下部通常采取的扩大部分叫大放脚。大放脚的形式包括两种：等高式大放脚和不等高式大放脚，如图 4-3 所示。等高式大放脚是两皮一收，两边各收进 1/4 砖长。不等高式大放脚是两皮一收和一皮一收相间隔，两边各收进 1/4 砖长。大放脚一般采用一顺一丁砌筑法。大放脚的最下一皮及每层的最上一皮应以丁砌为主。墙基顶面设置防潮层：宜采用 1∶2.5水泥砂浆加适量防水剂铺设，厚度为 20mm。

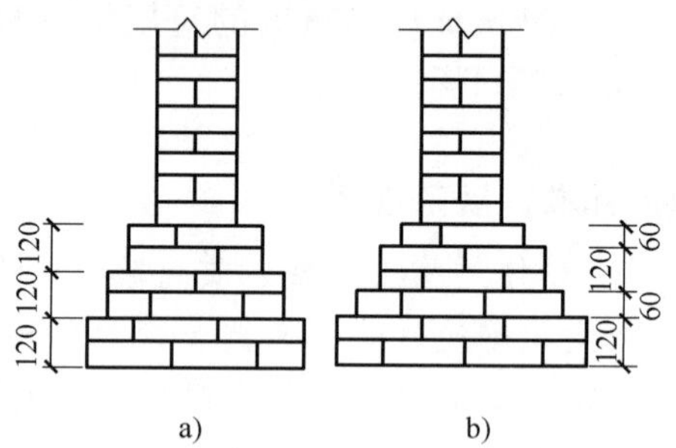

图 4-3 大放脚的形式

a）等高式大放脚 b）不等高式大放脚

2）砖基础施工工艺：定位放线→土方开挖（地基处理）→地基验槽→垫层施工→基础砌筑→构造柱、地圈梁施工→基础验收→土方回填。

3）施工要点：清洁垫层表面；砖基础大放脚一般采用一顺一丁砌筑形式，上下皮垂直灰缝相互错开 1/4 砖长（60mm）；砖基础的水平灰缝厚度和垂直灰缝宽度宜为 10mm；水平灰缝的砂浆饱满度不得小于 80%。

3. 砖柱的组砌方式

普通砖柱的截面形式有方形、矩形、圆形等，无论采用哪种砌法，都应是柱面上下皮竖缝相互错开 1/2 砖长，柱芯无通天缝。严禁采用包心组砌方式（即先砌四周后填心）

4. 砖过梁的组砌方式和施工要求

砖过梁包括砖拱过梁和钢筋砖过梁。砖拱过梁又包括砖平拱过梁和砖弧拱过梁。砖拱过梁的灰缝应砌成楔形缝，拱底灰缝宽度不宜小于 5mm，拱顶灰缝宽度不应大于 15mm，拱体的纵向及横向灰缝应填实砂浆。平拱式过梁的拱脚下面应伸入墙内不小于 20mm；砖砌平拱过梁底应有 1% 的起拱。砌砖拱时应从两边对称向中间砌筑，正中一块应挤紧。

砖过梁底部的模板及其支架拆除时，灰缝砂浆强度不应低于设计强度的 75%。

三、砖墙砌体施工工艺

1. 砖砌体的施工工艺过程

抄平放线→排砖撂底→立皮数杆→盘角、挂线→砌筑、清理墙面（清水墙勾缝）。

1）抄平放线。

① 抄平。砌筑砖墙前，先在基础防潮层或楼面上按标准的水准点或指定的水准点定出各层标高，并用水泥砂浆或 C10 细石混凝土找平。

② 放线。建筑物的基础施工完成之后，应进行一次基础砌筑情况的复核。只有基础施工合格，才能在基础防潮层上正式放线。主要放出轴线、墙边线、门窗口位置线（按设计要求留设），如图 4-4 所示。如门口为 1m 宽、2.7m 高时，标成“1000×2700”；窗口为 1.5m 宽、1.8m 高时，标成“1500×1800”。窗台的高度在线杆上有标志，这样使瓦工砌砖

时做到心中有数。

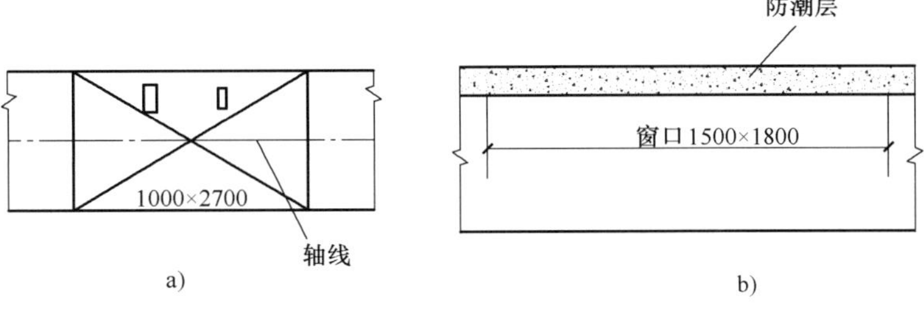

图4-4 门窗洞口弹线

a）平面上的线 b）侧面墙上的线

为了保证各层墙身轴线的重合和施工方便，在弹墙身线时，应根据龙门板上标注的轴线位置将轴线引测到房屋的外墙基础上。二层以上各层墙的轴线，可用经纬仪或垂球引测到楼层上去，同时还需根据图上轴线尺寸用钢尺进行校核，如图4-5所示。

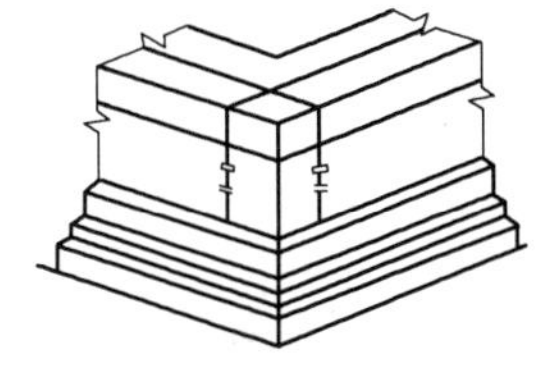

图4-5 外墙身弹线

当砖墙砌到一步架高度后，应随即用水准仪在墙上进行抄平，并弹出距室内地面高50cm的线，在首层即为0.5m标高线（施工现场叫50线），在以上各层即为该层标高加0.5m的标高线。这道水平线是用来控制层高及放置门、窗过梁高度的依据，也是室内装饰施工时做地面标高，以及墙裙、踢脚线、窗台及其他有关的装饰标高的依据。

2）排砖撂底（干砖摆样）。摆砖样也称撂底，是在弹好线的基础顶面上按选定的组砌方式先用干砖试摆，以核对所弹出的墨线在门窗洞口、墙垛等处是否符合砖模数，以便借助灰缝调整，使砖的排列和砖缝宽度均匀合理。摆砖时，要求山墙摆成丁砖，横墙摆成顺砖，又称“山丁檐跑”。

3）立皮数杆。砌墙前先要立好皮数杆（又叫线杆），作为砌筑的依据之一。皮数杆一般是用5cm×7cm的方木做成，上面画有砖的皮数，灰缝厚度，门窗、楼板、圈梁、过梁、屋面板等构件的位置，以及建筑物各种预留洞口的高度，它是墙体竖向尺寸的标志，如图4-6所示。

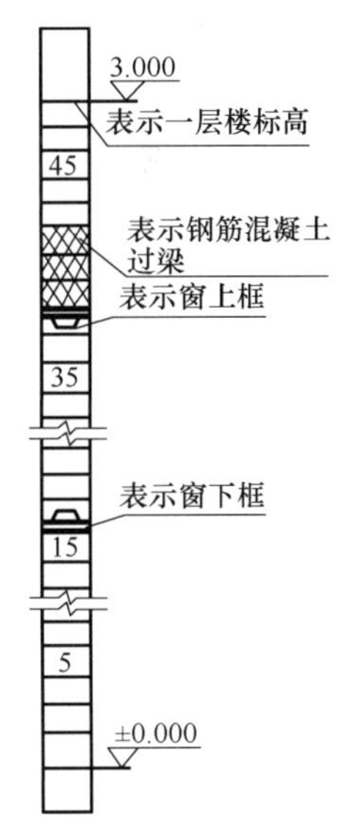

图4-6 皮数杆

画皮数杆时应从±0.000开始，从±0.000向下到基础垫层以上为基础部分皮数杆，±0.000以上为墙身皮数杆。皮数杆一般立于房屋的四个大角、内外墙交接处、楼梯间及墙面变化较多的部位。立皮数杆时可用水准仪测定标高，使各皮数杆立在同一标高上。皮数杆的设立方法，应由两个方向斜撑或铆钉加以固定，保证其牢固和垂直。

4）盘角、挂线。墙体砌砖时，一般先砌砖墙两端大角，然后再砌墙身。大角砌筑主要是根据皮数杆标高，依靠线锤、托线板使其垂直。中间墙身部分主要是依靠准线使其灰缝平直，一般“二四墙”以内单面挂线，“三七”墙以上宜双面挂线。在砌筑过程中应“三皮一吊、五皮一靠”，把砌筑误差消灭在操作过程中，以保证墙面的垂直度和平整度。垂直度检查时，采用托线板（也称靠尺板）和线锤，将托线板一侧垂直靠紧墙面进行检查，重合表示墙面垂直；当线锤向外离开墙面偏离墨线时表示墙向外倾斜，线锤向里靠近墙面偏离墨线时则说明墙向里倾斜，如图 4-7 所示。

5）砌筑、勾缝。

①“三一”砌砖法。砖砌体工程宜采用“三一”砌砖法，即一块砖、一铲灰、一挤揉，并随手将挤出的砂浆刮去。砌砖时砖要放平，砌砖一定要“上跟线，下跟棱，左右相邻要对平”。水平灰缝厚度和竖向灰缝宽度一般为 10mm，但不应小于 8mm，也不应大于 12mm。

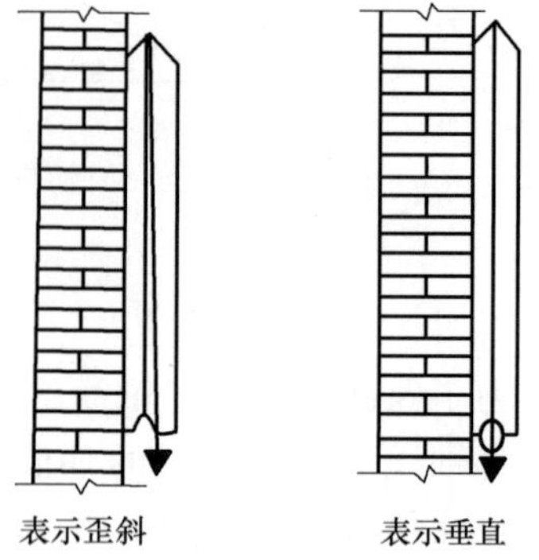

图 4-7　托线板测垂直度

② 勾缝。如果砌筑清水墙，砌完后应及时勾缝，勾缝的方法有两种：一种是原浆勾缝，即利用砌墙的砂浆随砌随勾；另一种是加浆勾缝，即利用精筛的细砂以 1∶1～1∶1.5 的配合比拌制水泥砂浆进行勾缝。勾缝的形式有平缝、凹缝、凸缝、斜缝等，常用的是凹缝和平缝。勾缝前应清除墙面上粘结的砂浆、灰尘和污物等，并洒水湿润。勾缝要求横平竖直、深浅一致、搭接平整并压实抹光。

③ 多层砖砌体房屋构造柱的要求。

a. 构造柱的设置要求。楼梯间及电梯间四角、楼梯斜梯段上下端对应的墙体处，外墙四角和对应转角，错层部位横墙与外纵墙交接处，较大洞口两侧均应设置构造柱。

b. 构造柱的施工顺序。施工准备→构造柱钢筋绑扎→砌砖墙→支模板→浇筑混凝土。在构造柱钢筋绑扎时，根据弹好的构造柱位置线，检查搭接钢筋的位置及搭接长度是否符合设计要求和抗震规范要求。构造柱可不单独设置基础，但应伸入室外地面下 500mm，或与埋深小于 500mm 的基础圈梁相连。构造柱与圈梁连接处，构造柱的纵筋应在圈梁纵筋内侧穿过，保证构造柱纵筋上下贯通。构造柱与墙连接处应砌成马牙槎，沿墙高每隔 500mm 设 2ϕ6mm 水平钢筋和 ϕ4mm 分布短筋平面内点焊组成的拉结网片或 ϕ4mm 点焊钢筋网片，每边伸入墙内不宜小于 1m。马牙槎从每层柱脚开始，应先退后进，每一马牙槎沿高度方向的尺寸不应超过 300mm，如图 4-8 所示。

6）清理。当该层砖砌体砌筑完毕后，应进行墙面、柱面和落地灰的清理。

四、砖砌体的质量验收

《砌体结构工程施工质量验收规范》（GB 50203—2011）规定，砖砌体检验批质量验收合格标准：主控项目的质量经抽样检验全部符合要求；一般项目的质量经抽样检验应有 80% 及以上符合要求。具有完整的施工操作依据、质量检查记录。

1. 主控项目

1）砖和砂浆的强度等级必须符合设计要求。每一生产厂家，烧结普通砖、混凝土实心砖每 15 万块，烧结多孔砖、混凝土多孔砖、蒸压灰砂砖及蒸压粉煤灰砖每 10 万块各为一验收批，不足上述数量时按 1 批计，抽检数量为 1 组。

2）砌体灰缝砂浆应密实饱满，砖墙水平灰缝的砂浆饱满度不得低于 80%；砖柱水平灰

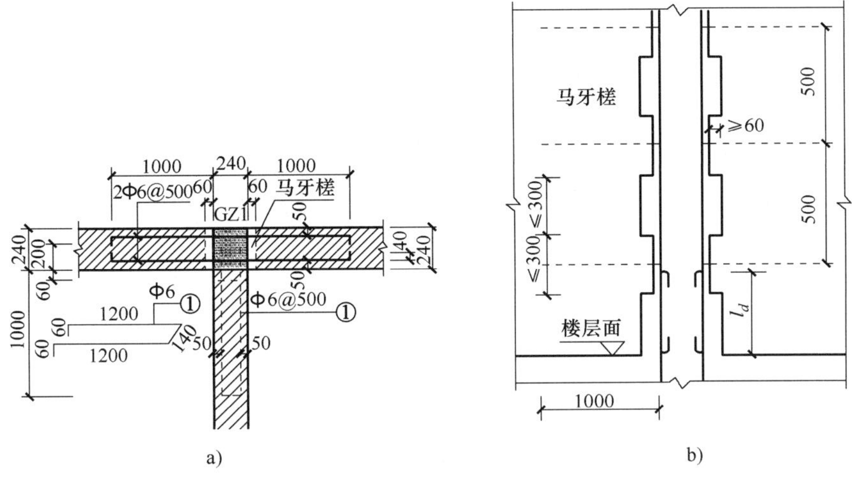

图4-8　拉结筋布置及马牙槎

a）平面图　b）立面图

缝和竖向灰缝饱满度不得低于90%。

抽检数量：每检验批抽查不应少于5处。

检验方法：用百格网（图4-9）检查砖底面与砂浆的粘结痕迹面积。每处检测3块砖，取其平均值。

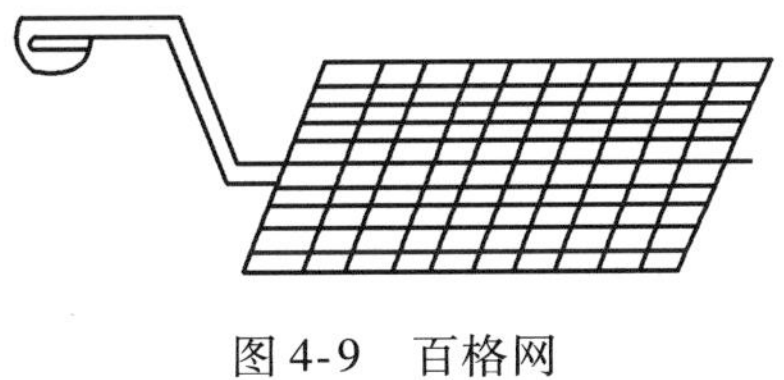

图4-9　百格网

3）砖砌体的转角处和交接处应同时砌筑，严禁无可靠措施的内外墙分砌施工。在抗震设防烈度为8度及8度以上的地区，对不能同时砌筑而又必须留置的临时间断处应砌成斜槎，普通砖砌体的斜槎水平投影长度不应小于高度的2/3，多孔砖砌体的斜槎长高比不应小于1/2。斜槎高度不得超过一步脚手架的高度，如图4-10a所示。

4）非抗震设防及抗震设防烈度为6度、7度地区的临时间断处，当不能留斜槎时，除转角处外，可留直槎，但直槎必须做成凸槎。留直槎处应加设拉结钢筋，拉结钢筋的数量为每120mm墙厚放置1ϕ6mm拉结钢筋，间距沿墙高不应超过500mm，埋入长度从留槎处算起每边均不应小于500mm（对抗震设防烈度为6度、7度的地区不应小于1000mm）；末端应有90°弯钩，如图4-10b所示。

2. 一般项目

1）砖砌体的组砌方法应正确，内外搭砌，上下错缝。清水墙、窗间墙无通缝；混水墙中不得有长度大于300mm的通缝，长度200～300mm的通缝每间不超过3处，且不得位于同一面墙体上。砖柱不得采用包心砌法。

2）砖砌体的灰缝应横平竖直、厚薄均匀。水平灰缝厚度及竖向灰缝宽度宜为10mm，

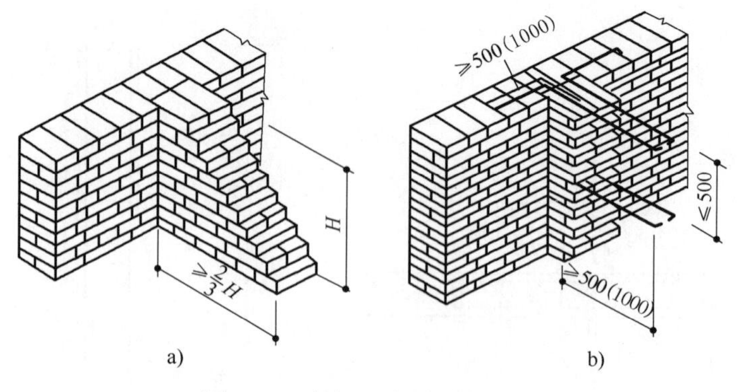

图 4-10　斜槎、直槎砌筑示意
a）斜槎　b）直槎

但不应小于 8mm，也不应大于 12mm。

抽检数量：每检验批抽查不应少于 5 处。

检验方法：水平灰缝厚度用尺量 10 皮砖砌体高度折算，竖向灰缝宽度用尺量 2m 砌体长度折算。

3）砖砌体尺寸、位置的允许偏差及检验应符合表 4-3 的规定。

表 4-3　砖砌体尺寸、位置的允许偏差及检验

<table>
<tr><th colspan="3">项　目</th><th>允许偏差/mm</th><th>检 验 方 法</th><th>抽 检 数 量</th></tr>
<tr><td colspan="3">轴线位移</td><td>10</td><td>用经纬仪和尺或用其他测量仪器检查</td><td>承重墙、柱全数检查</td></tr>
<tr><td colspan="3">基础、墙、柱顶面标高</td><td>±15</td><td>用水准仪和尺检查</td><td>不应少于 5 处</td></tr>
<tr><td rowspan="3">墙面垂直度</td><td colspan="2">每层</td><td>5</td><td>用 2m 托线板检查</td><td>不应少于 5 处</td></tr>
<tr><td rowspan="2">全高</td><td>10m</td><td>10</td><td rowspan="2">用经纬仪、吊线、尺或其他测量仪器检查</td><td rowspan="2">外墙全部阳角</td></tr>
<tr><td>10m</td><td>20</td></tr>
<tr><td rowspan="2">表面平整度</td><td colspan="2">清水墙、柱</td><td>5</td><td rowspan="2">用 2m 靠尺和楔形塞尺检查</td><td rowspan="2">不应少于 5 处</td></tr>
<tr><td colspan="2">混水墙、柱</td><td>8</td></tr>
<tr><td rowspan="2">水平灰缝平直度</td><td colspan="2">清水墙</td><td>7</td><td rowspan="2">拉 5m 线和尺检查</td><td rowspan="2">不应少于 5 处</td></tr>
<tr><td colspan="2">混水墙</td><td>10</td></tr>
<tr><td colspan="3">门窗洞口高、宽（后塞口）</td><td>±10</td><td>用尺检查</td><td>不应少于 5 处</td></tr>
<tr><td colspan="3">外墙上下窗口偏移</td><td>20</td><td>以底层窗口为准，用经纬仪或吊线检查</td><td>不应少于 5 处</td></tr>
<tr><td colspan="3">清水墙游丁走缝</td><td>20</td><td>以每层第一皮砖为准，用吊线和尺检查</td><td>不应少于 5 处</td></tr>
</table>

实时训练

［练4-1］某砖混结构的二层平面图如图4-11所示，墙体厚度为240mm，轴线居中，转角处的钢筋混凝土构造柱尺寸为240mm×240mm，M1尺寸为900mm×2400mm，C1尺寸为1500mm×1800mm。在实训室外，试对图4-11进行定位、放线，并画出墙身线、门窗洞口线，以及构造柱处墙体砌筑时马牙槎的位置线。

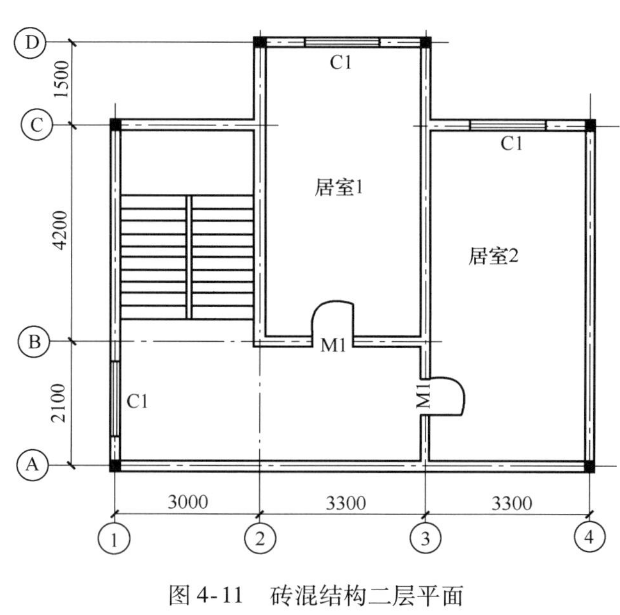

图4-11 砖混结构二层平面

课题3 混凝土小型空心砌块砌体施工

混凝土小型砌块（以下简称小砌块）分为普通混凝土小型空心砌块和轻骨料混凝土小型空心砌块，其施工方法与砖砌体施工工艺过程一样，主要是人工砌筑。

一、混凝土小型空心砌块的尺寸和强度等级

以碎石或卵石为粗骨料制作的混凝土，主规格尺寸为390mm×190mm×190mm，空心率为25%~50%的小型空心砌块，简称普通混凝土小砌块。

小砌块的强度等级有MU20、MU15、MUl0、MU7.5、MU5.0和MU3.5。组砌形式只有全顺一种。普遍混凝土小型空心砌块如图4-12所示，普通混凝土小型空心砌块实物如图4-13所示。

二、混凝土小型空心砌块施工的一般规定

1）施工前，应按房屋设计图编绘小砌块平、立面排列图，施工中应按排列图施工。

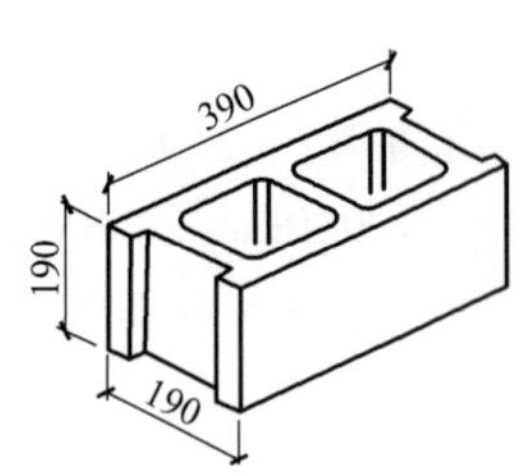

图 4-12 普通混凝土小型空心砌块

图 4-13 普通混凝土小型空心砌块实物

2）施工采用的小砌块的产品龄期不应小于 28d。砌筑小砌块时，应清除表面污物，剔除外观质量不合格的小砌块。

3）砌筑小砌块砌体，宜选用专用小砌块砌筑砂浆。

4）底层室内地面以下或防潮层以下的砌体，应采用强度等级不低于 C20（或 Cb20）的混凝土灌实小砌块的孔洞。

5）砌筑普通混凝土小型空心砌块砌体时，不需要对小砌块浇水湿润，如遇天气干燥炎热，宜在砌筑前对其喷水湿润；对轻骨料混凝土小砌块，应提前浇水湿润，块体的相对含水率宜为 40%～50%。雨天及小砌块表面有浮水时，不得施工。

6）承重墙体使用的小砌块应完整、无缺损、无裂缝。

7）小砌块墙体应孔对孔、肋对肋错缝搭砌。单排孔小砌块的搭接长度应为块体长度的 1/2；多排孔小砌块的搭接长度可适当调整，但不宜小于砌块长度的 1/3，且不应小于 90mm。墙体的个别部位不能满足上述要求时，应在灰缝中设置拉结钢筋或钢筋网片，但竖向通缝仍不得超过两皮小砌块。

8）小砌块应将生产时的底面朝上反砌于墙上。

9）小砌块墙体宜逐块坐（铺）浆砌筑。

10）在散热器、厨房、卫生间等设备的卡具安装处砌筑的小砌块，宜在施工前用强度等级不低于 C20（或 Cb20）的混凝土将其孔洞灌实。

11）芯柱处小砌块墙体砌筑应符合下列规定：

① 每一楼层芯柱处第一皮砌体应采用开口小砌块。

② 砌筑时应随砌随清除小砌块孔内的毛边，并将灰缝中挤出的砂浆刮净。

12）芯柱混凝土宜选用专用小砌块灌孔混凝土。浇筑芯柱混凝土应符合下列规定：

① 每次连续浇筑的高度宜为半个楼层，但不应大于 1.8m。

② 浇筑芯柱混凝土时，砌筑砂浆强度应大于 1MPa。

③ 清除孔内掉落的砂浆等杂物，并用水冲淋孔壁。

④ 浇筑芯柱混凝土前，应先注入适量与芯柱混凝土相同的去石砂浆。

⑤ 每浇筑 400～500mm 高度捣实一次，或边浇筑边捣实。

标准、规范学习

芯柱。芯柱是指在小砌块墙体的孔洞内浇灌混凝土形成的柱，有素混凝土芯柱和钢筋混凝土芯柱。

三、混凝土小型空心砌块砌体验收标准

1. 主控项目

1）小砌块和芯柱混凝土、砌筑砂浆的强度等级必须符合设计要求。

抽检数量：每一生产厂家，每1万块小砌块为一验收批，不足1万块按一批计，抽检数量为1组。用于多层以上建筑的基础和底层的小砌块，其抽检数量不应少于2组。

检验方法：检查小砌块和芯柱混凝土、砌筑砂浆试块试验报告。

2）砌体水平灰缝和竖向灰缝的砂浆饱满度，按净面积计算不得低于90%。

抽检数量：每检验批抽查不应少于5处。

检验方法：用专用百格网检测小砌块与砂浆粘结痕迹，每处检测3块小砌块，取其平均值。

3）墙体转角处和纵横交接处应同时砌筑。临时间断处应砌成斜槎，斜槎水平投影长度不应小于斜槎高度。施工洞口可预留直槎，但在洞口砌筑和补砌时，应在直槎上下搭砌的小砌块孔洞内用强度等级不低于C20（或Cb20）的混凝土灌实。

4）小砌块砌体的芯柱在楼盖处应贯通，不得削弱芯柱截面尺寸；芯柱混凝土不得漏灌。

2. 一般项目

1）砌体的水平灰缝厚度和竖向灰缝宽度宜为10mm，但不应小于8mm，也不应大于12mm。

抽检数量：每检验批抽查不应少于5处。

抽检方法：水平灰缝用尺量5皮小砌块的高度折算；竖向灰缝宽度用尺量2m砌体长度折算。

2）砖砌体尺寸、位置的允许偏差及检验方法见表4-3。

课题4 填充墙砌体工程施工

一、填充墙砌体的一般规定适用范围及组砌方式

填充墙砌体的一般规定适用于烧结空心砖、蒸压加气混凝土砌块、轻骨料混凝土小型空心砌块等填充墙砌体工程。下面主要介绍蒸压加气混凝土砌块的施工。

蒸压加气混凝土砌块的尺寸：长度为600mm，高度为200mm、250mm、300mm，宽度为100mm、120mm、150mm、200mm、240mm，采用全顺的组砌方式。砌体的上下皮砌块应错缝搭砌，搭接长度不宜小于砌块长度的三分之一。

二、蒸压加气混凝土砌块施工的一般规定

1）蒸压加气混凝土砌块的产品龄期不应小于28d，蒸压加气混凝土砌块的含水率宜小于30%。

2）烧结空心砖、蒸压加气混凝土砌块、轻骨料混凝土小型空心砌块等在运输、装卸过程中，严禁抛掷和倾倒；进场后应按品种、规格堆放整齐，堆置高度不宜超过2m。蒸压加

气混凝土砌块在运输及堆放过程中应防止雨淋。

3）吸水率较小的轻骨料混凝土小型空心砌块及采用薄灰砌筑法施工的蒸压加气混凝土砌块，砌筑前不应对其浇（喷）水湿润；在气候干燥炎热的情况下，对吸水率较小的轻骨料混凝土小型空心砌块宜在砌筑前喷水湿润。

4）用普通砌筑砂浆砌筑填充墙时，烧结空心砖、吸水率较大的轻骨料混凝土小型空心砌块应提前1~2d浇（喷）水湿润。蒸压加气混凝土砌块的采用蒸压加气混凝土砌块砌筑砂浆或普通砌筑砂浆砌筑时，应在砌筑当天对砌块的砌筑面喷水湿润。块体湿润程度宜符合下列规定：

① 烧结空心砖的相对含水率60%~70%。

② 吸水率较大的轻骨料混凝土小型空心砌块、蒸压加气混凝土砌块的相对含水率40%~50%。

5）在厨房、卫生间、浴室等处采用轻骨料混凝土小型空心砌块、蒸压加气混凝土砌块砌筑墙体时，墙底部宜现浇混凝土坎台等，其高度宜为150mm。

6）填充墙拉结筋处的下皮小砌块宜采用半盲孔小砌块或用混凝土灌实孔洞的小砌块；薄灰砌筑法施工的蒸压加气混凝土砌块砌体，拉结筋应放置在砌块上表面设置的沟槽内。

7）蒸压加气混凝土砌块、轻骨料混凝土小型空心砌块不应与其他块体混砌，不同强度等级的同类砌块也不得混砌。窗台处和因安装门窗需要，在门窗洞口处两侧填充墙上、中、下部可采用其他块体局部嵌砌；对与框架柱、梁不脱开方法的填充墙，填塞填充墙顶部与梁之间的缝隙可采用其他块体。

8）填充墙砌体砌筑，应待承重主体结构检验批验收合格后进行。填充墙与承重主体结构间的空（缝）隙部位施工，应在填充墙砌筑14d后进行。

三、填充墙砌体的施工工艺流程

1. 施工工艺流程

基层清理→放线→打孔、植筋→绑扎构造柱筋、甩墙拉筋→钢筋验收→砌体砌筑→支构造柱、配筋带模板→混凝土浇筑→剩余砌体砌筑及顶部处理→砌体验收。

1）砌筑前，应将楼地面找平，然后按设计图放出墙体的轴线，并立好皮数杆。

2）砌筑时应预先试排砌块，并优先使用整体砌块。必须断开砌块时，应使用锯子、切割机等工具锯裁整齐，并保护好砌块的棱角，锯裁砌块的长度不应小于砌块总长度的1/3。长度小于等于150mm的砌块不得上墙。砌筑最底层砌块时，当灰缝厚度大于20mm时应使用细石混凝土铺密实，上下皮灰缝应错开搭砌，搭砌长度不应小于砌块总长的1/3。当搭砌长度小于150mm时，即形成所谓的通缝，竖向通缝不应大于2皮砌块，否则应配ϕ4mm钢筋网片或2ϕ6mm钢筋，长度宜为700mm。

3）抗震设防地区还应采取如下抗震拉结措施：墙长大于5m时，墙顶与梁宜有拉结（图4-14）；墙长超过层高的2倍时，宜设置钢筋混凝土构造柱（图4-15）；墙高超过4m时，墙体半高处宜设置与柱连接且沿墙全长贯通的钢筋混凝土水平连系梁。

4）砌到接近上层梁、板时，宜用普通砖斜砌挤紧，砖倾斜角度为60°左右，砂浆应饱满（图4-16）。补砌砖应在砌体施工完14d后进行。

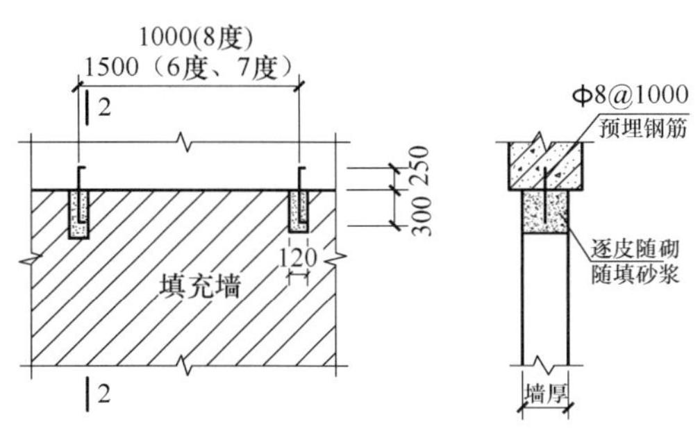

图4-14　填充墙顶部拉结

图4-15　砌块砌体留置构造柱

5）填充墙砌体留置的拉结钢筋位置应与砌块皮数相符合，其连接方式可采用预留拉结筋法、预埋件加焊拉结筋法、植筋法固定在框架柱上，其规格、数量、间距、长度应符合设计要求。填充墙与框架柱之间的缝隙应用砂浆嵌填密实。

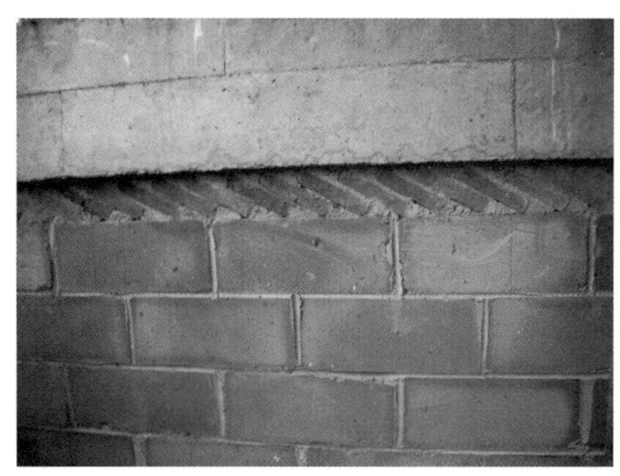

图4-16　填充墙顶与梁底

植筋法施工工艺流程：放线定位→成孔→清孔→钢筋处理→灌注植筋胶→插入钢筋→调整→养护→检测。

① 放线定位。根据图样尺寸在需要砌筑墙体的位置及砌块排砖图上放出植筋定位线，孔位放线要避让原结构内的主筋，以免损伤原结构钢筋。放线要准确，按照设计图要求施工，如有特殊情况应根据现场情况做适当的调整。

② 成孔。在标明的位置上用手提式电钻或台式钻机将孔打到设计要求的深度，钢筋植入深度一般为15d（d为所植钢筋直径）。植入钢筋直径不同，钻孔直径也不同，钢筋直径与钻孔直径的相互关系因植筋剂的不同也不同。

③ 清孔。根据植筋剂种类的不同，植筋孔孔壁要求也不同，分为湿润和干燥两种要求。最后检查孔深、孔径，合格后用棉丝将孔口临时封闭，以防其他杂质进入孔内。

④ 钢筋处理。钢筋锚固长度范围内的油污用溶剂清洗干净。

⑤ 灌注植筋胶泥。按植筋剂使用说明书的要求将植筋剂与水按一定的比例调配好［一般为植筋剂: 水 =1:（0.15 ~0.20）］，搅拌成均匀的胶泥（掌握好稠度，便于插固钢筋即可），用PVC塑料管或导管将胶泥导入管内并送入孔中，再用另一根杆将管内胶泥挤压入孔眼内；注入的量以当钢筋插入时有少量溢胶为宜。

⑥ 插入钢筋。灌注好植筋胶后，随即将准备好的钢筋缓慢旋转插进注完胶的孔内，插到满足钢筋的锚固长度为止，立即将钢筋上下提动并旋转数次，以排出气泡，保证孔内植筋胶饱满，同时用溢出的胶将孔口部位封堵饱满。

⑦ 调整。拉结钢筋插入后如需调整钢筋角度，应在短时内调整好，调整时不允许将钢筋向外拉。

⑧ 养护。钢筋插入孔内常温下 24h 以内不得扰动，否则将影响拉结钢筋的锚固强度。

⑨ 拉拔检测。填充墙拉结钢筋养护结束后，应进行现场随机拉拔检测。拉拔测试结果要求钢筋的抗拉负荷大于该钢筋的设计拉拔强度，且钢筋无松动、无滑移等可见变形现象。框架柱植筋如图 4-17 所示。

图 4-17　框架柱植筋

四、填充墙砌体的施工质量验收

1. 主控项目

1）烧结空心砖、小砌块和砌筑砂浆的强度等级应符合设计要求。

抽检数量：烧结空心砖每 10 万块为一验收批，小砌块每 1 万块为一验收批，不足上述数量时按一批计，抽检数量为一组。

2）填充墙砌体应与主体结构可靠连接，其连接构造应符合设计要求，未经设计同意，不得随意改变连接构造方法。每一填充墙与柱的拉结筋的位置超过一皮块体高度的数量不得多于一处。

抽检数量：每检验批抽查不应少于 5 处。

3）填充墙与承重墙、柱、梁的连接钢筋，当采用化学植筋的连接方式时，应进行实体检测。锚固钢筋拉拔试验的轴向受拉非破坏承载力检验值应为 6.0kN。抽检钢筋在检验值作用下应基材无裂缝、钢筋无滑移宏观裂损现象；持荷 2min 期间荷载值降低不大于 5%。

标准、规范学习

实体检测是指由有检测资质的检测单位采用标准的检验方法，在工程实体上进行原位检测或抽取试样在试验室进行检验的活动。

2. 一般项目

1）填充墙砌体尺寸、位置的允许偏差及检验方法应符合表 4-4 的规定。

表 4-4　填充墙砌体尺寸、位置的允许偏差及检验方法

项　　目		允许偏差/mm	检 验 方 法
轴线位移		10	用尺检查
垂直度（每层）	≤3m	5	用 2m 托线板或吊线、尺检查
	>3m	10	
表面平整度		8	用 2m 靠尺和楔形尺检查
门窗洞口高、宽（后塞口）		±10	用尺检查
外墙上、下窗口偏移		20	用经纬仪或吊线检查

抽检数量：每检验批抽查不应少于 5 处。

2）填充墙砌体的砂浆饱满度及检验方法应符合表 4-5 的规定。

表4-5 填充墙砌体的砂浆饱满度及检验方法

砌体分类	灰缝	饱满度及要求	检验方法
空心砖砌体	水平	≥80%	采用百格网检查块体底面或侧面砂浆的粘结痕迹面积
	垂直	填满砂浆，不得有透明缝、瞎缝、假缝	
蒸压加气混凝土砌块、轻骨料混凝土小型空心砌块砌体	水平	≥80%	
	垂直	≥80%	

抽检数量：每检验批抽查不应少于5处。

3）填充墙留置的拉结钢筋或网片的位置应与块体皮数相符合。拉结钢筋或网片应置于灰缝中，埋置长度应符合设计要求，竖向位置偏差不应超过一皮高度。

4）砌筑填充墙时应错缝搭砌，蒸压加气混凝土砌块的搭砌长度不应小于砌块长度的1/3；轻骨料混凝土小型空心砌块的搭砌长度不应小于90mm；竖向通缝不应大于2皮。

5）填充墙的水平灰缝厚度和竖向灰缝宽度应正确。烧结空心砖、轻骨料混凝土小型空心砌块砌体的灰缝应为8～12mm。蒸压加气混凝土砌块砌体当采用水泥砂浆、水泥混合砂浆或蒸压加气混凝土砌块砌筑砂浆时，水平灰缝厚度及竖向灰缝宽度不应超过15mm；当蒸压加气混凝土砌块砌体采用蒸压加气混凝土砌块粘结砂浆时，水平灰缝厚度和竖向灰缝宽度宜为3～4mm。

 **实时训练**

［练4-2］某市一高层框架-剪力墙结构住宅楼工程，建筑面积65000m^2，底层层高4.3m，标准层层高2.8m，抗震设防烈度为7度，内墙部分采用蒸压加气混凝土砌块砌筑，问题：

1）本工程中，蒸压加气混凝土砌块和轻骨料混凝土心型空心砌块砌体能否与其他块材混砌？说明理由。

2）砌筑填充墙时，应采取哪些抗震拉结措施？

3）如果框架柱与填充墙采用植筋拉结，其植筋的施工工艺流程是什么？

课题5 砌体工程安全技术和脚手架工程的搭设

一、砌体工程安全技术要求

1）砌砖基础时，应注意基坑土质的变化情况，堆放砌筑材料应离开坑边一定距离。

2）墙身砌体高度超过地坪1.2m以上时，应搭设脚手架，在一层以上或高度超过4m时，采用外脚手架必须搭设安全网。

3）预留孔洞宽度大于300mm应该设置钢筋混凝土过梁。

4）在楼层（特别是预制板面）施工时，堆放机具、砖块等物品不得超过使用荷载。

5）不准用不稳固的工具或物体在脚手板面垫高操作。

6）砍砖时应面向内侧，防止碎砖跳出伤人。

7）用于垂直运输的吊笼、滑车、绳索等，必须满足负荷要求，且牢固无损伤。

8）冬期施工时，脚手板上如有冰霜、积雪，应先清除后才能上架子进行操作。

9）要做好防雨措施，以防雨水冲走砂浆，致使砌体倒塌。

10）不准在墙顶或架上修改石材，以免振动墙体影响质量或石片掉下伤人。

11）对稳定性较差的窗间墙、独立柱和挑出墙面较多的部位，应加临时稳定支撑。

12）在台风季节，应及时进行圈梁施工，加盖楼板，或采取其他稳定措施。

13）在砌块砌体上，不宜拉锚缆风绳，不宜吊挂重物。

14）大风、大雨、冰冻等异常气候之后，应检查砌体是否有垂直度的变化，是否产生了裂缝。

二、脚手架的要求及分类

脚手架是指施工现场为工人操作并解决垂直和水平运输而搭设的各种支架。其设计和搭设的质量，不仅直接影响操作人员的人身安全，而且还影响着建筑施工的进度、效率和质量。

1. 脚手架的功能要求

1）满足使用要求。脚手架的宽度应满足工人操作、材料堆放及运输的要求。脚手架的宽度一般为1.5～2m。

2）有足够的强度、刚度及稳定性。在施工期间，在各种荷载作用下，脚手架不变形、不摇晃、不倾斜。脚手架的标准荷载值取脚手板上的实际作用荷载，其控制值为$3kN/m^2$（砌筑用脚手架）。在脚手架上堆砖，只许单行摆三层。

3）搭拆简单，搬运方便，能多次周转使用。

4）因地制宜，就地取材，尽量节约用料。

2. 脚手架的分类

脚手架按搭设位置分为外脚手架和里脚手架；按所用材料分为木脚手架、竹脚手架、金属脚手架；按构造形式分为落地式钢管脚手架、悬挑式钢管脚手架、悬吊式钢管脚手架（吊篮）、碗扣式脚手架、附着升降式脚手架、满堂脚手架。

标准、规范学习

《建筑施工扣件式钢管脚手架安全技术规范》（JGJ 130—2011）规定：满堂扣件式钢管脚手架是指在纵、横方向，由不少于三排立杆并与水平杆、水平剪刀撑、竖向剪刀撑、扣件等构成的脚手架；该架体顶部作业层施工荷载通过水平杆传递给立杆，顶部立杆呈偏心受压状态，简称满堂脚手架。

外脚手架是在建筑物的外侧（沿建筑物周边）搭设的一种脚手架，既可用于外墙砌筑，又可用于外装修施工。

3. 扣件式钢管脚手架

扣件式钢管脚手架目前应用广泛，虽然其一次投资较大，但其周转次数多，摊销费较低。

（1）扣件式钢管脚手架的构（配）件要求

1）钢管。钢管的钢材质量应符合《碳素结构钢》（GB/T 700—2006）中Q235钢的规定。脚手架钢管宜采用ϕ48.3mm×3.6mm钢管，每根钢管的最大质量不应大于25.8kg。

2）扣件应采用可锻铸铁或铸钢制作，扣件在螺栓拧紧扭力矩达到65N·m时，不得发生破坏。直角扣件（十字扣件）用于连接扣紧两根互相垂直相交的钢管；旋转扣件用于连接扣紧两根呈任意角度相交的钢管；对接扣件（一字扣件）用于钢管的对接接长。

3）脚手板可采用钢、木、竹材料制作，单块脚手板的质量不宜大于30kg。脚手板厚度不应小于50mm，两端宜各设置直径不小于4mm的镀锌钢丝箍两道。

4）可调托撑。可调托撑的螺杆外径不得小于36mm，直径与螺距应符合规范规定。可调托撑的抗压承载力设计值不应小于40kN，支托板厚度不应小于5mm，如图4-18所示。

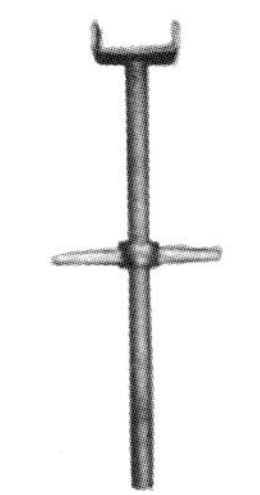

图4-18　可调托撑

（2）扣件式钢管脚手架的构造要求　扣件式钢管脚手架主要分为单、双排脚手架。单排脚手架搭设高度不应超过24m；双排脚手架搭设高度不宜超过50m，高度超过50m的双排脚手架，应采用分段搭设等措施，如图4-19所示。

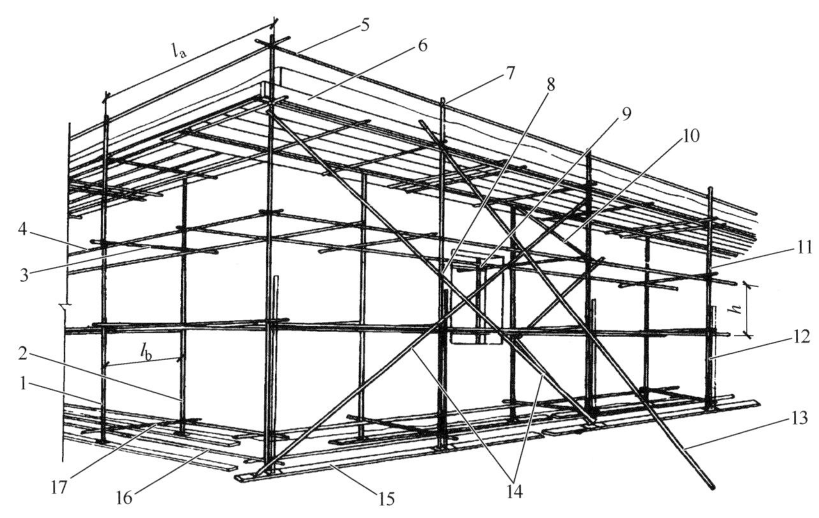

图4-19　双排扣件式钢管脚手架构成

1—外立杆　2—内立杆　3—横向水平杆　4—纵向水平杆　5—栏杆　6—挡脚板　7—直角扣件　8—旋转扣件　9—连墙件　10—横向斜撑　11—主立杆　12—副立杆　13—抛撑　14—剪刀撑　15—垫板　16—纵向扫地杆　17—横向扫地杆

扣件式钢管脚手架的主要杆件有：立杆、纵向水平杆（大横杆）、横向水平杆（小横杆）、斜撑、剪刀撑、抛撑、连墙杆等。

1）纵向水平杆的构造应符合下列规定：

① 纵向水平杆应设置在立杆内侧，单根杆的长度不应小于3跨。

② 纵向水平杆接长应采用对接扣件连接或搭接，并应符合下列规定：

a. 两根相邻纵向水平杆的接头不应设置在同步或同跨内；不同步或不同跨两个相邻接

头在水平方向错开的距离不应小于500mm；各接头中心至最近主节点的距离不应大于纵距的1/3。

b. 搭接长度不应小于1m，应等间距设置3个旋转扣件固定；端部扣件盖板边缘至搭接纵向水平杆杆端的距离不应小于100mm。

2）横向水平杆的构造应符合下列规定：

① 作业层上非主节点处的横向水平杆，宜根据支承脚手板的需要等间距设置，最大间距不应大于纵距的1/2。

② 当使用冲压钢脚手板、木脚手板、竹串片脚手板时，双排脚手架的横向水平杆两端均应采用直角扣件固定在纵向水平杆上；单排脚手架的横向水平杆的一端应用直角扣件固定在纵向水平杆上，另一端应插入墙内，插入长度不应小于180mm。

③ 主节点处必须设置一根横向水平杆，用直角扣件扣接且严禁拆除。

3）脚手板的设置应符合下列规定：

① 作业层脚手板应铺满、铺稳、铺实。

② 冲压钢脚手板、木脚手板、竹串片脚手板等，应设置在三根横向水平杆上。当脚手板长度小于2m时，可采用两根横向水平杆支承，但应将脚手板两端与横向水平杆可靠固定，严防倾翻。脚手板的铺设应采用对接平铺或搭接铺设。脚手板对接平铺时，接头处应设两根横向水平杆，脚手板外伸长度应取130～150mm，两块脚手板外伸长度的和不应大于300mm（图4-20a）；脚手板搭接铺设时，接头应支在横向水平杆上，搭接长度不应小于200mm，其伸出横向水平杆的长度不应小于100mm（图4-20b）。

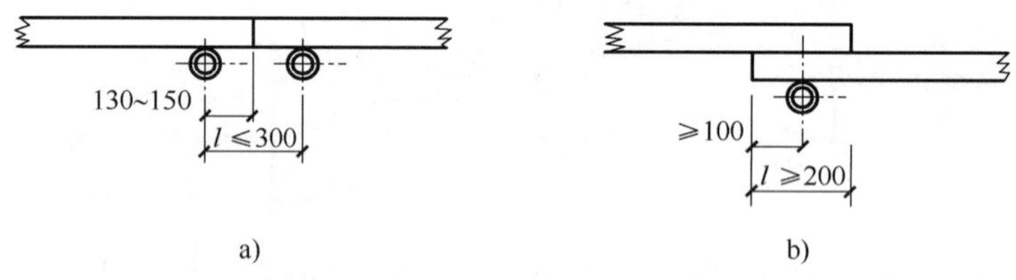

图4-20　脚手板对接、搭接构造

a）脚手板对接　b）脚手板搭接

③ 作业层端部脚手板的探头长度应取150mm，其板的两端均应固定于支撑杆件上。

4）立杆。

① 每根立杆底部宜设置底座或垫板。

② 脚手架必须设置纵、横向扫地杆。纵向扫地杆应采用直角扣件固定在距钢管底端不大于200mm处的立杆上；横向扫地杆应采用直角扣件固定在紧靠纵向扫地杆下方的立杆上。

③ 脚手架立杆基础不在同一高度上时，必须将高处的纵向扫地杆向低处延长两跨与立杆固定，高低差不应大于1m。靠边坡上方的立杆轴线到边坡的距离不应小于500mm，如图4-21所示。

④ 单、双排脚手架底层步距均不应大于2m。

⑤ 单排、双排与满堂脚手架立杆接长除顶层顶步外，其余各层各步接头必须采用对接扣件连接。

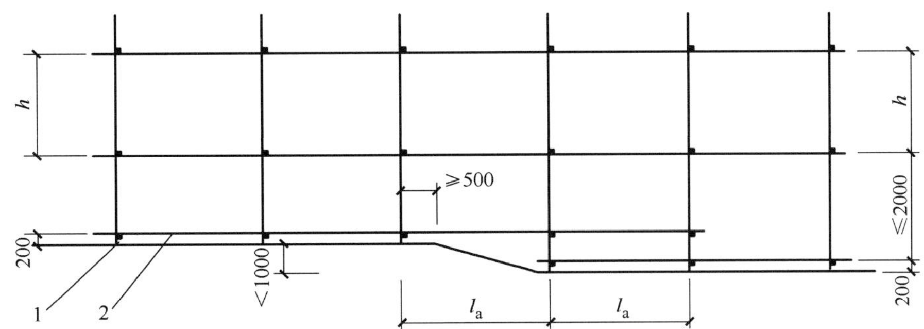

图4-21　纵、横向扫地杆构造

1—横向扫地杆　2—纵向扫地杆

⑥ 脚手架立杆的对接、搭接应符合下列规定：

a. 当立杆采用对接接长时，立杆的对接扣件应交错布置，两根相邻立杆的接头不应设置在同步内，同步内隔一根立杆的两个相隔接头在高度方向错开的距离不宜小于500mm。各接头中心至主节点的距离不宜大于步距的1/3。

b. 当立杆采用搭接接长时，搭接长度不应小于1m，并应采用不少于2个旋转扣件固定。端部扣件盖板的边缘至杆端距离不应小于100mm。

⑦ 脚手架立杆顶端栏杆宜高出女儿墙上端1m，宜高出檐口上端1.5m。

5）连墙件。

① 脚手架连墙件设置的位置、数量应按专项施工方案确定。

② 连墙件布置最大间距见表4-6。

表4-6　连墙件布置最大间距

搭设方法	高　度	竖向间距	水平间距	每根连墙件覆盖面积/m^2
双排落地	≤50m	$3h$	$3l_a$	≤40
双排悬挑	>50m	$2h$	$3l_a$	≤27
单排	≤24m	$3h$	$3l_a$	≤40

注：h——步距；l_a——纵距。

③ 连墙件的布置应符合下列规定：应靠近主节点设置，偏离主节点的距离不应大于300mm；应从底层第一步纵向水平杆处开始设置，当该处设置有困难时，应采用其他可靠措施固定；应优先采用菱形布置，或采用方形、矩形布置。

④ 开口型脚手架的两端必须设置连墙件，连墙件的垂直间距不应大于建筑物的层高，并且不应大于4m。

⑤ 连墙件中的连墙杆应呈水平设置，当不能水平设置时，应向脚手架一端下斜连接。

⑥ 连墙件必须采用可承受拉力和压力的构造。对高度24m以上的双排脚手架，应采用刚性连墙件与建筑物连接。

⑦ 当脚手架下部暂不能设连墙件时应采取防倾覆措施。当搭设抛撑时，抛撑应采用通长杆件，并用旋转扣件固定在脚手架上，与地面的倾角应在45°～60°之间；连接点中心至

主节点的距离不应大于 300mm。抛撑应在连墙件搭设后再拆除。

⑧ 架高超过 40m 且有风涡流作用时，应采取抗上升翻流作用的连墙措施。

6）剪刀撑与横向斜撑。

① 双排脚手架应设置剪刀撑与横向斜撑，单排脚手架应设置剪刀撑。

② 单、双排脚手架剪刀撑的设置应符合下列规定：每道剪刀撑跨越立杆的根数应按表 4-7的规定确定；每道剪刀撑的宽度不应小于 4 跨，且不应小于 6m，斜杆与地面的倾角应在 45°～60°之间；剪刀撑斜杆的接长应采用搭接或对接，搭接应符合规范要求；剪刀撑斜杆应用旋转扣件固定在与之相交的横向水平杆的伸出端或立杆上，旋转扣件中心线至主节点的距离不应大于 150mm。

表 4-7　剪刀撑跨越立杆的最多根数

剪刀撑斜杆与地面的倾角 α	45°	50°	60°
剪刀撑跨越立杆的最多根数 n	7	6	5

标准、规范学习

《建筑施工扣件式钢管脚手架安全技术规范》（JGJ 130—2011）规定：高度在 24m 及以上的双排脚手架应在外侧全立面连续设置剪刀撑；高度在 24m 以下的单、双排脚手架，均必须在外侧两端、转角及中间间隔不超过 15m 的立面上，各设置一道剪刀撑，并应由底至顶连续设置，如图 4-22 所示。

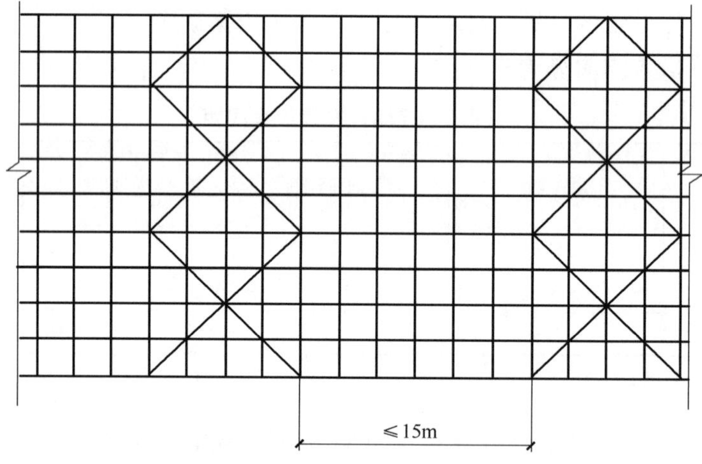

图 4-22　高度在 24m 以下剪刀撑的布置

③ 双排脚手架横向斜撑的设置应符合下列规定：横向斜撑应在同一节间，由底至顶层呈之字形连续布置；高度在 24m 以下的封闭型双排脚手架可不设横向斜撑；高度在 24m 以上的封闭型脚手架，除拐角应设置横向斜撑外，中间应每隔 6 跨距设置一道。

④ 开口型双排脚手架的两端均必须设置横向斜撑。

7）斜道。

① 人行并兼作材料运输的斜道的形式宜按下列要求确定：高度不大于 6m 的脚手架，宜

采用一字形斜道；高度大于 6m 的脚手架，宜采用之字形斜道。

② 斜道的构造应符合下列规定：

a. 斜道应附着外脚手架或建筑物设置。

b. 运料斜道的宽度不应小于 1.5m，坡度不应大于 1∶6；人行斜道的宽度不应小于 1m，坡度不应大于 1∶3。

c. 拐弯处应设置平台，其宽度不应小于斜道宽度。

d. 斜道两侧及平台外围均应设置栏杆及挡脚板。栏杆高度应为 1.2m，挡脚板高度不应小于 180mm。

e. 人行斜道和运料斜道的脚手板上应每隔 250～300mm 设置一根防滑木条，木条厚度宜为 20～30mm。

（3）扣件式钢管脚手架的施工准备工作

1）脚手架搭设前，应按专项施工方案向施工人员进行交底。

2）应按规范的规定和脚手架专项施工方案要求对钢管、扣件、脚手板、可调托撑等进行检查验收，不合格产品不得使用。

3）经检验合格的构（配）件应按品种、规格分类，堆放整齐、平稳，堆放场地不得有积水。

4）应清除搭设场地的杂物，平整搭设场地，并应使排水畅通。

5）立杆垫板或底座底面标高宜高于自然地坪 50～100mm。

6）脚手架基础经验收合格后，应按施工组织设计或专项方案的要求放线定位。

（4）搭设作业顺序　底座、垫板均应准确地放在定位线上→放置纵向扫地杆→立起第一根立杆，并与扫地杆固定→立起第三、第四根立杆后装设第一步大横杆并与立杆固定→安装第一步小横杆，并与立杆固定→校正立杆的垂直度，使其符合要求后，按 40～65N·m 的力矩拧紧扣件螺栓，形成构架的起始段→按前述要求依次向前延伸搭设，直至第一步交圈，交圈后再全面检查一遍构架质量和地基情况，确保设计要求和构架质量→每隔 6 步加设临时斜撑杆，上端与第二步大横杆扣紧（在装设连墙杆后拆除）→按第一步作业程序和要求搭设第二步、第三步……→随进程安装连墙杆、剪刀撑→装设作业层的小横杆，铺设脚手板、栏杆、挡脚板，挂立网进行防护。

（5）脚手架拆除要求

1）脚手架拆除应按专项方案施工，拆除前应做好下列准备工作：应全面检查脚手架的扣件连接、连墙件、支撑体系等是否符合构造要求；应根据检查结果补充完善脚手架专项方案中的拆除顺序和措施，经审批后方可实施；拆除前应对施工人员进行交底；应清除脚手架上杂物及地面障碍物。

2）单、双排脚手架拆除作业必须由上而下逐层进行，严禁上下同时作业；连墙件必须随脚手架逐层拆除，严禁先将连墙件整层或数层拆除后再拆脚手架；分段拆除高差大于两步时，应增设连墙件加固。

3）当脚手架拆至下部最后一根长立杆的高度（约 6.5m）时，应先在适当位置搭设临时抛撑加固后，再拆除连墙件。

4）架体拆除作业应设专人指挥，当有多人同时操作时，应明确分工、统一行动，且应具有足够的操作面。

5）卸料时各构（配）件严禁抛掷至地面。

（6）安全管理

1）脚手架搭设人员必须是经考核合格的专业架子工。上岗人员应定期体检，合格者方可持证上岗。

2）搭设脚手架人员必须戴安全帽、系安全带、穿防滑鞋。

3）脚手架的构（配）件质量与搭设质量，按规定进行验收，合格后方准使用。

4）作业层上的施工荷载应符合设计要求，不得超载。不得将楼板支架、缆风绳、泵送混凝土和砂浆的输送管等固定在脚手架上；严禁悬挂起重设备。

5）夜间不宜进行脚手架搭设与拆除作业。

6）脚手架的安全检查与维护应符合规范要求。

7）脚手板应铺设牢靠、严实，并应用安全网双层兜底。施工层以下每隔 10m 应用安全网封闭。

8）单、双排脚手架，悬挑式脚手架沿架体外围应用密目式安全网全封闭，密目式安全网宜设置在脚手架外立杆的内侧，并应与架体绑扎牢固。

9）在脚手架使用期间，严禁拆除下列杆件：主节点处的纵、横向水平杆，纵、横向扫地杆；连墙件。

10）当在脚手架使用过程中开挖脚手架基础下的设备基础或管沟时，必须对脚手架采取加固措施。

11）满堂脚手架与满堂支撑架在安装过程中，应采取防倾覆的临时固定措施。

12）临街搭设脚手架时，外侧应有防止坠物伤人的防护措施。

13）在脚手架上进行电、气焊作业时，应有防火措施和专人看守。

14）工地临时用电线路的架设及脚手架接地、避雷措施等，应按《施工现场临时用电安全技术规范》（JGJ 46—2005）的有关规定执行。

15）搭拆脚手架时，地面应设围栏和警戒标志，并应派专人看守，严禁非操作人员入内。

4. 碗扣式钢管脚手架

碗扣式钢管脚手架又称多功能碗扣式脚手架，其杆件接头处采用碗扣连接，由于碗扣是固定在钢管上的，因此连接可靠，整体性好，也不存在丢失扣件问题。碗扣式接头由上碗扣、下碗扣、限位销和横杆接头组成。搭设时，将上碗扣的缺口对准限位销后，即可将上碗扣向上拉起（沿立杆向上滑动）；然后将横杆接头插入下碗扣的圆槽内，再将上碗扣沿限位销滑下，并顺时针旋转扣紧，用小锤轻击几下即可完成节点的连接。其他搭设要求同钢管扣件式脚手架。

5. 里脚手架

里脚手架常用于楼层上砌砖、内粉刷等工程施工。由于使用过程中不断转移施工地点，装拆较频繁，故其结构形式和尺寸应力求轻便灵活和装拆方便。

里脚手架的形式很多，按其构造分为以下几类：

（1）折叠式里脚手架　折叠式里脚手架的搭设间距：砌墙时不超过 2m，粉刷时不超过 2.5m。

（2）马凳式里脚手架　马凳式里脚手架是非常简单的里脚手架，即沿墙摆设若干马凳，在马凳上铺脚手板，马凳可采用木、竹、角钢和钢筋制作而成。马凳高度一般为1.2～1.4m，间距为1.5～1.8m。

（3）支柱式里脚手架 支柱式里脚手架由若干个支柱和横杆组成，上铺脚手板。支柱间距不超过2m。

课题6 砌筑工程垂直运输

一、垂直运输的概念及种类

垂直运输设施是指担负垂直运送材料和施工人员上下的机械设备与设施。砌筑工程垂直运输设施主要有：井架、龙门架、塔式起重机、施工电梯。

1. 井架

井架是砌筑工程垂直运输的常用设备之一。井架的特点是：稳定性好，运输量大，可以搭设较大高度。近几年来各地对井架的搭设和使用有许多新发展，常用的有钢管井架、型钢井架，以及可以搭设不同形式和不同井孔尺寸的单孔或多孔井架。有的工地在单孔井架的使用过程中，除了设置内吊盘外，还在井架两侧增设一个或两个外吊盘，分别用两台或三台卷扬机提升，同时运行，显著增加了运输量。

井架常用的搭设高度为40m，要求设置缆风绳，缆风绳宜用直径为9mm的钢丝绳；高度15m以下设一道，每增高10m加设一道；与地面夹角为45°。井架适用范围：工业与民用建筑砌筑、装修材料的垂直运输。

2. 龙门架

龙门架是由两根立杆及天轮梁（横梁）构成的门式架。在龙门架上装设滑轮（“天轮”及“地轮”）、导轨、吊盘（上料平台）、安全装置、起重索、缆风绳等即构成一个完整的垂直运输体系。龙门架构造简单、制作容易、用材少、装拆方便，适用于中小工程。但由于立杆刚度和稳定性较差，一般常用于低层建筑。如果分节架设，逐步增高，并与建筑物加强连接，也可以架设较大的高度。

3. 塔式起重机

塔式起重机具有提升、回转、水平运输等功能，可吊运长、大、重的物料。

4. 施工电梯

目前在高层建筑施工中常采用施工电梯，其吊笼装在井架的外侧，沿齿条式轨道升降，附着在外墙或建筑物其他结构上，可载货物1.0～1.2t，也可乘12～15人。其高度随着建筑物主体结构施工而接高，可达100m以上，如图4-23所示。

图片4-23 现场施工电梯

技能实训——砌筑

将全班分成若干小组，按照以下实训题目进行计算、讨论，在规定的时间内完成实训，并提交报告。

在实训室进行砖砌体的砌筑，并在砌筑完毕后进行质量验收。砌筑尺寸为 2700mm × 2700mm 的 240 墙体，两边设有 240mm × 240mm 的构造柱，砌筑高度为 1600mm；其中一道墙体设门洞口，尺寸为 900mm × 1500mm；C1 在砌至 10 皮砖开始留洞口；C2 是高窗，砌至 1m 开始留置，尺寸为 900mm × 600mm。学生每组各砌一道墙体，由六组组合，砌筑一层房屋，如图 4-24 所示。

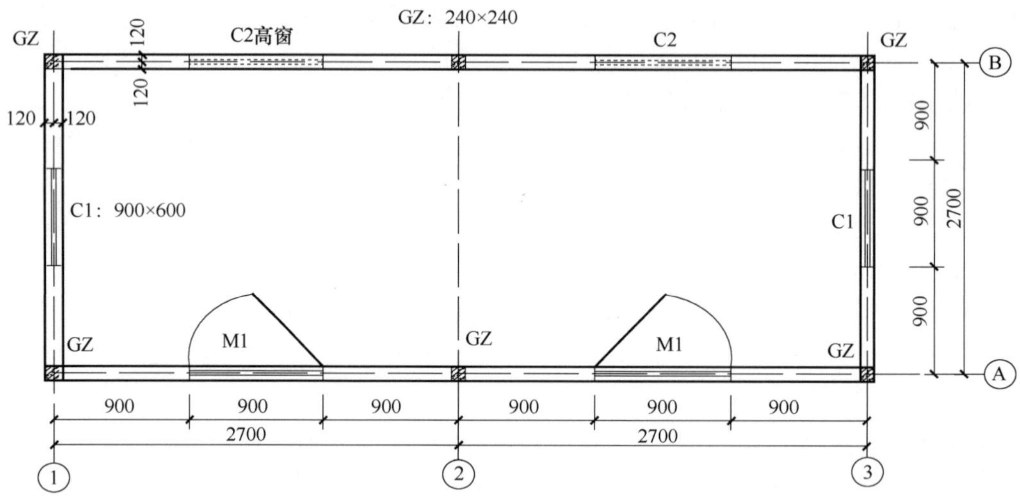

图 4-24　砌筑工程实训

问题如下：

1）现场练习用干砖试摆砖墙体的各种组砌形式，然后确定采用一顺一丁砌筑，并确定其施工工艺过程、砖砌体的砌筑方法和砌筑砂浆采用的种类。在砌筑过程中，如何留置砂浆试块？

2）砌筑到两侧构造柱时，确定钢筋混凝土构造柱的施工顺序，钢筋混凝土构造柱的设置要求。构造柱的钢筋底部和顶部如何锚固？构造柱处的墙体砌筑有何要求？拉结筋设置的要求有哪些？构造柱的混凝土如何浇筑？

3）砌筑完毕在砖砌体的内墙和首层外墙弹测 500 线。什么是 500 线？500 线的作用有哪些？

4）砖墙留斜槎、直槎的施工要求有哪些？

5）砌筑完毕，检查砖砌体的平整度、垂直度、砂浆饱满度、灰缝厚度、门窗洞口尺寸，其各项的允许偏差值是多少？

6）在检查一组学生砌筑的墙体时，检查的结果为：灰缝宽度最大为 11.8mm，最小灰缝为 8.7mm，砂浆饱满度最小为 85%，是否符合规范要求？

7）检查另一组的结果，尺量门窗洞口的尺寸，最大值为 920mm，最小值为 885mm；用检查尺检查垂直度偏差为 20mm。这些是否符合规范要求？

单元 5

混凝土结构工程施工

［单元学习指导］

主体分部工程的混凝土结构施工，其分项工程有模板工程、钢筋工程、混凝土工程、预应力工程、现浇结构、装配式结构等。本单元主要讲述：

1. 模板的种类及组成。
2. 各种构件模板的安装及质量如何验收。
3. 钢筋的种类；钢筋工程的加工，钢筋工程的连接。
4. 钢筋下料长度的计算；钢筋代换方法。
5. 钢筋绑扎安装施工要求及质量验收内容。
6. 混凝土的施工过程及施工过程的要求。
7. 混凝土的质量验收，混凝土的质量缺陷及治理方法。
8. 了解预应力混凝土及其施工工艺。

［单元学习目标］

知识目标

1. 掌握模板工程的施工工艺和检查验收能力。
2. 掌握钢筋工程的施工工艺和检查验收能力。
3. 掌握混凝土工程的施工工艺和检查验收能力。

技能目标

1. 能够进行模板工程验收工作，会编制模板安装施工方案。
2. 能进行钢筋验收工作，能计算简单构件的钢筋下料长度，会编制钢筋绑扎施工方案。
3. 会做混凝土抗压强度试块并能确定留置组数，能进行混凝土验收工作，会编制混凝土浇筑施工方案。

课题 1　混凝土结构工程施工的认识和基本规定

一、混凝土结构工程施工的认识

混凝土结构是以混凝土为主制成的结构，按施工方法可分为现浇混凝土结构和装配式混凝土结构。在现场支模并整体浇筑而成的混凝土结构，简称现浇结构。由预制混凝土构件或部件装配、连接而成的混凝土结构，简称装配式结构。

混凝土结构子分部工程主要有模板工程、钢筋工程、混凝土工程、预应力工程、现浇结构、装配式结构等。模板工程方面，主要采用的是组合式钢模板、大模板、竹胶板模板，如图5-1、图5-2、图5-3所示。钢筋工程方面，如钢筋连接中的电渣压力焊（图5-4）、直螺纹连接（图5-5）、钢筋下料软件计算等。混凝土方面，大力发展预拌混凝土应用技术，加强搅拌站的改造，实现上料机械化、计量计算机控制和管理、混凝土搅拌自动化或半自动化，进一步扩大商品混凝土的应用范围等，如图5-6、图5-7、图5-8所示。

图5-1　组合式钢模板施工

图5-2　大模板施工

二、混凝土结构工程施工的施工管理

1）承担混凝土结构施工的施工单位应具备相应的资质，并应建立相应的质量管理体

图5-3 竹胶板模板施工

图5-4 电渣压力焊施工

图5-5 直螺纹连接施工

图 5-6　固定式泵车浇筑商品混凝土

图 5-7　泵送管输送混凝土

系、施工质量控制和检验制度。

2）施工项目部的机构设置和人员组成，应满足混凝土结构施工管理的需要。施工操作人员应经过培训，应具备各自岗位需要的基础知识和技能水平。

3）施工前，应由建设单位组织设计、施工、监理等单位对设计文件进行交底和会审。由施工单位完成的深化设计文件应经原设计单位认可。

4）施工单位应保证施工资料真实、有效、完整和齐全。施工项目技术负责人应组织施工全过程的资料编制、收集、整理和审核，并应及时存档、备案。

5）施工单位应根据设计文件和施工组织设计的要求制订具体的施工方案，并应经监理单位审核批准后组织实施。

6）混凝土结构施工前，施工单位应对施工现场可能发生的危害、灾害与突发事件制订应急预案。应急预案应进行交底和培训，必要时应进行演练。

图5-8 移动式泵车浇筑基础混凝土

课题2 模板工程施工

一、模板工程的组成和要求

1. 组成

模板工程主要由模板系统和支承系统组成，模板系统与混凝土直接接触，它主要使混凝土具有构件所要求的体积；支承系统是支撑模板、保证模板位置正确，以及承受模板、混凝土等重量的结构。

2. 模板基本要求

1）保证结构和构件各部分的形状、尺寸及相互间的准确性。

2）具有足够的强度、刚度和稳定性，能可靠承受本身的自重及钢筋、新浇混凝土的重量和侧压力，以及施工过程中产生的其他荷载。

3）构造简单、装拆方便，能多次周转使用，并便于钢筋的绑扎与安装，以及混凝土的浇筑与养护。

4）拼缝应严密、不漏浆。

5）支架安装在坚实的地基上并有足够的支撑面积，保证所浇筑的结构不致发生下沉。

二、模板的分类

模板的种类有很多，按所用材料不同可分为木模板、钢模板、钢丝网水泥模板、塑料模板、竹木胶合板模板、玻璃钢模板等；按其周转使用不同可分为拆移式移动模板、整体式移动模板、滑动式模板和固定式胎模等。

1. 定型组合钢模板

定型组合钢模板重复使用率高，周转使用次数可达100次以上，但一次投资费用较大。组合钢模板由钢模板、连接件和支承件组成。

1）钢模板。钢模板包括平面模板、阴角模板、阳角模板、连接角模，如图5-9所示。钢模板的模数，宽度按50mm进级，长度按150mm进级；常用组合钢模板的规格见表5-1。用表5-1中的板块可以组拼成基础、梁、板、柱、墙等各种形状、尺寸的构件。在组合钢模板配板设计中，遇有不适合50mm进级的模数尺寸，空隙部分可用木模填补。

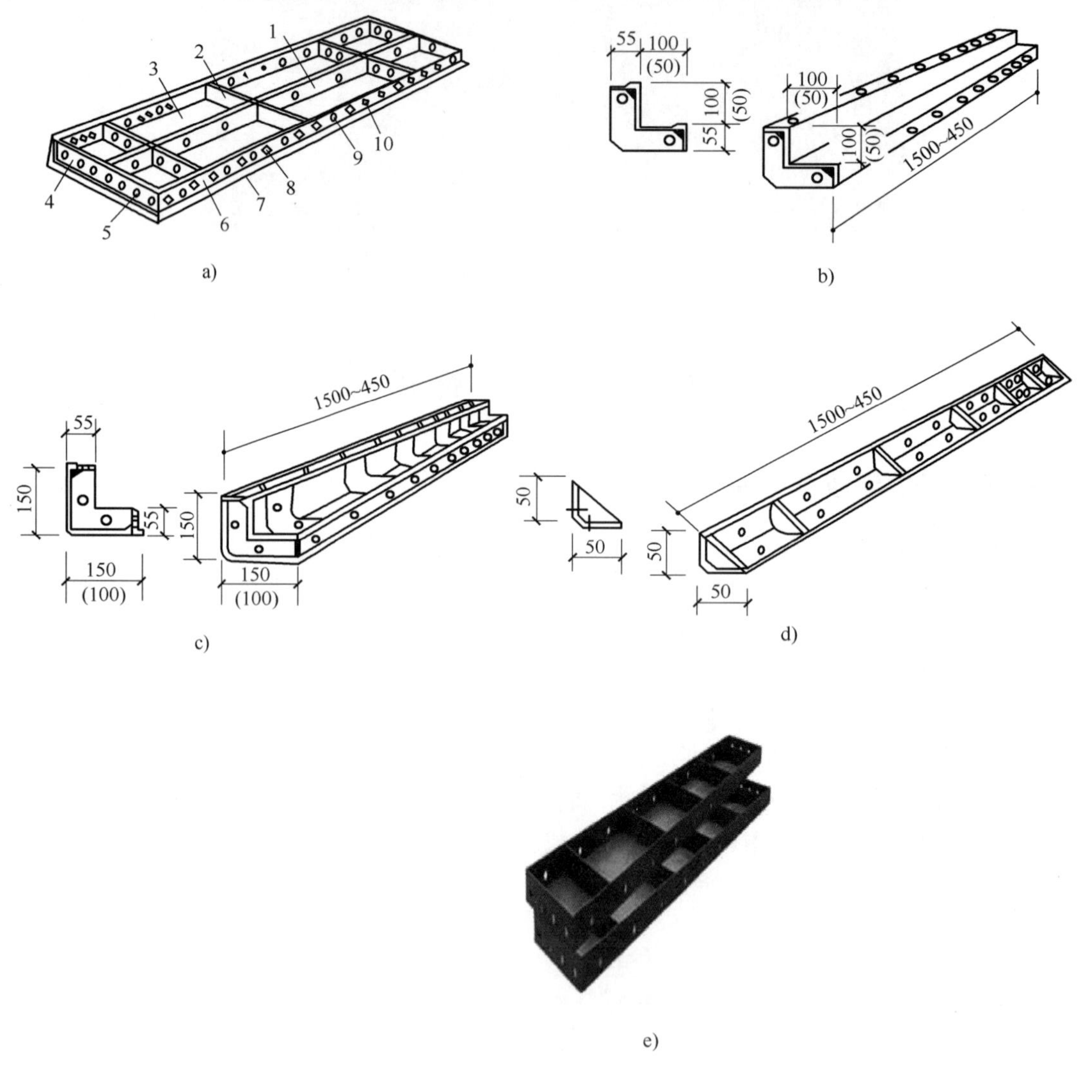

图5-9　钢模板的类型

a）平面模板　b）阳角模板　c）阴角模板　d）连接角模　e）实物平模

1—中纵肋　2—中横肋　3—面板　4—横肋　5—插销孔　6—纵肋

7—凸棱　8—凸鼓　9—U形卡孔　10—钉子孔

表5-1　常用组合钢模板规格　（单位：mm）

名　　称	宽　　度	长　　度	肋　　高
平面模板（P）	300、250、200、150、100	1800、1500、1200、900、750、600、450	55
阴角模板（E）	150×150、100×150		
阳角模板（Y）	100×100、50×50		
连接角模（J）	50×50		

2）连接件。组合钢模板的连接件包括：U形卡、L形插销、钩头螺栓、对拉螺栓、紧固螺栓、扣件等。应用最广的是U形卡。

U形卡用于钢模板与钢模板之间的拼接，其安装间距一般不大于300mm，即每隔一孔卡插一个，安装方向为一顺一倒相互错开，如图5-10所示。

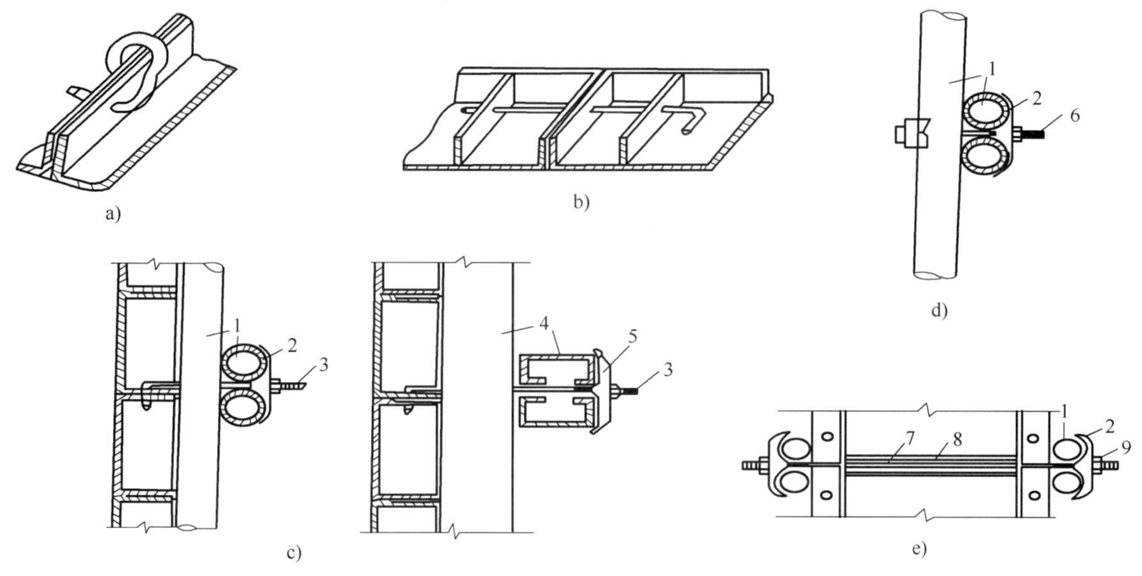

图5-10　钢模板连接件

a）U形卡联接　b）L形插销联接　c）钩头螺栓联接　d）紧固螺栓联接　e）对拉螺栓联接

1—圆钢管钢楞　2—“3”形扣件　3—钩头螺栓　4—内卷边槽钢钢楞

5—蝶形扣件　6—紧固螺栓　7—对拉螺栓　8—塑料套管　9—螺母

3）支承件。组合钢模板的支承件包括钢管卡具及柱箍、钢楞、支柱、卡具、斜撑、钢桁架等。

① 钢管卡具及柱箍。钢管卡具适用于矩形梁，用于固定侧模板。卡具可用于把侧模固定在底模板上，此时卡具安装在梁下部；卡具也可用于梁侧模上口的固定，此时卡具安装在梁上方。

柱模板四周设角钢柱箍。角钢柱箍由两根互相焊成直角的角钢组成，如图5-11所示。

② 钢管支柱。钢管支柱由内外两节钢管组成，可以伸缩以调节支柱高度。支座底部垫木板，100mm以内的高度调整可在垫板处加木楔进行调整，也可在钢管支柱下端装调节螺杆进行调整，如图5-12所示。

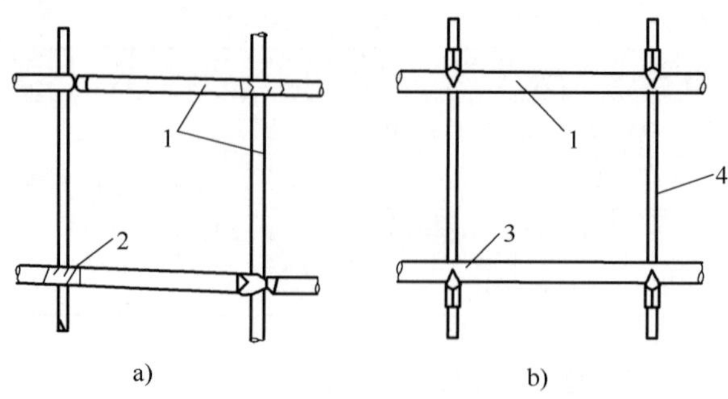

图 5-11　柱箍
1—圆钢管　2—直角扣件　3—“3”形扣件　4—对拉螺栓

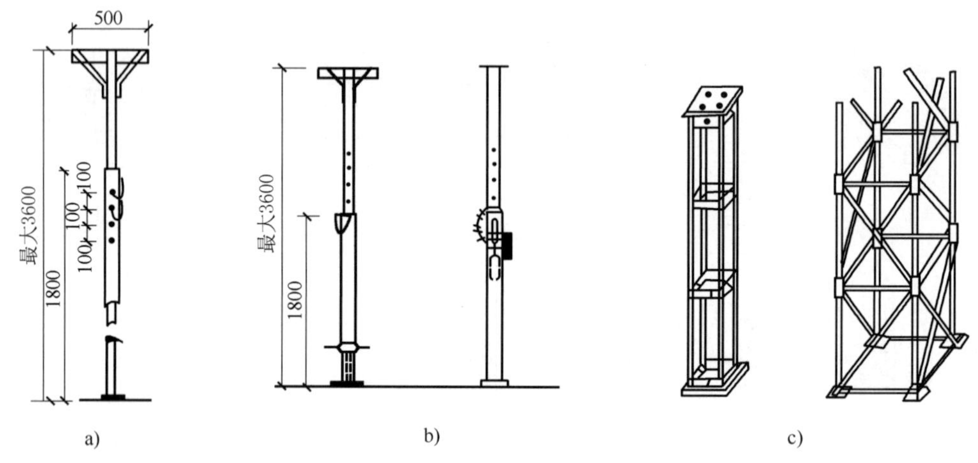

图 5-12　钢管支柱
a）钢管支架　b）调节螺杆钢管支架　c）组合钢支架和钢管井架

③ 钢桁架。钢桁架作为梁模板的支撑工具可取代梁模板下的立柱。跨度小、荷载小时桁架可用钢筋焊成；跨度或荷载较大时可用角钢或钢管制成，也可制成两个半榀，再拼装成整体，如图 5-13 所示。

2. 竹、木胶合板模板

胶合板模板的板材表面应平整光滑，具有防水、耐磨、耐酸碱的保护膜，并应有保温性能好、易脱模和两面使用等特点，板材厚度不应小于 12mm。进场的胶合板模板除应具有出厂质量合格证外，还应保证外观及尺寸合格。常用木胶合板模板的厚度宜为 12mm、15mm、18mm。

三、模板的配板设计

用定型组合钢模板需要进行配板设计，由于同一面积的模板可以用不同规格的板组成多种配板方案，所以应找出最佳组配方案。

钢模板的配板原则如下：

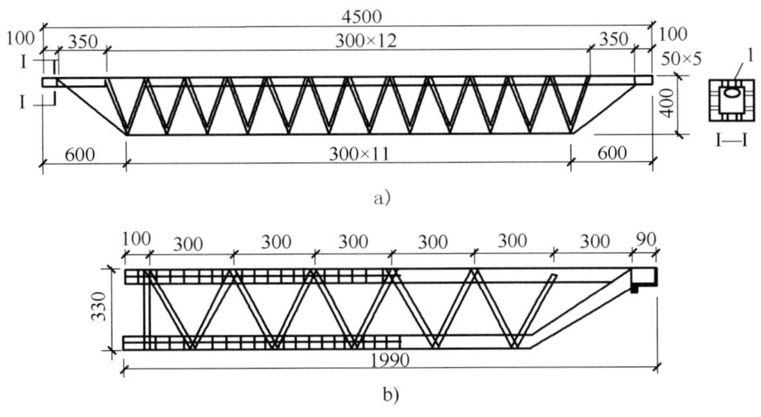

图5-13　钢桁架

a）整榀钢桁架　b）组合钢桁架

1）钢模板应具有足够的强度、刚度和稳定性，能够承受新浇混凝土的重量和侧压力以及各种施工荷载。

2）要保证构件的形状、尺寸及相互位置正确。

3）力求构造简单、装拆方便，不影响钢筋绑扎，保证混凝土浇筑时不漏浆。

4）配制的钢模板，应优先选择通用、大块模板，使其种类和块数最少，木模镶拼量最少。设置对拉螺栓的模板，为了减少钢模板的钻孔损耗，可在螺栓部位改用55mm×100mm的刨光方木代替。

5）钢模板长向拼接宜采用错开布置，以增加模板的整体刚度。

6）钢模板的配板设计应绘制配板图，标出钢模板的位置、规格型号和数量。

7）钢模板的支承系统应根据模板的荷载和部件的刚度进行布置。

例题讲解

［例5-1］某一墙面长8.35m，高3.00m，试进行配板设计。

［解］在墙面配板中，长度方向：用5块1500mm长的平模板和1块600mm的钢模板，余下可贴上1块250mm宽的竖向模板。高度方向：300mm宽共10块。配板的面积为：10×0.3×（5×1.5+1×0.6+1×0.25）m，如图5-14所示。

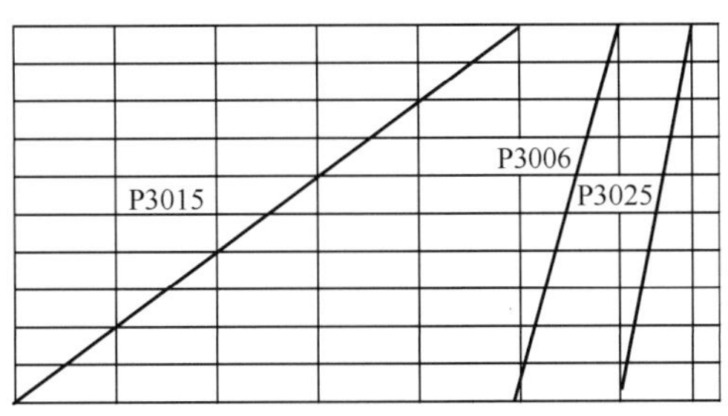

图5-14　墙的配板

实时训练

［练5-1］某实训楼，采用锥形独立基础，DJ2的尺寸为4000mm×4000mm（竖向尺寸400mm/250mm），框架柱截面尺寸600mm×600mm，柱高1950mm，采用钢模板支模，试对独立基础、框架柱进行配板。

四、模板安装、拆除的要求

1. 定型组合钢模板的构造及安装

（1）基础模板　阶梯基础模板如图5-15所示，上层阶梯外侧模板较长，需两块钢模板拼接，拼接处除用两根L形插销外，上下可加扁钢并用U形卡连接。上层阶梯内侧模板长度应与阶梯等长，与外侧模板拼接处上下应加T形扁钢板连接。下层阶梯钢模板的长度最好与下层阶梯等长，四角用连接角模拼接。

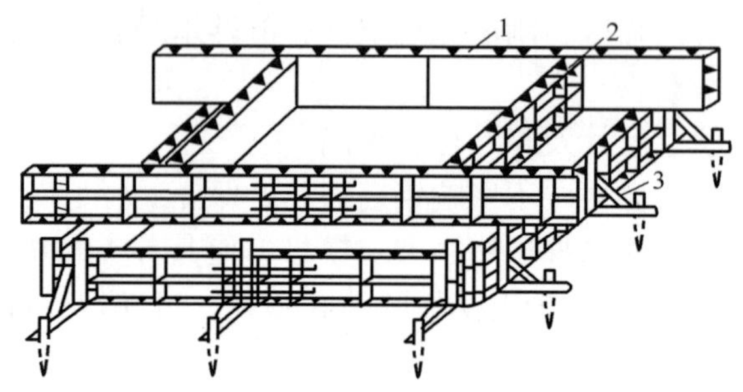

图5-15　阶梯基础模板

1—长向侧模板　2—短向侧模板　3—斜撑

（2）柱模板

1）柱模板如图5-16所示，由四块拼板围成，四角由连接角模连接。每块拼板由若干块钢模板组成，若柱太高，可根据需要在柱中部每隔2m设置混凝土浇筑孔。浇筑孔的盖板可用钢模板或木板镶拼，柱的下端也可留垃圾清理口。与梁交界处留出梁缺口。

2）施工工艺。柱模板施工工艺流程：弹柱轴线和边线→抹找平层做定位墩、测标高→安装柱模板→安装柱箍→安装侧面斜撑→办理预检记录。

① 按标高抹好水泥砂浆找平层，按位置线做好定位墩，以便保证柱的轴线、边线与标高准确；或者按照放线位置，在柱的四边距地面5~8cm处的主筋上焊接支杆，从四面顶住模板以防止位移。

② 安装柱模板。对于通排柱，先安装两端柱，经校正、固定，拉通线校正中间各柱。模板按柱子大小，预拼成一面一片（一面的一边带一个角模），安装完两面再安装另外两

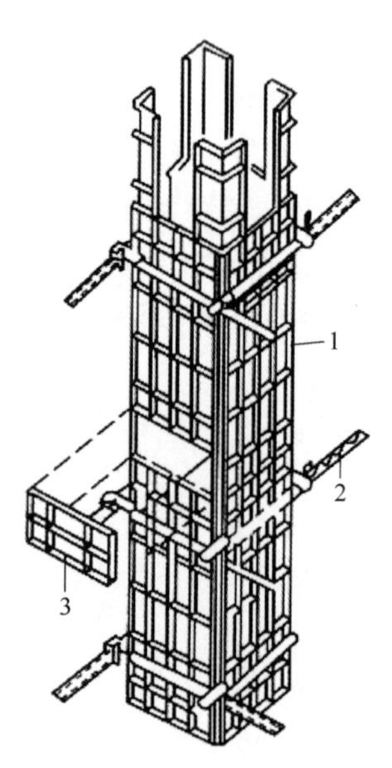

图5-16　柱模板

1—柱侧模板　2—柱箍　3—浇筑孔

面模板。

③ 安装柱箍。柱箍可用角钢、钢管等制成，采用木模板时可用螺栓、方木制作钢木箍。柱箍应根据柱模尺寸、侧压力等因素进行选择。

④ 安装柱模的拉杆或斜撑。柱模每边设2根拉杆，固定于预先预埋在楼板内的钢筋环上，用经纬仪控制，用花篮螺栓调节和校正模板垂直度。

⑤ 将柱模内清理干净，封闭清理口，办理柱模板预检。图5-17为现场柱模板安装施工。

图5-17 现场柱模板安装施工

(3) 梁模板 梁模板由三片模板组成（图5-18），底模板及两侧模板用连接角模连接，梁侧模板顶部则用阴角模板与楼板模板连接。整个梁模板用支架进行支撑，支架应支设在垫板上，垫板厚50mm，长度至少要能连接支撑的三个支架。垫板下的地基必须坚实。为了抵抗浇筑混凝土时的侧压力并保持一定的梁宽，两侧模板之间应根据需要设置对拉螺栓。

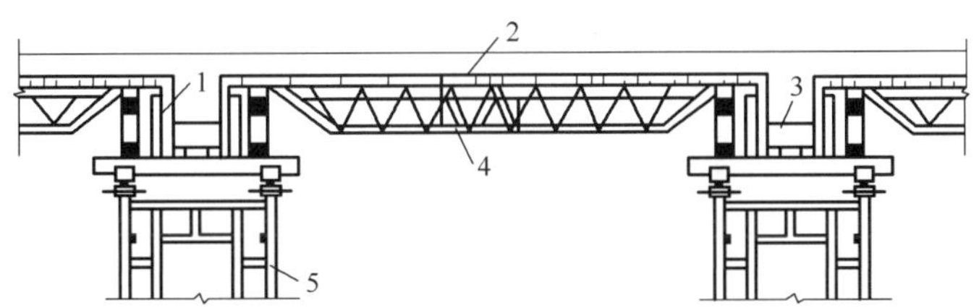

图5-18 梁、楼板模板

1—梁侧模板 2—板底模板 3—对拉螺栓 4—桁架 5—支柱

对跨度不小于4m的现浇钢筋混凝土梁、板，其模板应按设计起拱；当设计无具体要求时，起拱高度宜为跨度的1‰~3‰。

梁、楼板模板的安装顺序为：弹线→搭设支撑架→梁底找平→安装梁底模→安装梁侧模→梁侧模加固→检验梁侧模加固→安装板木龙骨→板模板安装。现场框架梁、板模板的安装如图5-19所示。

(4) 楼板模板 楼板模板由平面钢模板拼装而成，其周边用阴角模板与梁或墙模板相连接。楼板模板用钢楞及支架支撑，为了减少支架用量、扩大板下施工空间，宜用伸缩式桁架支撑。

图 5-19 现场框架梁、楼板模板的安装

（5）墙模板 墙模板由两片模板组成（图 5-20），每片模板由若干块平面模板组成。这些平面模板可横拼也可竖拼，外面用横、竖钢楞加固，并用斜撑保持稳定，用对拉螺栓（或称钢拉杆）以抵抗混凝土的侧压力和保持两片模板之间的间距（墙厚）。

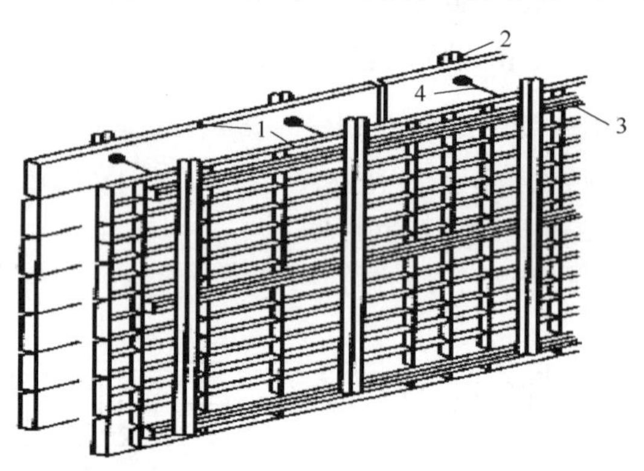

图 5-20 墙模板

1—墙模板 2—竖楞 3—横楞 4—对拉螺栓

墙模板的施工工艺流程：弹墙体轴线和边线→安装门窗洞口模板→安装墙体一侧模板→安装墙体另一侧模板→校正、固定→办预检手续。

2. 竹胶合模板的安装

（1）模板安装的一般要求

1）竖向结构钢筋等隐蔽工程验收完毕、施工缝处理完毕后准备模板安装。安装柱模前，要清除杂物，焊接或修整模板的定位预埋件，做好测量放线工作，抹好模板下的找平砂浆。

2）模板组装要严格，按照模板配板图的尺寸拼装成整体。模板在现场拼装时，要控制好相邻板面之间的拼缝，两板接头处要加设卡子，以防漏浆。拼装完成后用钢丝把模板和竖向钢管绑扎牢固，以保持模板的整体性。

（2）墙体模板安装顺序及技术要点

1）模板安装顺序：模板定位、垂直度调整→模板加固→验收→混凝土浇筑→拆模。

2）技术要点。安装墙模前，要对墙体接槎处凿毛，用空气压缩机清除墙体内的杂物，做好测量放线工作。为防止墙体模板根部出现漏浆、“烂根”现象，墙模安装前，在底板上根据放线尺寸贴海绵条，做到平整、准确、粘结牢固，并注意穿墙螺栓的安装质量。

（3）梁、板模板安装顺序及技术要点

1）模板安装顺序：模板定位→垂直度调整→模板加固→验收→混凝土浇筑→拆模。

2）技术要点。安装梁、板模板前，要首先检查梁、板模板支架的稳定性。在稳定的支架上先根据楼面上的轴线位置和梁控制线以及标高位置，安置梁、板的底模。根据施工组织设计的要求，待钢筋绑扎、校正完毕，且隐蔽工程验收完毕后，再支梁的侧模或板的周边模板，并在板或梁的适当位置预留孔洞，以便在混凝土浇筑之前清理模板内的杂物。模板支设完毕后，要进行严格检查，保证架体稳定、支设牢固、拼缝严密，浇筑混凝土时不胀模、不漏浆。

楼板模板当采用单块就位尺寸时，宜以每个铺设单元从四周先用阴角模板与墙、梁模板连接；然后向中央铺设，按设计要求起拱（跨度大于4m时，起拱0.2%），起拱部位为中间起拱，四周不起拱。

标准、规范学习

《混凝土结构工程施工规范》（GB 50666—2011）规定：

1）采用扣件式钢管作高大模板支架的立杆时，支架搭设应完整，并应符合下列规定：钢管规格、间距和扣件应符合设计要求；立杆上应每步设置双向水平杆，水平杆应与立杆扣接；立杆底部应设置垫板。

2）采用扣件式钢管作高大模板支架的立杆时，除应符合本规范的规定外，还应符合下列规定：对大尺寸混凝土构件下的支架，其立杆顶部应插入可调托座；可调托座距顶部水平杆的高度不应大于600mm，可调托座螺杆外径不应小于36mm，插入深度不应小于180mm；立杆的纵、横向间距应满足设计要求，立杆的步距不应大于1.8m；顶层立杆步距应适当减小，且不应大于1.5m；支架立杆的搭设垂直偏差不宜大于5/1000，且不应大于100mm；在立杆底部的水平方向上应按纵下横上的次序设置扫地杆；承受模板荷载的水平杆与支架立杆连接的扣件，其拧紧力矩不应小于40N·m，且不应大于65N·m。

五、现浇结构模板拆除

现浇混凝土结构模板的拆除日期取决于混凝土的强度、结构的性质、模板的用途和混凝土硬化环境温度。及时拆除模板可加快模板的周转，为后续工作创造条件。如过早拆模，因混凝土未达到一定强度，过早承受荷载会产生变形甚至会造成重大质量事故。

1. 侧模板的拆除

侧模板拆除时的混凝土强度应能保证其表面及棱角不受损伤。

2. 底模板拆除

底模板及其支架拆除时的混凝土强度应符合设计要求，当设计无具体要求时，混凝土强度应符合表 5-2 的规定。

表 5-2 现浇结构拆除承重底模板的混凝土强度要求

构件类型	构件跨度	达到设计的混凝土立方体抗压强度标准值的百分数（%）
板	≤2m	≥50
	>2m，8m	≥75
	>8m	≥100
梁、拱、壳	≤8m	≥75
	>8m	≥100
悬臂构件	—	≥100

3. 拆模顺序

拆模应按一定的顺序进行，一般是先支后拆，后支先拆，先拆除非承重部分，后拆除承重部分，并应从上而下进行拆除。拆下的模板不得抛扔，应按指定地点堆放。重大复杂模板的拆除，事前应制订模板方案。肋形楼板的拆模顺序是：柱模板→梁侧模板→楼板底模板→梁底模板。大体积混凝土的拆模时间除应满足混凝土强度要求外，还应使混凝土的内外温差降低到 25℃以下时方可拆模，否则应采取有效措施防止产生温度裂缝。

多个楼层间连续支模的底层支架的拆除时间，应根据连续支模的楼层间荷载分配和混凝土强度的增长情况确定。

4. 拆模注意事项

拆模时应尽量避免混凝土表面或模板受到损坏，避免整块模板下落伤人。拆下的模板有钉子的，要求钉尖朝下，以免扎脚。遇 6 级或 6 级以上大风时，应暂停室外的高处作业，雨、雪、霜后应清扫施工现场，方可进行工作。拆下的模板及支架杆件不得抛扔，应分散堆放在指定地点，并应及时清运。模板拆除后应将其表面清理干净，对变形和损伤部位应进行修复。

六、现浇结构模板安装质量验收

1. 现浇结构模板安装检验批质量验收内容

（1）主控项目

1）模板及支架用材料的技术指标应符合国家现行有关标准的要求。进场时应抽样检验模板和支架材料的外观、规格和尺寸。

2）现浇混凝土结构模板及支架的安装质量，应符合国家现行有关标准的规定和施工方案的要求。

3）后浇带处的模板及支架应独立设置。

4）支架竖杆和竖向模板安装在土层上时，应符合下列规定：

① 土层应坚实、平整，其承载力或密实度应符合施工方案的要求；

② 应有防水、排水措施；对冻胀性土，应有预防冻融措施；

③ 支架竖杆下应有底座或垫板。

（2）一般项目

1）模板安装质量应符合下列规定：

模板的接缝应严密；模板内不应有杂物、积水或冰雪等；模板与混凝土的接触面应平整、清洁；用作模板的地坪、胎膜等应平整、清洁，不应有影响构件质量的下沉、裂缝、起砂或起鼓；对清水混凝土及装饰混凝土构件，应使用能达到设计效果的模板。

2）隔离剂的品种和涂刷方法应符合施工方案的要求。隔离剂不得影响结构性能及装饰施工；不得沾污钢筋、预应力筋、预埋件和混凝土接提处；不得对环境造成污染。

3）对跨度不小于4m的现浇钢筋混凝土梁板模板应按设计起拱；当设计无具体要求时，起拱高度宜为跨度的1‰～3‰。

检查数量：在同一检验批内，对梁，跨度大于18m时应全数检查，跨度不大于18m时应抽查构件数量的10%，且不应少于3件；对板，应按有代表性的自然间抽查10%，且不应少于3间；对大空间结构，板可按纵、横轴线划分检查面，抽查10%，且不应少于3面。

4）现浇混凝土结构多层连续支模应符合施工方案的规定，上下层模板支架的竖杆宜对准。竖杆下垫板的设置应符合施工方案的要求。

5）固定在模板上的预埋件、预留孔和预留洞均不得遗漏且安装牢固。有抗渗要求的混凝土结构中的预埋件，应按设计及施工方案的要求采取防渗措施。

6）现浇结构模板安装的偏差应符合表5-3的规定。

表5-3 现浇结构模板安装的偏差

项目		允许偏差/mm	检验方法
轴线位置		5	钢尺检查
底模上表面标高		±5	水准仪或拉线、钢尺检查
截面内部尺寸	基础	±10	钢尺检查
	柱、墙、梁	±5	钢尺检查
层高垂直度	不大于6m	8	经纬仪或吊线、钢尺检查
	大于6m	10	经纬仪或吊线、钢尺检查
相邻两板表面高低差		2	钢尺检查
表面平整度		5	2m靠尺和塞尺检查

2. 其他注意事项

在模板工程的施工过程中，要严格按照模板工程质量控制程序施工，另外对于一些质量通病应制定预防措施，以保证模板工程的施工质量。严格执行交底制度，操作前必须有单项的施工方案和给施工队伍的书面形式的技术交底、安全交底。

七、大模板施工

1. 大模板施工概述

大模板是一种大型的定型模板，可以用来浇筑混凝土墙体和楼板，模板尺寸一般与楼层高度和开间尺寸相适应。采用大模板，并配以相应的机械化施工，通过合理的施工组织，以工业化生产方式在现场浇筑钢筋混凝土墙体。

2. 大模板的分类

按板面材料可分为木质模板、金属模板、化学合成材料模板。

按组拼方式可分为整体式模板、模数组合式模板、拼装式模板。

按构造外形可分为平模、小角模、大角模、筒子模。

3. 大模板的组成

大模板主要由板面系统、支撑系统、操作平台和附件组成，如图5-21所示。板面系统包括板面、加劲肋、竖楞。支撑系统的作用是承受水平荷载，防止模板倾覆，每块大模板用2～4榀桁架形成支撑机构，桁架用螺栓或焊接方法与竖楞连接起来。操作平台包括平台架、脚手平台和防护栏杆等。附件包括穿墙螺栓、上口卡子等。

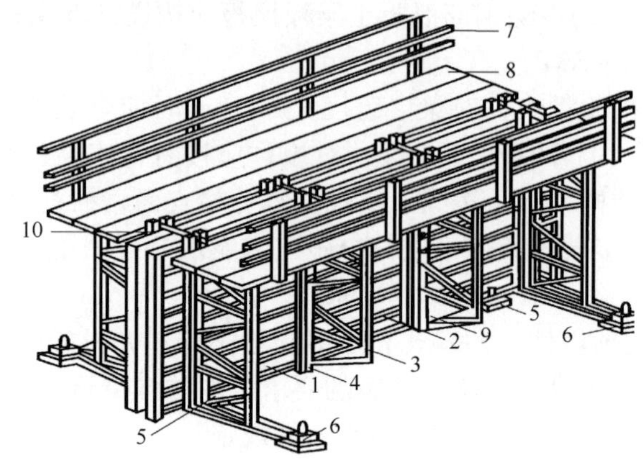

图5-21　大模板组成构造示意

1—板面　2—水平加劲肋　3—支撑架　4—竖楞　5—调整水平度的螺旋千斤顶
6—调整垂直度的螺旋千斤顶　7—栏杆　8—脚手板　9—穿墙螺栓　10—固定卡子

4. 大模板的施工工艺

（1）准备工作（以大钢模板为例）

1）清理现场，安排好大钢模板的堆放场地。

2）将运到的大钢模板按平面图逐个检查，查看其序号、尺寸、穿墙拉杆孔等是否完全正确。

3）刷脱模剂，制作穿墙拉杆套管（PVC管）。

4）检查大钢模板吊钩是否安装牢固，检查各组件、螺栓的数量、质量情况并集中到堆放场地。

5）检查楼板上预留地锚是否符合要求（要求在距大钢模板1200mm处留间距为1500mm的ϕ18mm以上的钢筋作为地锚）。

6）验收钢筋，弹模板线。

7）检查钢筋是否阻碍大钢模板的组装。

8）将搭阴角的大墙模两侧安装阴角角钢。

9）在留梁口处的钢筋上做好梁口钢丝网（内衬苯板）。

10）做砂浆找平层、弹线。

11）安装吊装人员，堆放场地2人，吊装就位4人。

（2）墙体大模板施工工艺流程（以大钢模板为例）。墙体大模板施工工艺流程为：楼层放线→架设外墙大模架子→门窗口模板清理组合→刷脱模剂→粘贴大模地面海绵条→粘贴外墙楼层接槎橡胶带、海绵条→固定门窗模具→粘贴门窗口模海绵条→焊接、绑扎大模板定位筋→外墙模板吊装→内墙模板吊装→穿入并粗略紧固所有螺栓→各模板交接处封堵海绵条→大模板校正→细致紧固螺栓→自检→专职检查→向监理报验→办理验收手续。

5. 大模板拆除

在常温条件下，墙体混凝土强度必须达到1MPa，冬期施工外板内模结构、外砖内模结构，墙体混凝土强度达到4MPa时才准拆模，全现浇结构外墙混凝土强度在7.5MPa、内墙混凝土强度在5MPa时才准拆模，拆模时应以同条件养护试块抗压强度为准。

6. 大模板质量标准验收内容

（1）主控项目

1）大模板安装必须保证轴线和截面尺寸准确，垂直度和平整度符合规定要求。

2）大模板安装后应保证整体的稳定性，确保施工中模板不变形、不错位、不胀模。

（2）一般项目

1）模板的拼缝要平整，堵缝措施要整齐牢固，不得漏浆。模板与混凝土的接触应清理干净，隔离剂应涂刷均匀。

2）大模板安装和预埋件、预留孔洞允许偏差及检验方法应符合表5-4的规定。

表5-4 大模板安装和预埋件、预留孔洞允许偏差及检验方法

项目		允许偏差/mm	检验方法
轴线位置		5	用尺量检查
截面内部尺寸		±2	用尺量检查
层高垂直	全高≤5m	3	用2m托线板检查
	全高>5m	5	
相邻模板板面高低差		2	用直尺和尺量检查
平直度		5	上口通长拉直线用尺量检查，下口按模板就位线为基准检查
平整度		3	2m靠尺检查
电梯井	井筒长、宽对定位中心线	+25，0	拉线和尺量检查
	井筒全高垂直度	H/1000且≤30	吊线和尺量检查
预留洞	中心线位置	10	拉线和尺量检查
	截面内部尺寸	+10，0	尺量检查

7. 大模板质量通病与防治

大模板质量通病与防治措施见表5-5。

表5-5 大模板质量通病与防治措施

项目	防治措施
墙底漏浆	模板下口缝隙用砂浆找平或粘贴20mm厚海绵条塞严，切忌将其伸入墙体结构
墙体不平、粘连	清理模板和涂刷隔离剂必须认真，要有专人检查验收
垂直度差	支模时要反复用线锤吊靠，安装后如遇有较大冲撞，应重新复核校正；模板垂直度由质检员负责专检
墙体凹凸不平	加强模板的维修、保养
门窗洞偏移	门窗框模内增设斜向支撑，框模四周焊限位条；请混凝土工施工配合
墙体阴角不方正、漏浆	阴角用整体角模，墙体总长偏差不超过3mm；阴角模与大模板之间结合面上的砂浆必须清理干净，使角模与墙模接缝严密，重点检查阴角拉条或相邻大模的三道螺栓
外墙上下错台	模板接槎位置必须清理干净，限位条位置必须正确，防止模板胀模
板下挠	板支撑应有足够的刚度，支撑必须加垫木，板模按规范起拱

实时训练

[练5-2] 根据下列工程，编制框架-剪力墙结构模板工程的施工方案。

1. 工程概况

某工程为一栋18层住宅楼带商业服务用房，包括2层裙房和16层住宅。建筑面积为12373.18m^2；总建筑高度为55.5m。建筑结构形式为框架-剪力墙结构，建筑抗震设防烈度为6度，合理使用年限为50年。本工程柱墙、梁板模板安装材料均采用木胶板、木方与钢筋、模板卡、钢管相结合。

2. 编制依据

1）某工程施工图样。

2）《模板安装、拆除工程检验批质量验收记录表》。

3）《混凝土结构工程施工质量验收规范》（GB 50204—2015）。

3. 施工准备

将楼层各道轴线分别弹线，并引测好标高线，按照工程的柱、剪力墙、梁板进行模板配板，并明确其刚度和稳定性，在安装模板前必须将模板清理干净，刷好脱模剂，防止污染钢筋及混凝土接触，脱模剂应涂刷均匀，不得漏刷。

4. 材料选用

1）模板材料。模板材料选用18mm厚的木芯胶合板，模板的背带选用50mm×100mm厚的木方。

2）紧固材料。紧固材料采用ϕ12mm加固铁杆，其中防水混凝土采用带止水板的加固钢筋杆，其他剪力墙采用一般直钢筋杆。电梯井地下部分防水混凝土剪力墙中的带止水板钢筋杆，为一次性使用，其他剪力墙内加固杆为ϕ12mm加固铁杆，穿ϕ16mm PVC管后，重复使用。

5. 模板施工工艺及操作要求

（1）柱模板施工　柱模板的安装顺序为：安装前检查→模板安装→检查对角线长度差→安装柱箍→全面检查校正→整体固定→柱头找补。柱模板采用18mm厚胶合板，背楞采用50mm×100mm木方，柱箍用ϕ48mm×3.5mm钢管。模板根据柱截面尺寸进行配制。安装前要检查是否平整，若不平整，要先在模板下口外铺一层水泥浆（10～20mm厚）以免混凝土浇筑时漏浆而造成柱底烂根，如图5-22所示。

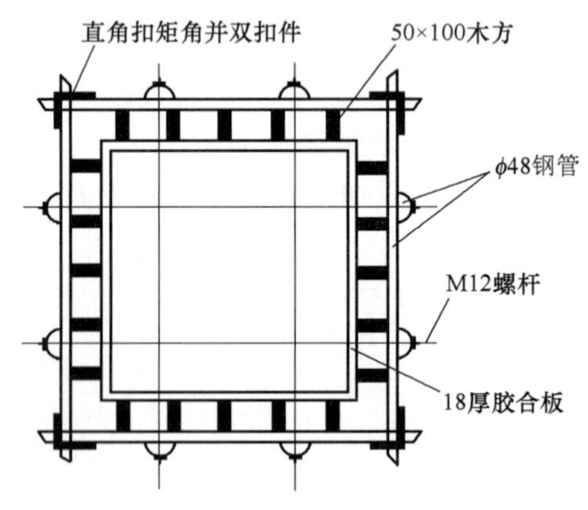

图5-22　柱模板示意

（2）墙体模板施工

1）墙体模板的安装顺序为：支模前检查→支侧模→钢筋绑扎→安装对拉螺栓，支另一侧模→校正模板位置→紧固对拉止水螺栓→支撑固定→全面检查。

2）墙体模板支设前须对墙内杂物进行清理，弹出墙的边线和模板就为线，外墙大角应标出轴线，并做好砂浆找平层或通过在模板下口粘贴海绵条以防止漏浆。

3）墙体模板安装前先放置好门窗模板及预埋件，并按照墙体厚度焊好限位钢筋，地下室外墙限位钢筋内外禁止联通。应注意不能烧断墙体主筋。

4）模板安装从外模中间开始，以确保建筑物的外形尺寸和垂直度的准确性；立好一侧模板后即可穿入焊接好止水条的对拉螺栓，再立另一侧模板就位调整，对准穿墙螺栓孔眼进行固定，如图5-23所示。

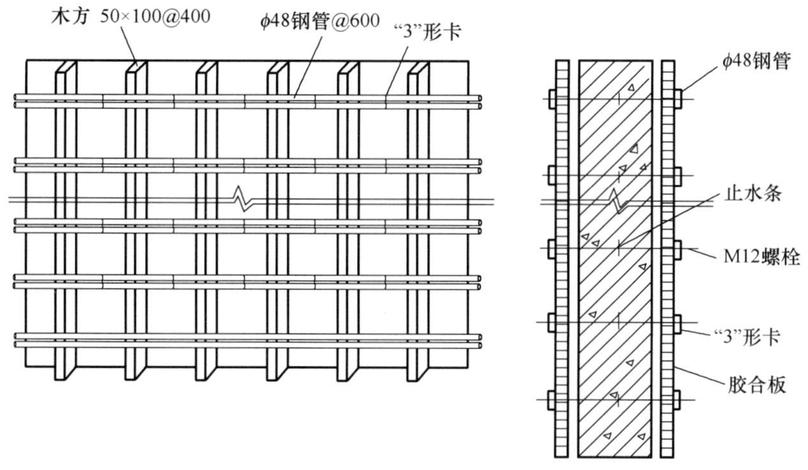

图5-23 墙体模板示意

5）模板安装前须均匀涂刷脱模剂；支模时须对模板拼缝进行处理，在面板拼缝处用双面胶带粘贴；在墙的拐角处（阳角）也应注意两块板的搭接严密；阴角模立好后，要将墙体模板的横背楞（ϕ48mm钢管）延伸到阴角模，并穿好对拉螺栓使其与对应的阴角模或墙体模板固定，以确保角度的方正和不跑模。

6）剪力墙模板采用散支散拆方式，模板采用胶合板，用50mm×100mm木方作龙骨，用“3”形卡将对拉螺杆与钢管连接起来，木方间距为400mm，钢管间距为600mm，对拉螺杆间距为500mm×500mm，模板采用钢管支撑和对拉螺栓共同支撑稳定。

6. 梁、楼板模板安装

1）梁、楼板模板安装顺序为：复核梁底标高、校正轴线位置→搭设梁模支架→安装梁木方→安装梁底模板→绑扎梁钢筋→安装两侧模板→穿对拉螺栓→按设计要求起拱→拧紧对拉螺栓→复核梁模板尺寸、位置→与相邻梁模板连接牢固→搭设立柱→龙骨铺设、加固→楼板模板安装→预检验收。

① 根据主控制线放出各梁的轴线及标高控制线。

② 梁模板支撑。梁模板支撑采用扣件式满堂钢管脚手架支撑，立杆纵、横向间距均为1.0m；立杆须设置纵横双向扫地杆，扫地杆距楼地面200mm；立杆全高范围内设置纵横双向水平杆，水平杆的步距（上下水平杆间距）不大于1200mm；沿梁方向间距为1.0m。梁底小横杆和立杆交接处加设保险扣。梁模板支架宜与楼板模板支架综合布置，相互连接，形成整体。

2）剪刀撑。竖直方向：纵横双向沿全高每隔四排立杆设置一道竖向剪刀撑。水平方向：

沿全平面每隔2步设置一道水平剪刀撑。剪刀撑宽度不应小于4跨，且不应小于6m，纵向剪刀撑斜杆与地面的倾角宜在45°~60°之间，水平剪刀撑与水平杆的夹角宜为45°。

3）梁模板安装。梁底模板铺设：按设计标高拉线调整支架立杆标高，然后安装梁底模板。梁跨中起拱高度为梁跨度的2‰，主次梁交接时，先主梁起拱，后次梁起拱。梁侧模板铺设：根据墨线安装梁侧模板、压脚板、斜撑等。梁侧模应设置斜撑，当梁高大于700mm时设置腰楞，并用对拉螺栓加固，对拉螺栓水平间距为500mm，垂直间距为300mm。

4）楼板模板安装：采用木胶合板，一般采用整张铺设、局部小块拼补的方法，模板接缝应设置在龙骨上。大龙骨采用ϕ48mm×3.5mm双钢管，其跨度等于支架立杆间距；小龙骨采用40mm×80mm方木，间距为300mm，其跨度等于大龙骨间距；挂通线将大龙骨找平。根据标高确定大龙骨顶面标高，然后架设小龙骨，铺设模板；楼面模板铺完后，应认真检查支架是否牢固；模板梁面、板面应清扫干净，如图5-24所示。

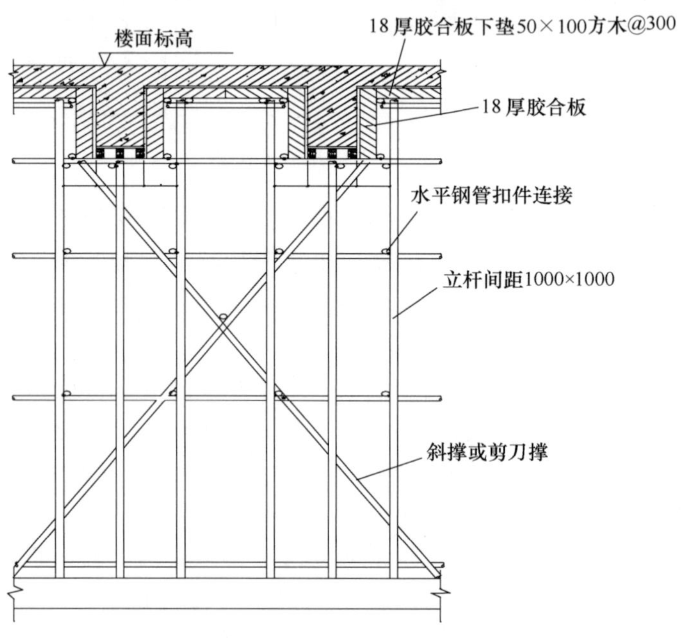

图5-24　梁、楼板模板示意

7. 楼梯模板

楼梯模板一般比较复杂，若施工时不注意，对后期装修工程会产生较大影响，故采用定形模板。施工前根据楼梯的几何尺寸进行提前加工放样，先安装休息平台梁模板，再安装楼梯模板斜楞，然后铺设楼梯底模。安装外帮侧模和踏步模板时，踏步模板用木板做成倒三角形，局部实测实量。安装模板时要特别注意斜向支柱（斜撑）的固定，防止浇筑混凝土时模板移动。支架采用ϕ48mm钢管。楼梯模板如图5-25所示。

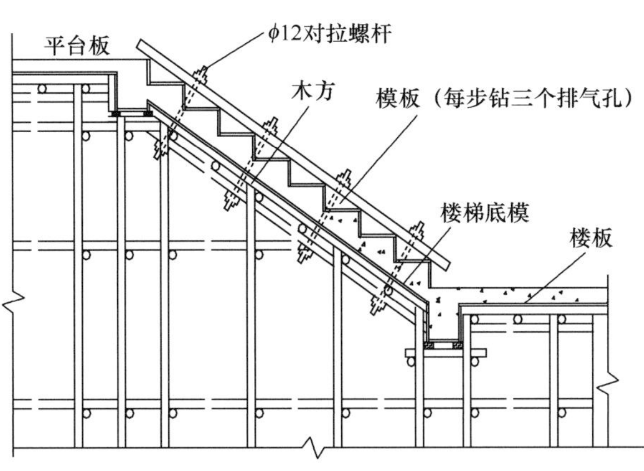

图5-25　楼梯模板示意

8. 模板的验收

1）模板及其支架必须符合下列规定：

① 工程结构和构件各部分的形状尺寸、相互位置应正确，必须符合图样设计要求。

② 具有足够的承载能力、刚度和稳定性，能可靠承受新浇筑混凝土的质量和侧压力，以及在施工过程中所产生的荷载。

③ 构造应简单、装拆方便，并便于钢筋的绑扎、安装和混凝土的浇筑、养护等要求。

④ 模板的接缝应严密，不得漏浆。

2）模板与混凝土的接触面应涂隔离剂（脱模剂），对油质类等影响结构或妨碍装饰工程施工的隔离剂不宜采用，严禁隔离剂沾污钢筋与混凝土接槎处。

3）预留孔洞及预埋件偏差应符合规范要求。

4）模板验收时，应由项目工程师带队，施工、质检、安全等人员全部到现场参加验收，合格后方可进行下道工序施工。

9. 模板的拆除

1）拆模程序。先支的后拆，后支的先拆→先拆非承重部位，后拆承重部位→先拆柱模板，再拆楼板底模、梁侧模板→最后拆梁底模板。

2）柱、梁板模板的拆除必须待混凝土达到设计规范要求的脱模强度后进行。柱模板应在混凝土强度能保证其表面及棱角不因拆模而受损坏时方可拆除；板与梁底模板应在梁板混凝土强度达到设计强度的100%，并有同条件养护拆模试压报告，经监理审批签发拆模通知书后方可拆除。

3）模板拆除的顺序和方法。应按照配板设计的规定进行，遵循先支后拆、先拆非承重部位后拆承重部位、自上而下的原则。拆模时严禁用大锤和撬棍硬砸硬撬。

4）拆模时，操作人员应站在安全处，以免发生安全事故。待该片（段）模板全部拆除后，将模板、配板、支架等清理干净，并按文明施工要求运出堆放整齐。

5）拆下的模板、配件等，严禁抛扔，要有人接应传递。按指定地点堆放，并做到及时清理、维修和涂刷好隔离剂，以备下次使用。

10. 质量保证措施及施工注意事项

1）施工前由木工翻样绘制模板图和节点图，经施工负责人复核后方可施工。安装完毕、经有关人员组织验收合格后，方能进行下道工序的施工作业。

2）现浇结构模板安装允许偏差和检查方法见表5-6。

表5-6 现浇结构模板安装允许偏差和检查方法

项目		允许偏差/mm	检查方法
轴线位移		5	钢尺检查
底模上表面标高		±5	水准仪或拉线、钢尺检查
截面内部尺寸	基础	±10	钢尺检查
	柱、墙、梁	±5	钢尺检查
层高垂直度	不大于6m	8	钢尺检查经纬仪或吊线、钢尺检查
	大于6m	10	经纬仪或吊线、钢尺检查
相邻两板表面高低差		2	钢尺检查
表面平整度		5	2m靠尺和塞尺检查

注：检查轴线位置时，应沿纵、横两个方向量测，并取其中的较大值。

3）确保每个扣件和钢管的质量满足要求，每个扣件的拧紧力矩都要控制在40~65N·m，钢管不能选用已经长期使用或发生变形的。

4）模板施工前，应对班组进行书面技术交底，拆模要有项目施工员签发的拆模通知书。

5）浇筑混凝土时，要有专人看模。

6）认真执行三检制度，未经验收合格不允许进入下一道工序。

7）严格控制楼层荷载，施工用料要分散堆放。

8）在封模以前要检查预埋件是否放置，位置是否准确。

11. 模板施工安全措施

1）进入施工现场人员必须戴好安全帽，高空作业人员必须佩戴安全带，并应系牢。

2）工作前应先检查使用的工具是否牢固，扳手等工具必须用绳链系挂在身上，钉子必须放在工具袋内，以免掉落伤人。工作时要思想集中，防止钉子扎脚和空中滑落。

3）在浇筑混凝土时，应派责任心较强的木工看护模板，如量较大，应多设人员看护，发现爆模或支撑下沉等现象应立即停止浇筑，并采取紧固措施，若爆模或支撑下沉变形严重时，应通知项目部有关负责人到现场提出方案，并及时采取补救措施。检查和观察模板支撑是否有下沉或松动现象。

4）安装与拆除5m以上的模板时，应搭脚手架，并设防护栏杆，防止上下在同一垂直面操作。

5）高空、复杂结构模板的安装与拆除，事先应有切实的安全措施。

6）遇六级以上的大风时，应暂停室外的高空作业，雪霜雨后应先清扫施工现场，略干不滑时再进行工作。

7）不得在脚手架上堆放大批模板等材料。

8）模板上有预留洞的，应在安装后将洞口盖好，混凝土板上的预留洞，应在模板拆除后立即将洞口盖好。

9）在组合钢模板上架设电线和使用电动工具时，应用36V低压电源或采取其他有效的安全措施。

10）高空作业要搭设脚手架或操作台，上、下要使用梯子，不得站立在墙上工作，不准站在大梁底模上行走。操作人员严禁穿硬底鞋及有跟鞋作业。

11）装拆模板时，作业人员要站立在安全地点进行操作，防止上下在同一垂直面工作，操作人员要主动避让吊物，增强自我保护和相互保护的安全意识。

12）拆除板、梁、柱墙模板，在4m以上作业时应搭设脚手架或操作平台，并设防护栏杆，严禁在同一垂直面上操作。

13）拆模必须一次性拆清，不得留下无撑模板。拆下的模板要及时清理，堆放整齐。

实时训练

［练5-3］如图5-26所示，采用胶合板模板，在实训楼让学生制作框架结构柱（400mm×400mm，高度为1800mm）、梁板（300mm×1800mm、300mm×2400mm）、墙（宽200mm）等主要构件，然后按照位置尺寸放线、搭架子、测标高，进行各构件的安装，最后验收每组学生安装的模板是否符合规范要求。安装柱、梁板模板的实训效果如图5-27所示。

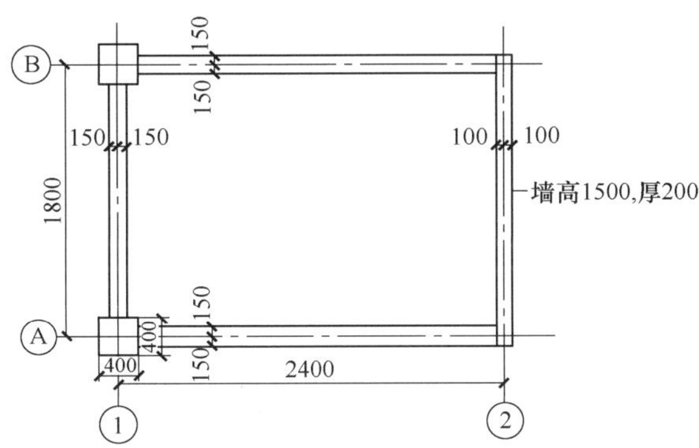

图5-26 柱、梁板、墙模板组装

图5-27 安装柱、梁板模板的实训效果

课题3　钢筋工程施工

一、钢筋的分类

（1）按外形分类

1）光圆钢筋：即光面圆钢筋的意思，由于表面光滑，也称“光面钢筋”，或简称“圆钢”；HPB300级钢筋为热轧光圆钢筋。

2）带肋钢筋：表面有突起部分的圆形钢筋称为带肋钢筋，它的肋纹形式有“月牙形”“螺纹形”等。HRB335、HRB400和HRB500级钢筋为普通热轧带肋钢筋；HRBF335、HRBF400、HRBF500级钢筋为细晶粒热轧带肋钢筋；RRB400级钢筋为余热处理带肋钢筋；HRB400E级钢筋为较高抗震性能要求的普通热轧带肋钢筋。

3）刻痕钢丝：由光面钢丝经过机械压痕而成。

4）钢绞线：又称铰线式钢筋，由两根、三根或七根圆钢丝捻制而成。

（2）按生产工艺分类

1）热轧钢筋：由轧钢厂经过热轧成材供应，钢筋直径一般为5～40mm，分为直条和盘条形式。

2）冷拉钢筋：是将热轧钢筋在常温下进行强力拉伸，使它强度提高的一种钢筋，这种冷拉操作都在施工工地进行。

3）碳素钢丝：是由优质高碳钢盘条经淬火、酸洗、拔制、回火等工艺而制成的。

（3）按钢筋直径分类　钢丝$d=3\sim5$mm，细钢筋$d=6\sim12$mm，对于直径小于12mm的钢丝或细钢筋，出厂时，一般做成盘圆状，使用时需调直。粗钢筋$d>12$mm，对于直径大于12mm的粗钢筋，为了便于运输，出厂时一般做成直条状，每根6～12m，如需特长钢筋，可同厂方协议。

二、钢筋原材料主控项目和一般项目的质量验收与保管

1. 主控项目

1）钢筋进场时，应按国家现行相关标准的规定抽取试件做力学性能和质量偏差检验，检验结果必须符合有关标准的规定。

检验数量：按进场的批次和产品的抽样检验方案确定。

检验方法：检查产品的合格证、出厂检验报告和进场复验报告。

2）对有抗震设防要求的结构，其纵向受力钢筋的性能应满足设计要求；当设计无具体要求时，对按一、二、三级抗震等级设计的框架和斜撑构件（含梯段）中的纵向受力钢筋应采用HRB335E、HRB400E、HRB500E、HRBF335E、HRBF400E或HRBF500E级钢筋，其强度和最大力下总伸长率的实测值应符合下列规定：

① 钢筋的抗拉强度实测值与屈服强度实测值的比值不应小于1.25。

② 钢筋的屈服强度实测值与屈服强度标准值的比值不应大于1.30。

③ 钢筋的最大力下总伸长率不应小于9%。

3）当发现钢筋脆断、焊接性能不良或力学性能显著不正常等现象时，应对该批钢筋进

行化学成分检验或其他专项检验。

2. 一般项目

钢筋应平直、无损伤，表面不得有裂纹、油污、颗粒状或片状老锈。

3. 钢筋的保管

为了确保质量，钢筋验收合格后，还要做好保管工作，主要是防止生锈、腐蚀和混用，为此需注意以下几个方面：

1）堆放场地要干燥，并用方木或混凝土板等作为垫件，一般保持离地 20cm 以上。非急用钢筋，宜放在有棚盖的仓库内。

2）钢筋必须严格分类、分级、分牌号堆放，不合格钢筋另作标记分开堆放，并立即清理出现场。

3）钢筋不要和酸、盐、油这一类的物品放在一起，要在远离有害气体的地方堆放，以免腐蚀。

三、钢筋的冷加工

1. 钢筋冷拉

1）钢筋冷拉：钢筋的冷拉就是在常温下对钢筋进行强力拉伸，使钢筋的拉应力超过屈服强度，钢筋产生塑性变形，达到调直钢筋、提高强度、节约钢材的目的。

2）钢筋的时效：钢筋经冷拉、强度提高、塑性降低的现象，称为变形硬化。由于钢筋应力超过屈服点以后，钢筋内部晶格沿结晶面滑移，晶格扭曲变形，使钢筋内部组织发生变化，促使钢筋内部晶体组织自行调正。经过调整，钢筋获得一个稳定的屈服点，强度进一步提高，塑性再次降低。钢筋晶体组织调整过程称为“时效”。

钢筋时效过程（内应力消除的过程）进行的快慢，与温度有关。HPB300、HRB335 级钢筋的时效过程，在常温下，要经过 15 ~ 20d 才能完成，这个时效过程称为自然时效。为加速时效过程，可对钢筋进行加热，称为人工时效。

3）钢筋冷拉控制方法。钢筋的冷拉方法可采用控制冷拉率和控制应力两种方法。

① 控制冷拉率法。以冷拉率来控制钢筋的冷拉的方法，称为控制冷拉率法。冷拉率必须由试验确定，试件数量不少于 4 个。冷拉率确定后，根据钢筋长度，求出伸长值，作为冷拉时的依据。冷拉伸长值 ΔL 按下式计算：

$$\Delta L = \delta L$$

式中 δ——冷拉率（由试验确定）；

L——钢筋冷拉前的长度（m）。

控制冷拉率法施工操作简单，但当钢筋材质不匀时，用经试验确定的冷拉率进行冷拉，对不能分清炉批号的钢筋，不应采取控制冷拉率法。

② 控制应力法。这种方法以控制钢筋冷拉应力为主，冷拉应力按表 5-7 中相应级别钢筋的控制应力选用。冷拉时应检查钢筋的冷拉率，不得超过下表中的最大冷拉率。钢筋冷拉时，如果钢筋已达到规定的控制应力，而冷拉率未超过下表最大冷拉率，则认为合格。如钢筋已达到规定的最大冷拉率而应力还小于控制应力（即钢筋应力达到冷拉控制应力时，钢筋冷拉率已超过规定的最大冷拉率），则认为不合格，应进行机械性能试验，按其实际级别使用。

表 5-7　冷拉控制应力及最大冷拉率

钢筋级别		冷拉控制应力/MPa	最大冷拉率（%）
HPB300	$d \leqslant 12$	280	10
HRB335	$d \leqslant 25$ $d = 28 \sim 40$	450 430	5.5
HRB400 RRB400	$d = 8 \sim 40$ $d = 10 \sim 28$	500 700	5 4

注：d 为钢筋直径。

4）冷拉设备。冷拉设备一般采用卷扬机带动滑轮组的冷拉装置系统。冷拉设备由拉力设备、承力结构、测量设备和钢筋夹具等部分组成。

2. 钢筋的冷拔

钢筋冷拔是将直径为 6～8mm 的 HPB300 级光面钢筋在常温下强力拉拔，使其通过特制的钨合金拔丝模孔，钢筋轴向被拉伸，径向被压缩，产生较大的塑性变形，其抗拉强度提高 50%～90%，塑性降低，硬度提高。经过多次强力拉拔的钢筋，称为冷拔低碳钢丝。甲级冷拔钢丝主要用于小型预应力构件中的预应力筋，乙级冷拔钢丝可用于焊接网。

四、钢筋加工的质量要求

钢筋加工宜在专业化加工厂进行；钢筋的表面应清洁、无损伤，油渍、漆污和铁锈应在加工前清除干净。带有颗粒状或片状老锈的钢筋不得使用。钢筋除锈后如有严重的表面缺陷，应重新检验该批钢筋的力学性能及其他相关性能指标；钢筋加工宜在常温状态下进行，加工过程中不应加热钢筋。钢筋弯折应一次完成，不得反复弯折。

1. 钢筋加工主控项目、一般项目的质量要求

（1）主控项目

1）受力钢筋的弯钩和弯折应符合下列要求：

① HPB300 级钢筋末端应做 180°弯钩，其弯弧内直径不应小于钢筋直径的 2.5 倍，弯钩的弯后平直部分长度不应小于钢筋直径的三倍。

② 当设计要求钢筋末端需做 135°弯钩时，HRB335、HRB400 级钢筋的弯弧内直径不应小于钢筋直径的四倍，弯钩的弯后平直部分长度应符合设计要求。

③ 当钢筋做不大于 90°的弯折时，弯折处的弯弧内直径不应小于钢筋直径的五倍。

2）除焊接封闭环式箍筋外，箍筋的末端应做弯钩，弯钩形式应符合设计要求；当设计无具体要求时，应符合下列规定：

① 箍筋弯钩的弯弧内直径，除应满足上条的规定外，尚应不小于受力钢筋直径。

② 箍筋弯钩的弯折角度：对于一般结构，不应小于 90°；对于有抗震等要求的结构，应为 135°。

③ 箍筋弯后平直部分长度：对于一般结构，不宜小于箍筋直径的 5 倍；对于有抗震等要求的结构，不应小于箍筋直径的 10 倍。

3）钢筋调直后应进行力学性能和质量偏差的检验，其强度应符合有关标准的规定。采用无延伸功能的机械设备调直的钢筋，可不进行本条规定的检验。

检查数量：同一厂家、同一牌号、同一规定的调直钢筋，质量不大于30t为一批，每批见证取三个试件。

检验方法：三个试件先进行质量偏差的检验，再取其中两个试件经时效处理后进行力学性能检验，检验质量偏差时，试件切口应平滑且与长度方向垂直，且长度不应小于500mm；长度和质量的量测精度分别不应低于1mm和1g。

（2）一般项目

1）钢筋宜采用无延伸功能的机械设备进行调直，也可采用冷拉方法调直。当采用冷拉方法调直时，HPB300级光圆钢筋的冷拉率不宜大于4%；HRB335、HRB400、HRB500、HRBF335、HRBF400、HRBF500及RRB400级带肋钢筋的冷拉率不宜大于1%。

2）钢筋加工的形状、尺寸应符合设计要求，其偏差应符合表5-8的规定。

表5-8 钢筋加工的允许偏差

项　目	允许偏差/mm
受力钢筋顺长度方向全长的净尺寸	±10
弯起钢筋的弯折位置	±20
箍筋内净尺寸	±5

五、钢筋的连接方式和技术要求

钢筋的连接方式可分为三种：绑扎连接、焊接、机械连接。下面主要介绍焊接和机械连接。

1. 钢筋的焊接

常用的焊接方法有：闪光对焊、箍筋闪光对焊、电阻点焊、电弧焊、电渣压力焊、气压焊等。

（1）闪光对焊　闪光对焊广泛用于焊接直径为8～22mm的HPB300级和直径为8～40mm的HRB335、HRBF335、HRB400、HRBF400、HRB500、HRBF500级热轧钢筋，以及直径为8～32mm的RRB400级余热处理钢筋，也适用于预应力筋与螺钉端杆的焊接。

1）焊接原理：利用对焊机使两端钢筋接触，通过低电压强电流，待钢筋被加热到一定温度变软后，进行轴向加压顶锻，使两根钢筋焊接在一起，形成对焊接头。

2）焊接工艺：根据钢筋级别、直径和所用焊机的功率不同，闪光对焊工艺可分为连续闪光焊、预热闪光焊、闪光-预热-闪光焊三种。

① 连续闪光焊：适用于直径25mm以下的钢筋。对焊接头的外形如图5-28所示。

② 预热闪光焊：预热闪光焊是在连续闪光焊前增加一次预热过程，以使钢筋均匀加热。适用于直径25mm以上端部平整的钢筋。

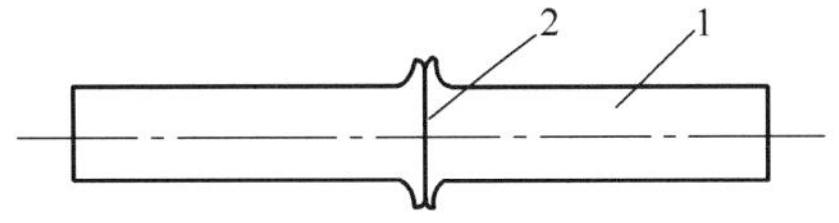

图5-28 钢筋对焊接头的外形

1—钢筋 2—接头

③ 闪光-预热-闪光焊：闪光-预热-闪光焊是在预热闪光焊前加一次闪光过程，使钢筋端面烧化平整，预热均匀。适用于直径25mm以上端部不平整的钢筋。

（2）箍筋闪光对焊　箍筋闪光对焊的焊点位置宜设置在箍筋受力较小一边的中部。不等边的多边形柱箍筋对焊位置宜设置在两个边上的中部。

（3）电弧焊　电弧焊是利用弧焊机使焊条和焊件之间产生高温电弧，熔化焊条和高温电弧范围内的焊件金属，熔化的金属凝固后形成焊接接头。电弧焊广泛用于钢筋的接长、钢筋骨架的焊接、装配式结构钢筋接头焊接及钢筋与钢板、钢板与钢板的焊接等。

钢筋电弧焊接头有五种形式：帮条焊、搭接焊、坡口焊、窄间隙焊和熔槽帮条焊。下面主要介绍帮条焊、搭接焊、坡口焊三种。

1）帮条焊（图5-29）的适用范围。帮条焊适用于直径为10～22mm的HPB300，直径为10～40mm的HRB335、HRBF335、HRB400、HRBF400、HRB500、HRBF500级热轧钢筋和直径为10～25mm的RRB400级余热处理钢筋。帮条焊宜采用与主筋同级别、同直径的钢筋制作，可分为单面焊缝和双面焊缝。其帮条长度（L）：HPB300级钢筋单面焊$L \geqslant 8d_0$，双面焊$L \geqslant 4d_0$；HRB335、HRBF335、HRB400、HRBF400、HRB500、HRBF500级热轧钢筋和直径为8～32mm的RRB400级余热处理钢筋的单面焊$L \geqslant 10d_0$，双面焊$L \geqslant 5d_0$。

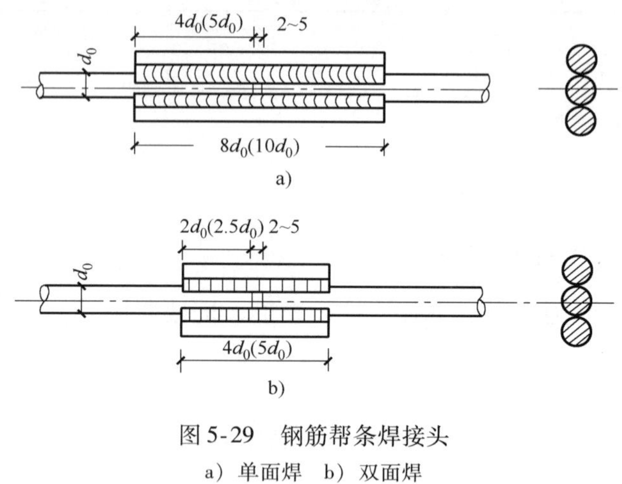

图5-29　钢筋帮条焊接头

a）单面焊　b）双面焊

2）搭接焊。搭接焊又称搭接接头（图5-30），即把钢筋端部弯曲一定角度叠合起来，在钢筋接触面上焊接形成焊缝，分为双面焊缝和单面焊缝。适用于焊接直径为10～22mm的HPB300，直径为10～40mm的HRB335、HRBF335、HRB400、HRBF400、HRB500、HRBF500级热轧钢筋和直径为10～25mm的RRB400级余热处理钢筋。搭接焊宜采用双面焊缝，不能进行双面焊时，也可采用单面焊。搭接焊的搭接长度及焊缝高度、焊缝宽度同帮条焊。

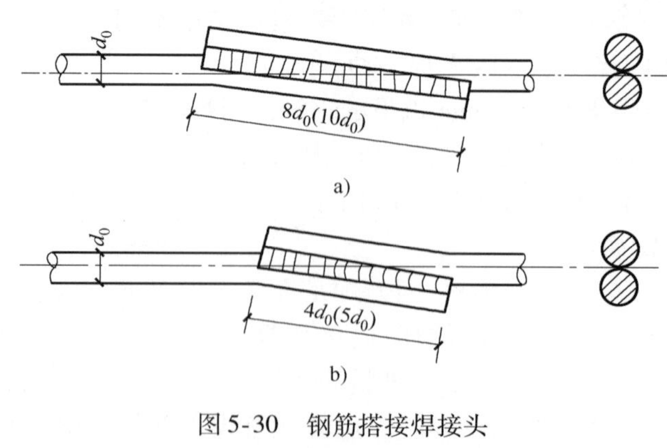

图5-30　钢筋搭接焊接头

a）单面焊　b）双面焊

3）坡口焊。坡口焊又称剖口焊，钢筋坡口焊接头可分为坡口平焊接头和坡口立焊接头两种，如图5-31所示。适用于直径为18～22mm的HPB300，直径为18～40mm的HRB335、HRBF335、HRB400、HRBF400级钢筋；直径为18～32mm的HRB500、HRBF500级热轧钢筋及直径为18～25mm的RRB400级钢筋。

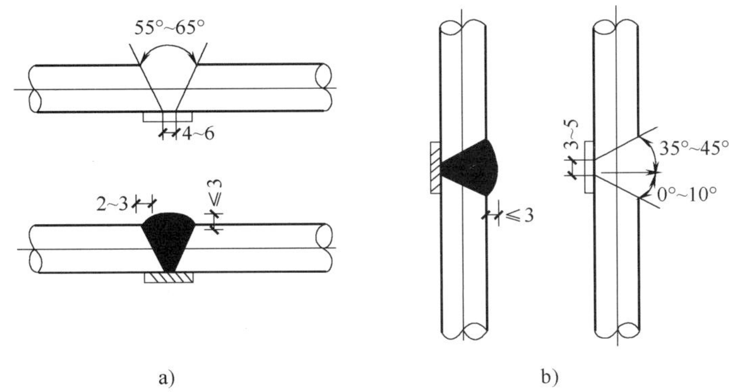

图5-31 钢筋坡口焊接头

a）平焊 b）立焊

（4）电渣压力焊

1）焊接原理及适用范围。电渣压力焊利用电流通过渣池所产生的热量来熔化母材，待到一定程度后施加压力，完成钢筋连接。这种钢筋接头的焊接方法与电弧焊相比，焊接效率高5～6倍，且接头成本较低，质量易保证，适用于直径为12～22mm的HPB300和直径为12～32mm的HRB335、HRB400、HRB500级竖向或斜向钢筋的连接。

2）焊接工艺流程。安装焊接钢筋→安装引弧钢丝球→缠绕石棉绳装上焊剂盒→装放焊剂接通电源（“造渣”工作电压为40～50V，“电渣”工作电压为20～25V）→造渣过程形成渣池→电渣过程钢筋端面熔化→切断电源顶压钢筋完成焊接。

焊接完成应适当停歇，方可回收焊剂和卸下焊接夹具。敲去渣壳后，四周焊包凸出钢筋表面的高度，当钢筋直径为25mm及以下时不得小于4mm，当钢筋直径为28mm及以上时不得小于6mm，如图5-32所示。图5-33为某施工现场柱子电渣压力焊接头。

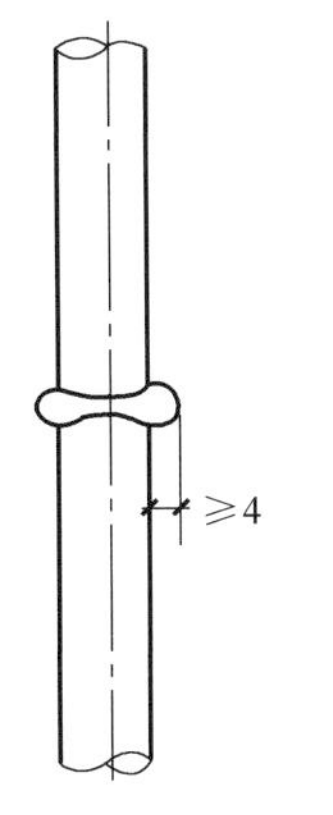

图5-32 电渣压力焊钢筋接头

图5-33 某施工现场柱子电渣压力焊接头

3）质量检验。电渣压力焊接头的质量检验，应分批进行外观质量检查和力学性能检验，并应符合下列规定：

① 在现浇钢筋混凝土结构中，应以300个同牌号钢筋接头作为一批。

② 在房屋结构中，应在不超过连续两个楼层中300个同牌号钢筋接头作为一批；当不足300个接头时，仍作为一批。

③ 每批随机切取3个接头试件做拉伸试验。钢筋电渣压力焊接头的外观检查结果，应符合下列要求：

a）四周焊包凸出钢筋表面的高度，当钢筋直径为25mm及以下时不得小于4mm，当钢筋直径为28mm及以上时不得小于6mm。

b）钢筋与电极接触处，应无烧伤缺陷。

c）接头处弯折不得大于2°。

d）接头处钢筋轴线偏移不得大于1mm。

（5）气压焊　钢筋气压焊是采用氧-乙炔火焰对钢筋接缝处进行加热，使钢筋端部加热达到高温状态，并施加足够的轴向压力而形成牢固的对焊接头。钢筋气压焊接方法具有设备简单、焊接质量好、效果高，且不需要大功率电源等优点。

钢筋气压焊可用于直径为12～22mm的HPB300，直径为12～40mm的HRB335、HRB400及直径为12～32mm的HRB500级钢筋的垂直位置、水平位置、倾斜位置的对接焊接。当两钢筋直径不同时，其直径之差不得大于7mm，钢筋气压焊设备主要有氧-乙炔供气设备、加热器、加压器及钢筋卡具等，如图5-34所示。

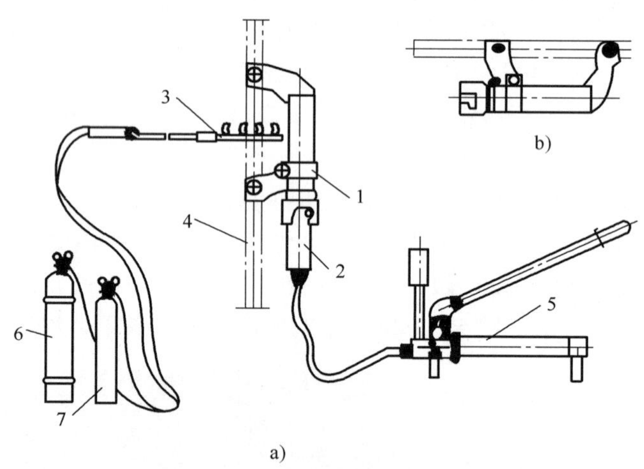

图5-34　气压焊装置系统

a）竖向焊接　b）横向焊接

1—压接器　2—顶头油缸　3—加热器　4—钢筋　5—加压器　6—氧气　7—乙炔

（6）电阻点焊　混凝土结构中的钢筋骨架和钢筋网片的交叉钢筋焊接，宜采用电阻点焊。焊接时将钢筋的交叉点放入点焊机两极之间，通电使钢筋加热到一定温度后，加压使焊点处钢筋互相压入一定的深度（压入深度为两钢筋中较细者直径的1/4～2/5），将焊点焊牢。采用点焊代替绑扎，可以提高工效，便于运输。在钢筋骨架和钢筋网成型时优先采用电阻点焊。

2. 钢筋机械连接

根据《钢筋机械连接技术规程》(JGJ 107—2010)，钢筋机械连接是通过钢筋与连接件的机械咬合作用或钢筋端面的承压作用，将一根钢筋中的力传递至另一根钢筋的连接方法。机械连接有两种方式：套筒挤压连接、直螺纹连接。

(1) 套筒挤压连接　套筒挤压连接是把两根待接钢筋的端头先插入一个优质钢套管，然后用挤压机在侧向加压数道，套筒塑性变形后即与带肋钢筋紧密咬合，达到连接的目的。

(2) 直螺纹连接

1) 原理。直螺纹连接是近年来开发的一种新的螺纹连接方式，即先把钢筋端部用套丝机切削成直螺纹，然后用套筒实行钢筋对接。

2) 直螺纹连接施工工艺流程。钢筋准备→放置在直螺纹成型机上→剥肋滚压直螺纹→在直螺纹上涂油保护→放置钢筋（放置时用垫木，以防直螺纹被损坏）→套筒连接（现场连接施工)。

3) 现场操作过程及质量要求。

① 将套筒预先部分或全部拧入一个被连接钢筋的螺纹内，而后转动连接钢筋或反拧套筒到预定位置，最后用扳手转动连接钢筋，使其相互对顶锁定连接套筒。

② 采用扭矩扳手把钢筋接头扭紧，拧紧后的滚压直螺纹接头做上标记。

③ 连接套筒表面无裂纹，螺牙饱满，无其他缺陷。

④ 连接套筒两端的孔，用塑料盖封上，以保持内部洁净、干燥、防锈。

⑤ 作业前，对要采取此项工艺施工的钢筋进行工艺检验，试验合格后才能施工，如图 5-35 所示。

图 5-35　钢筋直螺纹连接

3. 钢筋连接接头的质量验收要求

(1) 主控项目

1) 钢筋的连接方式应符合设计要求。

2) 钢筋采用机械连接或焊接连接时，钢筋机械连接接头和焊接接头的力学性能与弯曲性能应符合国家现行相关标准的规定。接头试件应从工程实体中截取。

检查数量按现行行业标准《钢筋机械连接技术规程》（JGJ 107—2016）和《钢筋焊接及验收规程》JGJ 18—2012 的规定确定。

3）螺纹接头应检验拧紧扭矩值，挤压接头应测压痕直径，检验结果应符合现行行业标准《钢筋机械连接技术规程》（JGJ 107—2016）的相关规定。

（2）一般项目

1）钢筋接头的位置应符合设计和施工方案要求。有抗震设防要求的结构中，梁端和柱端箍筋加密区范围内不应进行钢筋搭接。接头末端至钢筋弯起点的距离不应小于钢筋直径的 10 倍。

2）钢筋机械连接接头与焊接接头的外观质量应符合现行行业标准《钢筋机械连接技术规程》（JGJ 107—2016）和《钢筋焊接及验收规程》（JGJ 18—2012）的规定。

3）当纵向受力钢筋采用机械连接接头或焊接接头时，同一连接区段内，纵向受力钢筋的接头面积百分率应符合设计要求；当设计无具体要求时，应符合下列规定：

① 受拉接头，不宜大于 50%；受压接头，可不受限制。

② 直接承受动力荷载的结构构件中，不宜采用焊接；当采用机械连接时，不应超过 50%。

检查数量：在同一检验批内，对梁、柱和独立基础，应抽查构件数量的 10%，，且不应少于 3 件；对墙和板，应按有代表性的自然间抽查 10%，且不应少于 3 间；对大空间结构，墙可按相邻轴线间高度 5m 左右划分检查面，板可按纵横轴线划分检查面，抽查 10%，且均不应少于 3 面。

注：接头连接区段是指长度为 35d 且不小于 500mm 的区段，d 为相互连接两根钢筋的直径较小值；同一连接区段内纵向受力钢筋接头面积百分率为接头中点位于该连接区段内的纵向受力钢筋截面面积与全部纵向受力钢筋截面面积的比值。

4）当纵向受力钢筋采用绑扎搭接接头时，接头的设置应符合下列规定：

① 接头的横向净间距不应小于钢筋直径，且不应小于 25mm；

② 同一连接区段内，纵向受拉钢筋搭接接头面积百分率应符合设计要求；当设计无具体要求时，应符合下列规定：

a）对梁类、板类及墙类构件，不宜超过 25%；基础筏板，不宜超过 50%。

b）柱类构件，不宜超过 50%。

c）当工程中确有必要增大接头面积百分率时，对梁类构件，不应大于 50%。

注：接头连接区段是指长度为 1.3 倍措接长度的区段。搭接长度取相互连接的两根钢筋中较小直径计算。

5）梁、柱类构件的纵向受力钢筋搭接长度范围内，箍筋的设置应符合设计要求；当设计无具体要求时，应符合下列规定：

① 箍筋直径不应小于搭接钢筋较大直径的 1/4。

② 受拉搭接区段箍筋间距不应大于搭接钢筋较小直径的 5 倍，且不应大于 100mm。

③ 受压搭接区段的箍筋间距不应大于搭接钢筋较小直径的 10 倍，且不应大于 200mm。

④ 当柱中纵向受力钢筋直径大于 25mm 时，应在搭接接头两个端面外 100mm 范围内各设置两个箍筋，其间距宜为 50mm。

⑤ 检查数量。在同一检验批内，对梁、柱和独立基础，应抽查构件数量的10%，且不少于3件；对墙和板，应按有代表性的自然间抽查10%，且不少于3间；对大空间结构，墙可按相邻轴线间高度5m左右划分检查面，板可按纵、横轴线划分检查面，抽查10%，且均不少于3面。

六、计算钢筋配料

1. 钢筋配料的概述

（1）钢筋配料的概念　钢筋配料是根据构件的配筋图计算构件各钢筋的直线下料长度、根数及质量，然后编制钢筋配料单，作为钢筋备料加工的依据。钢筋配料单的形式见表5-9。

表5-9　钢筋配料单

项　　次	构件名称	钢筋编号	简　　图	级　　别	直　　径	下料长度	单位根数	合计根数	量

（2）钢筋下料长度计算的相关规定

1）钢筋长度（外包尺寸）：钢筋的外轮廓尺寸，即钢筋外边缘到外边缘的尺寸。

2）混凝土保护层是指受力最外层钢筋的外边缘至混凝土构件表面的距离，其作用是保护钢筋在混凝土结构中不受锈蚀。无设计要求时应符合规范规定，见表5-10。

表5-10　混凝土保护层最小厚度　（单位：mm）

环境类别	板、墙	梁、柱
一	15	20
二a	20	25
二b	25	35
三a	30	40
三b	40	50

注：通常保护层厚度在图样的结构说明页中有详细规定。基础底面钢筋保护层厚度，有混凝土垫层时应从垫层顶面算起，且不小于40mm；无垫层时不应小于70mm。如图样中有具体规定时，按图样规定选取。

混凝土的保护层厚度，一般用水泥砂浆垫块或塑料卡垫在钢筋与模板之间来控制。塑料卡的形状有塑料垫块和塑料环圈两种。塑料垫块用于水平构件，塑料环圈用于垂直构件。

3）弯曲量度差值。钢筋弯曲以后，外边缘伸长，内边缘缩短，只有中心线不变，外边缘和中心线之间存在的差值称为弯曲量度差值（简称量度差值），在计算下料长度时必须加以扣除。根据理论推理和实践经验，当弯折30°时，量度差值为0.306d，取0.3d；当弯折45°时，量度差值为0.543d，取0.5d；当弯折60°时，量度差值为0.90d，取1d；当弯折90°时，量度差值为2.29d（1.75d），计算时取2d；当弯折135°时，量度差值为3d。

4）180°弯钩增加值。HPB300 级钢筋的末端需要做 180°弯钩，其圆弧内直径（D）不应小于钢筋直径（d）的 2.5 倍；平直部分的长度不宜小于钢筋直径（d）的 3 倍，如图 5-36 所示。每一个 180°弯钩的增加值为 6.25d。

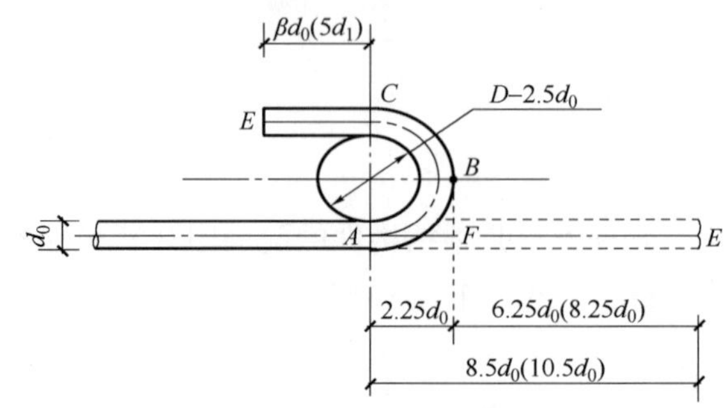

图 5-36　180°弯钩增加值

5）锚固长度根据《混凝土结构施工图平面整体表示方法制图规则和构造详图（现浇混凝土框架、剪力墙、梁、板）》（11G101—1）[⊖]的规定，见表 5-11。

表 5-11　纵向受拉钢筋抗震锚固长度 l_{ab}、l_{aE}

钢筋种类	抗震等级	混凝土强度等级														
		≥C60	C25		C30		C35		C40		C45		C50		C55	
		d≤25	d>25	d≤25	d≤25	d>25	d≤25	d>25	d≤25	d>25	d≤25	d>25	d≤25	d>25	d≤25	d>25
HPB300	一、二级	45d	39d	–	35d	–	32d	–	29d	–	28d	–	26d	–	25d	–
	三级	41d	36d	–	32d	–	29d	–	26d	–	25d	–	24d	–	23d	–
HRB335、HRBF335	一、二级	44d	38d	–	33d	–	31d	–	29d	–	26d	–	25d	–	24d	–
	三级	40d	35d	–	30d	–	28d	–	26d	–	24d	–	23d	–	22d	–
HRB400、HRBF400	一、二级	–	46d	51d	40d	45d	37d	40d	33d	37d	32d	36d	31d	35d	30d	33d
	三级	–	42d	46d	37d	41d	34d	37d	30d	34d	29d	33d	28d	32d	27d	30d

2. 钢筋下料长度的计算方法

1）直钢筋下料长度 = 直构件长度 − 保护层厚度 + 弯钩增加长度（有弯钩时）。

2）弯起钢筋下料长度 = 直段长度 + 斜段长度 − 弯折量度差值 + 弯钩增加长度（有弯钩时）。

3）箍筋下料长度 $=2(b+h)-8c+2\times[1.9d+max(10d,75)]-3\times 2d$（根据抗震构造要求和 90°量度差值推导出来，其中 b 为截面宽度，h 为截面高度，c 为保护层厚度，d 为箍筋直径）。

3. 钢筋规格质量

一般来说，钢筋规格质量如下：

⊖ 以下简称 11G101—1。

1）规格为 ϕ6mm，截面面积为 28.27mm^2，质量为 0.222kg/m。

2）规格为 ϕ6.5mm，截面面积为 33.18mm^2，质量为 0.26kg/m。

3）规格为 ϕ8mm，截面面积为 50.27mm^2，质量为 0.395kg/m。

4）规格为 ϕ10mm，截面面积为 78.54mm^2，质量为 0.617kg/m。

5）规格为 ϕ12mm，截面面积为 113.1mm^2，质量为 0.888kg/m。

6）规格为 ϕ14mm，截面面积为 153.9mm^2，质量为 1.21kg/m。

7）规格为 ϕ18mm，截面面积为 254.5mm^2，质量为 2kg/m。

8）规格为 ϕ20mm，截面面积为 314.2mm^2，质量为 2.47kg/m。

9）规格为 ϕ22mm，截面面积为 380.1mm^2，质量为 2.98kg/m。

10）规格为 ϕ25mm，截面面积为 490.9mm^2，质量为 3.85kg/m。

例题讲解

［例 5-2］ 某独立基础共 10 个，每个基础长 4m，宽 4m，其基础下有 100mm 厚的混凝土垫层，基础配筋为 HRB335，①号筋为Φ12@100，②号筋为Φ12@100，如图 5-37 所示，计算各种钢筋的下料长度并填写配料单。

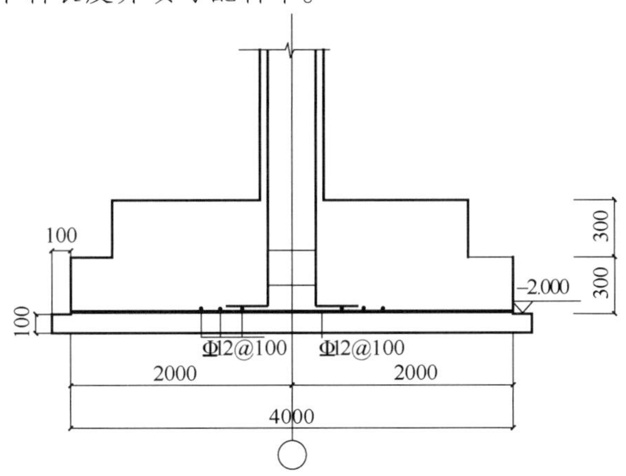

图 5-37 基础配筋图

［解］ 基础中纵向受力钢筋的混凝土保护层厚度不应小于 40mm，当无垫层时不应小于 70mm。当独立基础底板长度≥2500mm 时，除外侧钢筋外，底板配筋长度可取相应方向底板长度的 0.9 倍，如图 5-38 所示。当独立基础底板长度＜2500mm 时，按常规计算方法计算。本例中独立基础底板长度≥2500mm，第一根起步筋距基础边缘≤$S/2$ 且≤75mm（注：S 为基础底板钢筋的间距）。

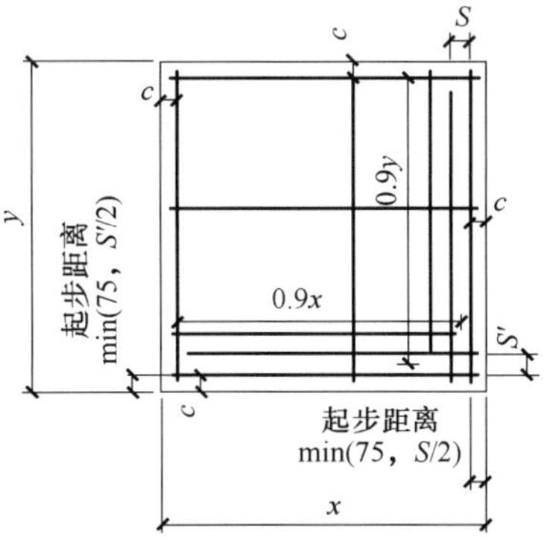

图 5-38 对称独立基础底板钢筋布置

其下料长度计算如下：

1）①号筋（Φ12@100）。

基础边缘第一根钢筋长度 = 边长 − 2 × 保护层 =（4000 − 2 × 40）mm = 3920mm，根数 2 根。

其余钢筋下料长度 = 0.9 × 4000mm = 3600mm

根数 = [(4000 − 2 × 第一根起步筋间距 − 2 × 布筋间距) ÷ 100 + 1] 根
= [(4000 − 2 × 50 − 2 × 100) ÷ 100 + 1] 根
= 38 根

2) ②号筋 (Φ12@100)。钢筋下料长度和①号筋相同。钢筋配料单见表 5-12。

表 5-12 钢筋配料单

构件名称	钢筋编号	简图	钢筋级别	直径/mm	下料长度/mm	单位根数	合计根数	质量/kg
独立基础10根	①号筋最外侧钢筋	3920	Φ	12	3920	2	20	69.62
	①号中间钢筋	3600	Φ	12	3600	38	380	1214.78
	②号最外侧	3920	Φ	12	3920	2	20	69.62
	②中间钢筋	3600	Φ	12	3600	38	380	1214.78
	合计质量							2568.80

例题讲解

[例 5-3] 已知某办公楼钢筋混凝土 KL1 (2), 抗震等级为三级, 混凝土等级为 C30, 钢筋级别为 HRB335, 共 10 根, 如图 5-39 所示, 16G101-1 抗震等级楼层框架梁构造要求如图 5-40 所示。左跨跨中有一次梁, 次梁宽为 200mm, 附加箍筋每边各 3 根, 吊筋为 2Φ22, 板厚 120mm, 框架柱截面尺寸为 500mm × 500mm, 柱纵筋为 HRB335, 直径为 25mm, 箍筋直径为 8mm。求各种钢筋的下料长度, 并填写配料单。

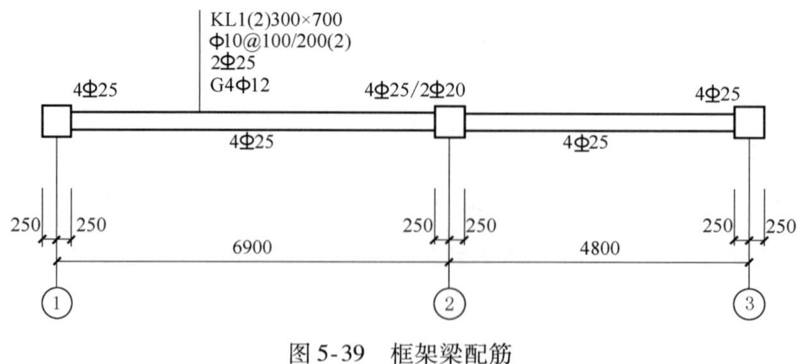

图 5-39 框架梁配筋

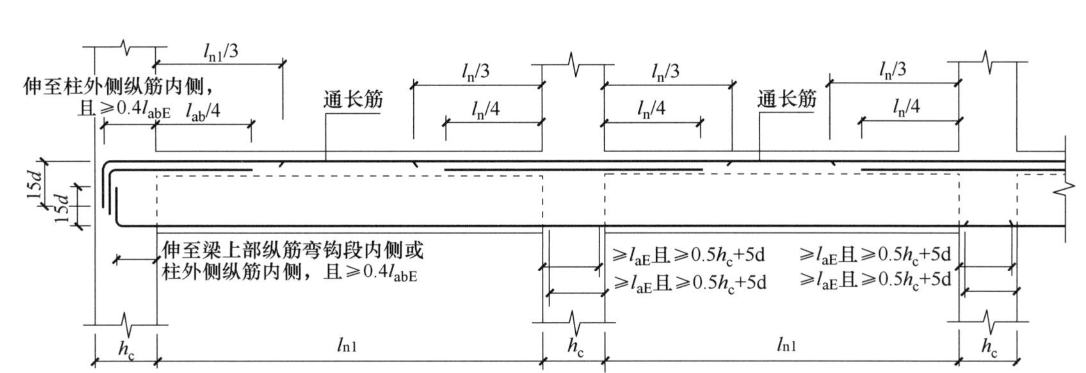

图5-40　16G101-1抗震等级楼层框架梁构造要求

[解]　在进行计算之前，先回忆有关16G101-1框架梁平法的知识，只有将规定看懂、吃透，才能顺利计算框架梁钢筋下料长度。

1. 梁集中标注的内容，有五项必注值及一项选注值

1）梁编号。

2）梁截面尺寸 bh（宽×高）。

3）梁箍筋，包括钢筋级别、直径、加密区与非加密区间距及肢数。

4）梁上部通长筋或架立筋。

5）梁侧面纵向构造钢筋或受扭钢筋。

6）梁顶面标高高差。

2. 梁中钢筋

（1）梁支座上部纵筋

1）当上部纵筋多于一排时，用斜线“/”将各排纵筋自上而下分开。

2）当同排纵筋有两种直径时，用加号“+”将两种直径相连，注写时将角部纵筋写在前面。

3）当梁中间支座两边的上部纵筋不同时，须在支座两边分别标注。

（2）梁下部纵筋

1）当下部纵筋多于一排时，用斜线“/”将各排纵筋自上而下分开。

2）当同排纵筋有两种直径时，用加号“+”将两种直径的纵筋相连，注写时将角筋写在前面。

3）当已按规定注写了梁上部和下部均为通长的纵筋值时，则不需在梁下部重复做原位标注。

（3）梁的箍筋　箍筋加密区与非加密区的不同间距及肢数需用斜线“/”分隔；当梁箍筋为同一种间距及肢数时，则不需用斜线，当加密区与非加密区的箍筋肢数相同时，则将肢数注写一次；箍筋肢数应写在括号内。如Φ10@100/200（4），表示箍筋为HPB300级钢筋，直径为10mm，加密区间距为100mm，非加密区间距为200mm，均为四肢箍。箍筋加密区范围如图5-41所示。图中加密区：当抗震等级为一级时，加密区范围≥2.0h_b且≥500mm；当抗震等级为二～四级时，加密区范围≥1.5h_b且≥500mm。

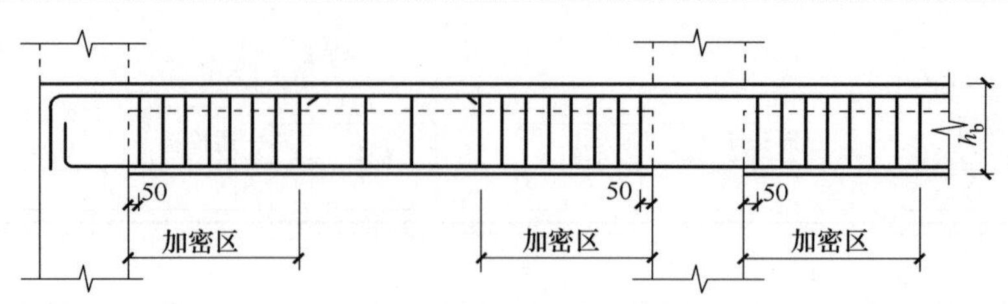

图 5-41 抗震楼层框架梁箍筋加密区范围

（4）梁侧面纵向构造钢筋（或受扭钢筋）和拉筋（图 5-42） 当梁高大于 450mm 时，需设置的侧面纵向构造钢筋可按标准构造详图施工，一般设计图中不注明。当梁某跨侧面布有抗扭纵筋时，抗扭纵筋的总配筋值前面加“N”。

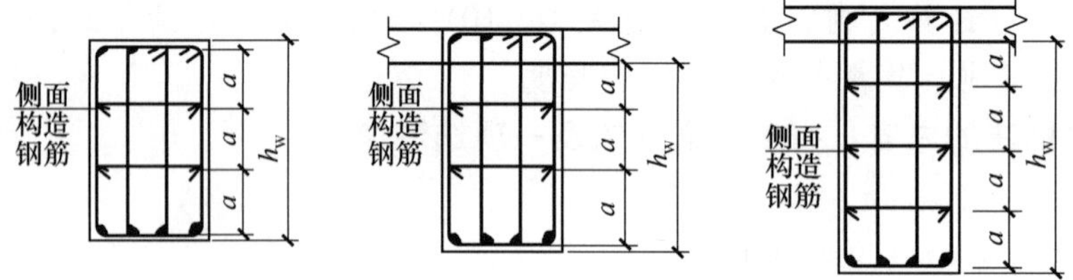

图 5-42 梁侧面纵向构造钢筋和拉筋

注意：

1）当 $h_w \geqslant 450$mm 时，在梁的两个侧面应沿高度配置纵向构造钢筋，纵向构造钢筋间距 $a \leqslant 200$mm。

2）当梁侧面配有直径不小于构造纵筋的受扭纵筋时，受扭钢筋可以代替构造钢筋。

3）梁侧面构造纵筋的搭接与锚固长度可取 $15d$，梁侧面受扭纵筋的搭接长度为 l_{lE} 或 l_l，其锚固长度为 l_{aE} 或 l_a，锚固方式同框架梁下部纵筋。

4）当梁宽≤350mm 时，拉筋直径为 6mm，当梁宽 > 350mm 时，拉筋直径为 8mm，拉筋的间距为非加密区箍筋间距的两倍，当设有多排拉筋时，上下两排竖向错开设置。

（5）附加箍筋或吊筋（图 5-43） 附加箍筋或吊筋可直接画在平面图中的主梁上，用线引注总配筋值。当多数附加箍筋或吊筋相同时，可在梁平法施工图上统一注明，少数与统一注明值不同时，在原位引注。

3. 楼层框架梁中下料长度计算方法

1）上部贯通筋（上通长筋 1）长度 = 通跨净长 + 首尾端支座锚固值 - 量度差值。

2）端支座负筋长度。

第一排端支座负筋长度 = $l_n/3$ + 端支座锚固值 - 量度差值

第二排端支座负筋长度 = $l_n/4$ + 端支座锚固值 - 量度差值

3）中间支座负筋长度。

第一排中间支座负筋长度 = $l_n/3$ + 中间支座值 + $l_n/3$

第二排中间支座负筋长度 = $l_n/4$ + 中间支座值 + $l_n/4$

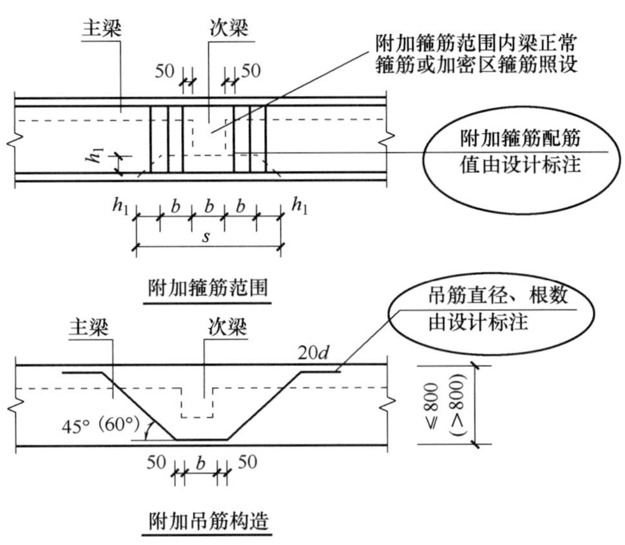

图5-43 附加箍筋、吊筋构造

注：两跨值不同时，l_n 为支座两边跨较大值。

4）下部钢筋长度 = 净跨长 + 左右支座锚固值 − 量度差值。

以上三类钢筋中均涉及支座锚固问题，可总结为三类锚固情况，如图5-44所示。

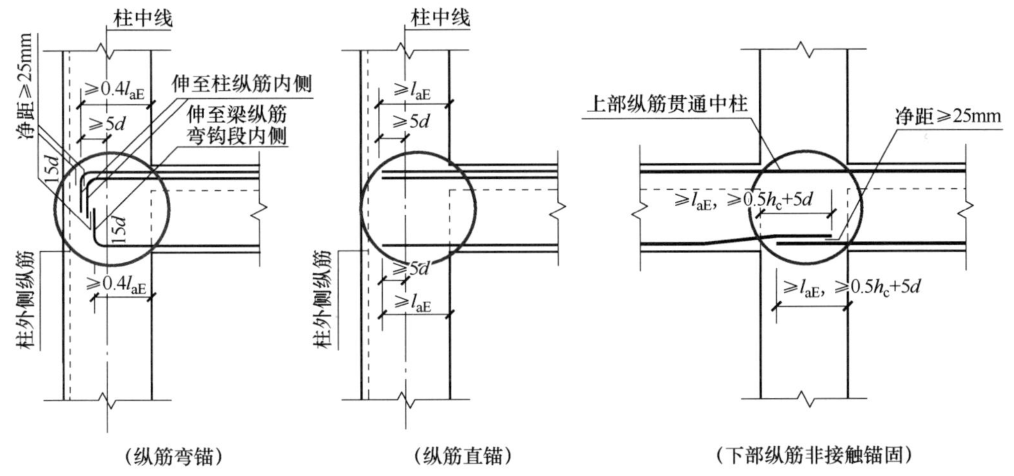

图5-44 楼层框架梁端支座、中间支座钢筋锚固情况

从图5-44中可知，框架梁上部第一排纵筋，伸至柱外侧纵筋的内侧，上部第二排纵筋的直钩端与第一排纵筋保持一个钢筋净距；同样，框架梁下部第一排纵筋也伸至柱外侧纵筋的内侧，下部第二排纵筋的直钩端与第一排纵筋保持一个钢筋净距。按这样的布筋方法，下部第一排纵筋的直锚水平段长度与上部第一排纵筋相同；下部第二排纵筋的直锚水平段长度与上部第二排纵筋相同。这样，可以避免发生下部第二排纵筋直锚水平段长度小于0.4l_{aE}的现象。

根据上述分析，第一排纵筋和第二排纵筋直锚水平段长度的计算公式如下：

$$第一排纵筋直锚水平段长度 = 支座宽度 - 20 - 8 - d_z - 25$$

$$第二排纵筋直锚水平段长度 = 支座宽度 - 20 - 8 - d_z - 25 - d_1 - 25$$

式中 d_z——柱外侧纵筋直径；

d_1——第一排梁纵筋直径；

8——柱子箍筋直径（本例题中柱子箍筋直径为 8mm）；

20——柱纵筋保护层厚度；

25——两排纵筋直钩段之间的净距。

① 判断端支座是否直锚、弯锚。分别计算 l_{aE} 和 $0.5h_c+5d$ 的数值（这里 h_c 是端支座框架柱的宽度）并选取最大值，即 $l_d=\max\{l_{aE},0.5h_c+5d\}$。然后比较 $l_d=\max\{l_{aE},0.5h_c+5d\}$ 和 $h_c-20-8-$柱纵筋直径。

如果 $l_d<h_c-20-8-$柱纵筋直径，则进行直锚，此时取：端支座水平段长度 $=\max\{l_{aE},\ 0.5h_c+5d\}$。

如果 $l_d>h_c-20-8-$柱纵筋直径，则进行弯锚，此时取：端支座锚固长度 $=$ 支座宽度 $-20-8-d_z-25+15d$。

② 楼层框架梁钢筋的中间支座锚固值 $=\max\{l_{aE},0.5h_c+5d\}$。

5）箍筋下料长度。

$$箍筋下料长度 = 2(b+h)-8c+2\times[1.9d+max(10d,75)]-3\times2d$$

根据抗震构造要求和 90°量度差值推导出来，其中 b 为截面宽度，h 为截面高度，c 为保护层厚度，d 为箍筋直径。

根据 16G101-1 第 88 页中二～四级抗震等级楼层框架梁箍筋加密区范围 $\geqslant 1.5h_b$（h_b 为梁截面高度）且 ≥500mm 的规定，本题箍筋加密区的范围为 $1.5\times700\text{mm}=1050\text{mm}$。

根数计算如下：

箍筋根数 =（加密区长度 −50/加密区间距）×2 +（非加密区长度/非加密区间距）+1

6）侧面构造钢筋下料长度 = 净跨长 +2×15d。

7）拉筋下料长度 =（梁宽 −2×保护层）+2×[1.9d + max(10d,75)]（抗震弯钩值）。

拉筋的根数 =[（净跨长 −50×2）/非加密间距 ×2 +1）]×排数。

8）吊筋下料长度 =2×锚固(20d) +2×斜段长度 + 次梁宽度 +2×50 − 量度差值。

当框梁高度 >800mm 时，弯起角度取 60°；当框梁高度 ≤800mm 时，弯起角度取 45°。根据 16G101-1 的有关规定，得出：

① 梁纵向受力钢筋混凝土保护层为 20mm（按一类环境取值）。

② 锚固长度。

$$l_{aE}=37d=37\times25\text{mm}=925\text{mm},0.5h_c+5d=375\text{mm}$$

$$l_d=\max\{l_{aE},0.5h_c+5d\},故\ l_d=925\text{mm}$$

③ 左跨净跨长度和右跨净跨长度。

左跨净跨长度 $l_{n1}=(6900-500)\text{mm}=6400\text{mm}$

右跨净跨长度 $l_{n2}=(4800-500)\text{mm}=4300\text{mm}$

④ 下料长度计算。

关于①号筋（上部通长钢筋为2Φ25）。首先判断是直锚还是弯锚，比较 $l_d=\max\{l_{aE},0.5h_c+5d\}$ 和 $h_c-20-8-$柱纵筋直径$-$钢筋净距。$l_d=\max\{l_{aE},0.5h_c+5d\}$，故 $l_d=775\text{mm}$。当 $l_d>h_c-20-8-$柱纵筋直径$-$钢筋净距$=(500-20-8-25-25)\text{mm}=422\text{mm}$时，则进行弯锚，此时取：端支座的直锚水平段长度$=$支座宽度$-20-8-d_z-25=(500-20-8-25-25)\text{mm}=422\text{mm}\geqslant 0.4l_{aE}=0.4\times775\text{mm}=310\text{mm}$，直锚水平段长度满足要求。钢筋的左端是带直弯钩的，直钩垂直长度 $15d=15\times25\text{mm}=375\text{mm}$。

$$下料长度=(6400+4300+500)\text{mm}+2\times(500-20-8-25-25+375)\text{mm}-2\times2\times25\text{mm}=12694\text{mm}$$

关于②号筋（①轴端支座的负筋2Φ25）。

$$下料长度=[(6900-500)/3+422+375-2\times25]\text{mm}=2880\text{mm}$$

关于③号筋（中间支座②轴第一排负筋2Φ25）。

$$下料长度=[(6900-500)/3\times2+500]\text{mm}=4767\text{mm}$$

注意：两跨不同时，取大跨值计算。

关于④号筋（中间支座②轴第二排支座负筋2Φ20）。

$$下料长度=[(6900-500)/4\times2+500]\text{mm}=3700\text{mm}$$

关于⑤号筋（支座③轴第一排支座负筋2Φ25）。

$$下料长度=[(4800-500)/3+422+375-2\times25]\text{mm}=2180\text{mm}$$

关于⑥号筋（左跨下部钢筋4Φ25）。

注意：端支座水平段锚固长度与框架梁上部钢筋的计算相同，中间支座锚固长度取 $\max\{l_{aE},0.5h_c+5d\}=925\text{mm}$。

$$下料长度=[(6400+422+375+925)-2\times25]\text{mm}=8072\text{mm}$$

关于⑦号筋（右跨下部钢筋4Φ25）。

$$下料长度=[(4300+422+375+925)-25\times2]\text{mm}=5972\text{mm}$$

关于⑧号筋［箍筋Φ10@100/200（2）］。

$$下料长度=2(b+h)-8c+2\times[1.9d+max(10d,75)]-3\times2d$$
$$=2\times(300+700)-8\times20+2\times(1.9\times10+10\times10)-6\times10=2018\text{mm}$$

查16G101-1图集第88页得知：抗震等级为二～四级，抗震框架梁箍筋加密区范围$\geqslant1.5h_b$，且$\geqslant500\text{mm}$，h_b为梁截面高度，$1.5\times700\text{mm}=1050\text{mm}$。

$$左跨箍筋的根数=2\times[(加密区长度-50)/加密区间距+1]+(非加密区长度/非加密区间距-1)$$
$$=2\times[(1050-50)/100+1]根+[(6400-2\times1050)/200-1]根=43根$$

$$右跨箍筋的根数=2\times[(1050-50)/100]根+[(4300-2\times1050)/200+1]根=32根$$

在主次梁交接处，按要求设置附加箍筋，梁的两侧各有3根附加箍筋，直径同箍筋。

$$总根数=左跨43根+右跨32根+附加箍筋3\times2根=81根$$

关于⑨号筋［左跨侧面纵向构造钢筋（腰筋）4Φ12］。

$$下料长度=净跨长+2\times15d=[(6900-500)+2\times15\times12]\text{mm}=6760\text{mm}$$

关于⑩号筋（右跨侧面纵向构造筋）。

$$下料长度 = [(4800-500)+2\times15\times12]\text{mm} = 4660\text{mm}$$

关于⑪号筋（拉筋Φ6@400）。

$$下料长度 = [(300-2\times20)+2\times(1.9d+75)]\text{mm} = 433\text{mm}$$

$$左跨拉筋的根数 = [(净跨长-50\times2)/非加密间距\times2+1)]\times排数$$
$$= [(6400-50\times2)/400+1]\times2\ 根 = 34\ 根$$

$$右跨拉筋的根数 = [(净跨长-50\times2)/非加密间距\times2+1)]\times排数$$
$$= [(4300-50\times2)/400+1]\times2\ 根 = 24\ 根$$

总计拉筋的根数为 58 根。

关于⑫号筋（吊筋 2Φ22）。注意：梁高 =700mm <800mm，吊筋的弯曲角度为 45°。

$$斜段长度 = (700-2\times20)\times1.414\text{mm} = 933\text{mm}$$

$$吊筋下料长度 = [(200+50\times2)+(933\times2)+(20\times22\times2)-4\times0.5\times22]\text{mm} = 3002\text{mm}$$

根据已知条件和上述计算，绘制出配料单，见表 5-13。

表 5-13 ［例 5-3］钢筋配料单

构件名称	钢筋编号	简图	钢筋级别	直径/mm	下料长度/mm	单位根数/根	合计根数/根	质量/kg
框架梁 KL1（10 根）	①	375 12044 375	Φ	25	12694	2	20	977.44
	②	375 2555	Φ	25	2880	2	20	221.76
	③	4767	Φ	25	4767	2	20	367.06
	④	3700	Φ	20	3700	2	20	182.78
	⑤	1855 375	Φ	25	2180	2	20	167.86
	⑥	375 7597	Φ	25	8072	4	40	1243.09
	⑦	5497 375	Φ	25	5972	4	40	919.69
	⑧	660 260	Φ	10	2018	81	810	1008.54
	⑨	6760	Φ	12	6760	4	40	240.12
	⑩	4660	Φ	12	4660	4	40	165.52
	⑪	250	Φ	6	433	58	580	65.30
	⑫	440 300 440	Φ	22	3002	2	20	178.92

4. 钢筋配料单与钢筋料牌

根据下料长度的计算结果，汇总编制钢筋配料单。作为钢筋加工制作和绑扎安装的主要依据，同时也作为提钢筋材料、计划用工、限额领料和队组结算的依据。

配料单形式及内容已标准化、规范化，主要内容必须反映出工程名称、构件名称、钢筋在构件中编号、钢筋简图及尺寸、钢筋级别、数量、下料长度及钢筋质量等。

钢筋料牌指的是凡列入加工计划的配料单，将每一编号的钢筋抄写制作的一块料牌，作为钢筋加工制作的依据。

 **实时训练**

［练5-4］某框架结构，混凝土强度等级为C30，现浇板板厚100mm，轴线居中，现浇板两个方向的轴线距离分别为2100mm、2100mm，板四周支座位梁，梁宽300mm，如图5-45所示，计算每种钢筋的下料长度并填写配料单。

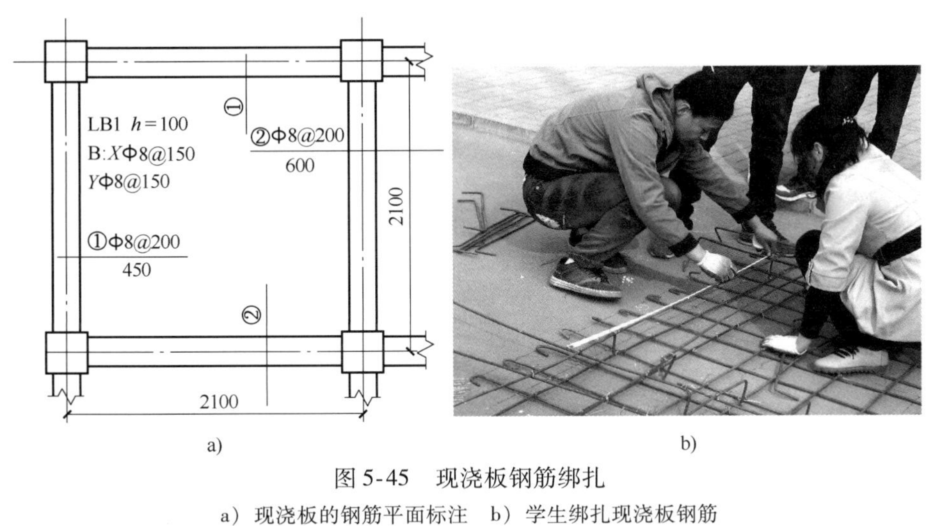

图5-45　现浇板钢筋绑扎

a）现浇板的钢筋平面标注　b）学生绑扎现浇板钢筋

七、钢筋代换

1. 代换原则及方法

当施工中遇到钢筋品种或规格与设计要求不符时，可参照以下原则进行钢筋代换。

（1）等强度代换方法　当构件配筋受强度控制时，可按代换前后强度相等的原则代换，称为“等强度代换”。

如设计图中所用的钢筋设计强度为f_{y1}，钢筋总面积为A_{S1}，代换后的钢筋设计强度为f_{y2}，钢筋总面积为A_{S2}，则代换后钢筋根数计算如下

$$n_2 \geqslant \frac{n_1 d_1^2 f_{y1}}{d_2^2 f_{y2}}$$

式中　n_1——原设计钢筋根数；

d_1——原设计钢筋直径（mm）；

n_2——代换后钢筋根数；

d_2——代换后钢筋直径（mm）。

（2）等面积代换方法　当构件按最小配筋率配筋时，可按代换前后面积相等的原则进行代换，称为“等面积代换”。代换时应满足下式要求

$$A_{s1} \leqslant A_{s2}$$

则

$$n_2 \geqslant \frac{n_1 d_1^2}{d_2^2}$$

当构件配筋受裂缝宽度或挠度控制时，代换后应进行裂缝宽度或挠度验算。

2. 钢筋代换应注意的问题

钢筋代换时，应办理设计变更文件，并应符合下列规定：

1）重要受力构件（如吊车梁、薄腹梁、桁架下弦等）不宜用 HPB300 级钢筋代换变形钢筋，以免裂缝开展过大。

2）钢筋代换后，应满足混凝土结构设计规范中所规定的钢筋间距、锚固长度、最小钢筋直径、根数等配筋构造要求。

3）梁的纵向受力钢筋与弯起钢筋应分别代换，以保证正截面与斜截面强度。

4）有抗震要求的梁、柱和框架，不宜以强度等级较高的钢筋代换原设计中的钢筋；如必须代换时，其代换的钢筋检验所得的实际强度，尚应符合抗震钢筋的要求。

5）预制构件的吊环，必须采用未经冷拉的 HPB300 级钢筋制作，严禁以其他钢筋代换。

6）当构件受裂缝宽度或挠度控制时，钢筋代换后应进行刚度、裂缝验算。

7）不同种类钢筋的代换，应按钢筋受拉承载力设计值相等的原则进行。

八、钢筋绑扎

1. 钢筋绑扎准备工作

1）熟悉施工图样。施工图是钢筋绑扎、安装的依据。熟悉施工图应达到的目的，弄清楚各个编号钢筋的形状、绑扎细部尺寸，以及钢筋间的相互关系；确定各类结构钢筋正确合理的绑扎顺序，预制骨架、网片的安装部位；同时还应注意施工图是否有错、漏或不明确的地方，若有应及时与有关部门联系解决。

2）核对配料单、料牌及成型钢筋，依据施工图，结合规范对接头位置、数量、间距的要求，核对配料单、料牌是否正确，校核已加工好的钢筋品种、规格、形状、尺寸及数量是否符合配料单的规定。

3）根据施工组织设计中对钢筋绑扎、安装的时间进度要求，研究确定相应的绑扎操作方法，如哪些部位的钢筋可以预先绑扎，再到具体施工部位组装；哪些钢筋在施工部位进行绑扎；钢筋成品和半成品的进场时间、进场方法；预制钢筋骨架、网片的安装方法及劳动力准备等。

2. 钢筋绑扎的一般顺序及操作要点

（1）在施工部位进行钢筋绑扎的一般顺序　画线→摆筋→穿筋→绑扎→安放垫块等。

（2）操作要点

1）画线时应画出主筋的间距及数量，并标明箍筋的加密位置。

2）板类钢筋应先排主筋后排分布钢筋；梁类钢筋一般先摆纵筋，然后摆横向的箍筋。摆筋时应注意按规定的要求将受力钢筋的接头错开。

3）受力钢筋接头在连接区段（该区段长度为35倍钢筋直径且不小于500mm）内，有接头的受力钢筋截面面积占受力钢筋总截面面积的百分率应符合规范规定。

4）钢筋的转角与其他钢筋的交叉点均应绑扎，但箍筋的平直部分与钢筋的交叉点可呈梅花式交错绑扎。箍筋的弯钩叠合处应错开绑扎，应交错在不同的纵向钢筋上绑扎。

5）在保证质量、提高工效、减轻劳动强度的原则下，研究加工方案。方案应分清预制部分和施工部位绑扎部分，以及两部分的相互衔接，避免后续工序施工困难，甚至造成返工浪费。

3. 主要构件钢筋绑扎

（1）基础底板钢筋绑扎的工艺流程　弹钢筋位置线→绑扎底板下层钢筋→绑扎基础梁钢筋→设置垫块→水电工序插入→设置马凳→绑扎底板上层钢筋→插墙、柱预埋钢筋→安装止水板→检查验收。

（2）基础底板钢筋绑扎的施工方法

1）弹钢筋位置线。根据图样标明的钢筋间距，算出基础底板实际需用的钢筋根数。在混凝土垫层上弹出钢筋位置线（包括基础梁的位置线）和插筋位置线，插筋的位置线包括剪力墙、框架柱、暗柱等竖向筋插筋，谨防遗漏。

2）绑扎底板钢筋。按照弹好的钢筋位置线，先铺下层钢筋网，后铺上层钢筋网。先铺短向筋，再铺长向筋（如底板有集水坑、设备基坑，在铺底板下层钢筋前，先铺集水坑、设备基坑的下层钢筋）。

① 根据弹好的钢筋位置线，将横向和纵向钢筋依次摆放到位，钢筋弯钩垂直向上，平行地梁方向，在地梁下一般不设底板钢筋。

② 底板钢筋如有接头时，搭接位置应错开，并满足设计要求。

③ 钢筋绑扎时，如为单向板，靠近外围两排的相交点应逐点绑扎，中间部分相交点可相隔交错绑扎。双向受力钢筋必须将钢筋交叉点全部绑扎。

④ 基础梁钢筋绑扎时，先排放主跨基础梁的上层钢筋，根据基础梁箍筋的间距，在基础梁上层钢筋上，用粉笔画出箍筋的间距，安装箍筋并绑扎，再穿主跨基础梁的下层钢筋并绑扎。

⑤ 绑扎基础梁钢筋时，梁纵向钢筋超过两排的，纵向钢筋中间要加短钢筋梁垫，保证纵向钢筋净距≥25mm（且大于纵向钢筋直径），基础梁上下纵筋之间要加可靠支撑，保证梁钢筋的截面尺寸。

3）设置垫块。检查底板下层钢筋施工合格后，放置底板混凝土保护层用的垫块，垫块厚度等于钢筋保护层厚度，按1m左右间距，梅花形摆放。

4）设置马凳。基础底板采用双层钢筋时，绑完下层钢筋后摆放钢筋马凳，马凳的摆放按施工方案的规定确定间距。

5）绑底板上层钢筋。在马凳上摆放纵横两个方向的上层钢筋，上层钢筋的弯钩朝下，进行连接后绑扎。

6）插墙、柱预埋钢筋。将墙、柱预埋筋伸入底板下层钢筋上，拐尺的方向要正确，将插筋的拐尺与下层筋绑扎牢固，必要时进行焊接，并在主筋上绑一道定位筋。

7）基础底板钢筋验收。为便于及时修正和减少返工，验收分为两个阶段，即地梁和下层钢筋网完成、上层钢筋网及插筋完成两阶段，对绑扎不到位的地方进行局部修正，然后对现场进行清理，分别报工长进行交接验收，全部完成后，填写钢筋隐蔽验收记录单。

（3）剪力墙钢筋现场绑扎工艺流程（有暗柱） 在顶板上弹墙体外皮线和模板控制线→调整竖向钢筋位置→接长竖向钢筋→绑扎暗柱及门窗过梁钢筋→绑墙体水平筋，设置拉筋和垫块→设置墙体钢筋上口水平拉筋→墙体钢筋验收。

1）接长竖向钢筋。剪力墙暗柱主筋接头采用焊接，接头错开50%，接头位置应设置在构件受力较小的位置。

2）在立好的暗柱主筋上，用粉笔画出箍筋间距，然后将已套好的箍筋由下往上绑扎；箍筋与主筋垂直，箍筋转角与主筋交叉点均要绑扎；箍筋弯钩叠合沿暗柱竖向交错布置。

3）暗柱箍筋加密区的范围按设计要求布置。

4）箍筋的末端应做135°弯钩，其平直段长度≥10d（d为箍筋直径）。

5）采用双层钢筋网时，在两层钢筋之间，应设置拉筋或撑铁（钩）以固定钢筋的间距。

6）剪力墙钢筋绑扎时与下层伸出的搭接筋两头及中间应绑扎牢固，画好水平筋的分档标志，然后于下部及齐胸处绑两根横筋定位，并在横筋上画好分档标志，接着绑扎其余竖筋。

7）墙体水平筋绑扎。水平筋应绑在墙体竖向筋的外侧，在两端头、转角、十字节点、暗梁等部位的锚固长度及洞口加筋，严格按结构施工图及16G101、12G901-1[⊖]施工。水平筋第一根起步筋距楼面50mm。

8）暗柱主筋、墙体水平筋、暗梁主筋的相互位置排布以及变截面时主筋的做法按结构施工图及16G101、12G901-1施工，要保证暗柱箍筋、墙水平筋的保护层正确。

9）设置拉筋。双排钢筋在水平筋绑扎完后，应按设计要求间距设置拉筋，以固定双排钢筋的骨架间距，拉筋应按梅花形或矩形设置，卡在钢筋十字交叉点上，注意用扳手将拉钩弯钩角度调整到135°。

10）暗柱、竖筋出楼板面位置的控制。在浇筑梁板混凝土前，暗柱设两道箍筋，墙设两道水平筋定出竖筋的准确位置，与主筋点焊固定，确保振捣混凝土时竖筋不发生位移。混凝土浇筑完立即修整钢筋的位置。

11）保护层的控制。用钢筋保护层塑料卡，间距为2m，以保证保护层厚度的正确。

12）对墙体进行自检，对不到位的部位进行修整，并将墙角内的杂物清理干净，报工长和质检员验收。

（4）框架柱钢筋绑扎工艺流程。弹柱位置线、模板控制线→清理柱筋污渍、柱根浮浆→修整底层伸出的柱预留钢筋→在预留钢筋上套柱箍筋→绑扎或焊接（机械连接）柱竖向钢筋→标识箍筋间距→绑扎箍筋→在柱顶绑定距、定位框→安放垫块。

（5）梁板钢筋绑扎工艺流程

1）梁钢筋绑扎工艺流程。画主次梁箍筋间距→放主次梁箍筋→穿主梁底层纵筋及弯起筋→穿次梁底层纵筋→穿主梁上层纵筋及架立筋→绑主梁箍筋→穿次梁上层纵筋→绑次梁箍筋→设置拉筋→设置保护层垫块。

⊖ 此为《混凝土结构施工钢筋排布规则与构造详图（现浇混凝土框架、剪力墙、梁、板）》（12G901—1）的简写，若无特殊情况，均用此表示。

2）板钢筋绑扎工艺流程。模板上弹线→绑板下层钢筋→水电工序插入→绑板上层钢筋→设置马凳及保护层垫块。

3）梁板钢筋绑扎的施工方法。

① 框架梁钢筋采用平面绘图法表示，参照16G101、12G901-1图集施工。框架梁钢筋的锚固要严格按结构施工图及16G101、12G901-1施工。

② 画主次梁箍筋间距。框架梁底模板支设完成后，在梁底模板上按箍筋间距画出位置线，第一根箍筋距柱边50mm，梁两端应按设计、规范要求进行加密。

③ 先穿主梁的下部纵向受力筋及弯起筋，梁筋应放在柱竖筋内侧，底层纵筋弯钩应朝上，框架梁钢筋锚入支座，水平段钢筋要伸过支座中心且$\geqslant 0.4l_{aE}$，并尽量伸至支座边。按相同方法穿次梁底层钢筋。

④ 底层纵筋放置完后，按顺序穿上层纵筋和架力筋，上层纵筋弯钩应朝下。

⑤ 梁主筋为双排时，下部纵向钢筋之间的水平方向的净间距不应小于25mm和d（d为钢筋的最大直径），上部纵向钢筋之间的水平方向的净间距不应小于30mm和$1.5d$。

⑥ 主梁纵筋穿好后，将箍筋按已画好的间距逐个分开，箍筋弯钩叠合处应交错布置在梁上部钢筋上；当设计要求梁设有拉筋时，拉筋应钩住箍筋与腰筋的交叉处；在主梁与次梁、次梁与次梁交接处，按设计要求加设吊筋或附加箍筋。

⑦ 框架梁绑扎完成后，在梁底放置砂浆垫块，垫块应在箍筋的下面，间距一般为1m左右，在梁两侧用塑料卡卡在外箍筋上，以保证主筋保护层厚度。

⑧ 板筋绑扎前要将模板上的杂物清理干净，用粉笔在模板上画好下层筋的位置线，按顺序摆放纵横向钢筋，板下层钢筋的弯钩应朝上，并应伸入梁内，其长度应符合设计要求。再绑扎上层钢筋，上层筋为负弯矩筋，直钩应垂直向下，每个相交点均要扎牢。预埋件、电线管、预留孔及时配合安装。

⑨ 板、次梁与主梁交叉处，板筋在上，次梁钢筋居中，主梁钢筋在下。

⑩ 板双层钢筋间加设马凳，用ϕ8mm或ϕ10mm钢筋@1000梅花形布置，将板上筋垫起。

九、钢筋安装质量验收

1. 主控项目

1）钢筋安装时，受力钢筋的牌号、规格和数量必须符合设计要求。

2）钢筋应安装牢固，受力钢筋的安装位置和锚固方式应符合设计要求。

2. 一般项目

钢筋安装位置的偏差和检验方法应符合表5-14的规定。受力钢筋保护层厚度的合格点率应达到90%及以上，且不得有超过表中数值1.5倍的尺寸偏差。

表5-14　钢筋安装位置的允许偏差和检验方法

项目		允许偏差/mm	检验方法
绑扎钢筋网	长、宽	±10	钢尺检查
	网眼尺寸	±20	钢尺量连续三档，取最大值
绑扎钢筋骨架	长	±10	钢尺检查
	宽、高	±5	钢尺检查

（续）

项目			允许偏差/mm	检验方法
锚固长度			-20	尺量
纵向受力钢筋	间距		±10	钢尺量两端、中间各一点
	排距		±5	取最大值
	保护层厚度	基础	±10	钢尺检查
		柱、梁	±5	钢尺检查
		板、墙、壳	±3	钢尺检查
绑扎箍筋、横向钢筋间距			±20	钢尺量连续三档，取最大值
钢筋弯起点位置			20	钢尺检查
预埋件	中心线位置		5	钢尺检查
	水平高差		+3；0	钢尺和塞尺检查

注：1. 检查预埋件中心线位置时，应沿纵、横两个方向量测，并取其中的较大值。

2. 表中梁类、板类构件上部纵向受力钢筋保护层厚度的合格点率应达到90%及以上，且不得有超过表中数值1.5倍的尺寸偏差。

检查数量：在同一检验批内，对梁、柱和独立基础，应抽查构件数量的10%，且不少于三件；对墙和板，应按有代表性的自然间抽查10%，且不少于三间；对大空间结构，墙可按相邻轴线间高度5m左右划分检查面，板可按纵、横轴线划分检查面，抽查10%，且均不少于三面。

3. 钢筋隐蔽验收的内容

在浇筑混凝土之前，应进行钢筋隐蔽工程验收，其内容包括：

1）纵向受力钢筋的牌号、规格、数量、位置等。

2）钢筋的连接方式、接头位置、接头数量、接头面积百分率、搭接长度、锚固方式及锚固长度。

3）箍筋、横向钢筋的牌号、规格、数量、间距、位置、箍筋弯钩的弯折角度及平直段长度。

4）预埋件的规格、数量、位置等。

实时训练

［练5-5］按照《混凝土结构施工图平面整体表示方法制图规则和构造详图（独立基础、条形基础、筏形基础及桩基承台）》（16G101-3）（以下简称16G101-3），完成绑扎独立基础底板钢筋实训。

某框架结构为柱下独立基础，混凝土强度等级为C30，其底板尺寸为1580mm×1580mm，已知基础保护层厚度为40mm（有100mm厚的混凝土垫层），轴线居中，*X*和*Y*方向的钢筋为Φ12@150的HRB335，如图5-46所示。

1）计算独立基础底板钢筋的下料长度并填写配料单。

2）根据16G101-3中的规定：独基底板钢筋第一根起步筋如何取值？

3）基础的保护层厚度是多少？

4）独立基础底板钢筋绑扎的程序有哪些？

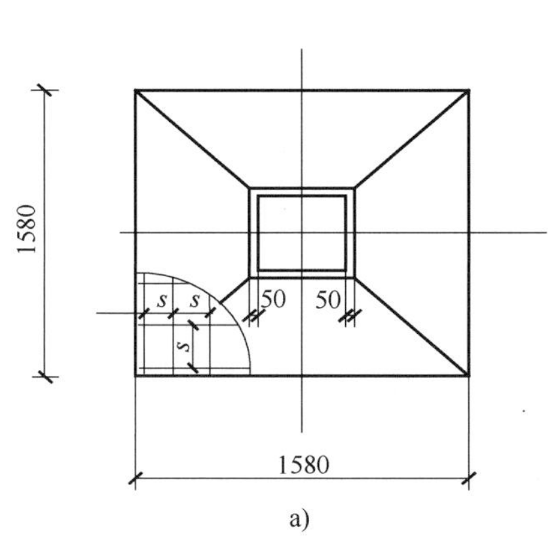

a)

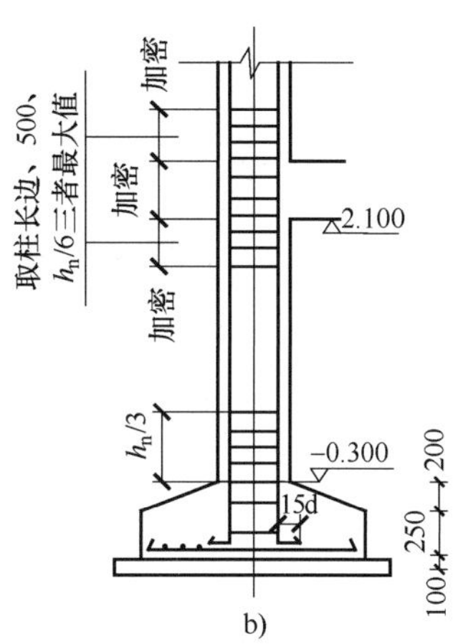

b)

图5-46 独立基础底板平面图、剖面图

a）平面图 b）剖面图

［练5-6］某框架结构为柱下独立基础，其底板尺寸为1580mm×1580mm，混凝土强度等级为C30，基础平面图、剖面图如图5-46所示，框架柱平面标注及在基础中的锚固构造如图5-47所示。柱插筋在基础中锚固，试对柱插筋进行下料长度计算及钢筋绑扎（学生的实训绑扎框架柱成果如图5-48所示），按照16G101-1及16G101-3，完成以下问题：

1）计算框架柱钢筋下料长度。

2）框架柱锚固到基础的要求有哪些？基础中的箍筋至少有几根？

3）框架柱中，第一根箍筋距梁底的距离是多少？

4）框架柱中，箍筋加密区有几个部位？加密区取值如何确定？

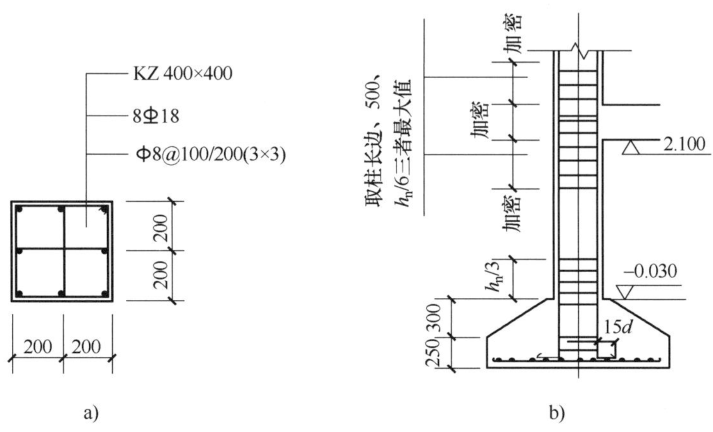

图5-47 框架柱平面标注及在基础中的锚固构造

a）框架柱平面标注 b）框架柱在基础中的锚固构造

图 5-48　学生的实训绑扎框架柱成果

课题 4　混凝土工程施工

一、混凝土工程的施工过程及准备工作

混凝土工程包括混凝土的制备、运输、浇筑、捣实和养护等施工过程，各个施工过程紧密联系又相互影响，任意施工过程处理不当都会影响混凝土的最终质量。

1）模板检查。主要检查模板的位置、标高、截面尺寸、垂直度是否正确，接缝是否严密，预埋件位置和数量是否符合图样要求，支撑是否牢固。

2）钢筋检查。主要对钢筋的规格、数量、位置、接头、接头面积百分率、保护层厚度是否正确，是否沾有油污等进行检查，并填写隐蔽工程验收记录，安排专人负责浇筑混凝土时的钢筋修整工作。

3）混凝土结构施工宜采用预拌混凝土，在工地项目技术负责人指导下制定申请计划，公司物资部负责选择合格混凝土供应商厂家，并应会同监理工程师、建设单位代表对厂家进行考察评审。

4）材料、机具、道路的检查。

5）了解天气预报，做好防雨、防冻措施，夜间施工做好照明工作。

6）做好安全设施检查、安全与技术交底、劳务分工以及其他准备工作。

二、混凝土施工制备

1. 混凝土配制强度（$f_{cu,o}$）

混凝土的配制强度应按下列规定计算

1）当设计强度等级小于 C60 时，配制强度应按下式计算

$$f_{cu,o} \geqslant f_{cu,k} + 1.645\sigma$$

式中　$f_{cu,o}$——混凝土配制强度（MPa）；

$f_{cu,k}$——混凝土强度标准值（MPa）；

σ——混凝土强度标准差（MPa）。

2）当设计强度等级大于或等于C60时，配制强度应按下式计算

$$f_{cu,o} \geqslant 1.15 f_{cu,k}$$

式中　$f_{cu,o}$——混凝土配制强度（MPa）；

$f_{cu,k}$——混凝土立方体抗压强度标准值（MPa）；

σ——混凝土强度标准差（MPa）；

3）混凝土强度标准差应按下列规定确定：

① 当具有近期（前一个月或三个月）的同一品种混凝土的强度资料时，其混凝土强度标准差 σ 应按下列公式计算：

$$\sigma = \sqrt{\frac{\sum_{i=1}^{n} f_{cu,i}^2 - n m_{f_{cu}}^2}{n-1}}$$

式中　$f_{cu,i}$——第 i 组试件强度（MPa）；

$m_{f_{cu}}$——n 组试件强度平均值（MPa）；

n——试件组数，n 值不应小于30。

按（1）计算混凝土强度标准差时，对于强度等级小于等于C30的混凝土，计算得到的 σ 大于等于3.0MPa时，应按计算结果取值；计算得到的 σ 小于3.0MPa时，σ 应取3.0MPa。对于强度等级大于C30且小于C60的混凝土，计算得到的 σ 大于等于4.0MPa时，应按计算结果取值；计算得到的 σ 小于4.0MPa时，σ 应取4.0MPa。

② 当没有近期的同品种混凝土强度资料时，其混凝土强度标准差 σ 可按表5-15取用。

表5-15　混凝土强度标准差 σ　（单位：MPa）

混凝土强度标准差	≤C20	C25～C45	C50～C55
σ	4.0	5.0	6.0

2. 混凝土施工配合比及施工配料

1）混凝土施工配合比。混凝土配合比是在试验室根据混凝土的配制强度，经过试配和调整而确定的，试验室配合比所用砂、石都是不含水分的，施工现场所用砂、石都有一定的含水率，且含水率大小随气温等条件不断变化。施工时应及时测定砂、石骨料的含水率，并将混凝土配合比换算成在实际含水率情况下的施工配合比。

设混凝土试验室配合比为：水泥∶砂子∶石子 = 1∶x∶y，测得砂子的含水率为 ω_x，石子的含水率为 ω_y，则施工配合比应为：1∶$x(1+\omega_x)$∶$y(1+\omega_y)$。

2）混凝土施工配料。施工中往往以一袋或两袋水泥为下料单位，每搅拌一次称为一盘。因此，求出每1m^{3}混凝土材料用量后，还必须根据工地现有搅拌机出料容量确定每次需用几袋水泥，然后按水泥用量算出砂、石子的每盘用量。

例题讲解

［例 5-4］ 已知 C20 混凝土的实验室配合比为：1∶2.55∶5.12，水胶比为 0.65，经测定砂的含水率为 3%，石子的含水率为 1%，每 $1m^3$ 混凝土的水泥用量为 310kg，请计算水泥、砂子、石子和水的用量。

［解］ 施工配合比为 1∶2.55(1+3%)∶5.12(1+1%)=1∶2.63∶5.17

每 $1m^3$ 混凝土材料用量为：

水泥：310kg

砂子：310kg×2.63=815.3kg

石子：310kg×5.17=1602.7kg

水：310kg×0.65－310kg×2.55×3%－310kg×5.12×1%=161.9kg

 **实时训练**

［练 5-7］已知混凝土实验室配合比为：水泥∶砂∶石子=1∶2∶4，水胶比为 0.7，水泥用量为 $280kg/m^3$，砂子含水率为 5%，石子含水率为 2%，计算施工配合比及 $1m^3$ 混凝土的材料用量。

三、混凝土搅拌

1. 混凝土搅拌的概念及材料要求

混凝土搅拌，是将水、水泥和粗细骨料进行均匀拌和及混合的过程。同时，通过搅拌使材料达到强化、塑化的作用。

混凝土搅拌时，对原材料用量准确计量，原材料的计量应按质量计，水和外加剂溶液可按体积计，计量（每盘计量）的允许偏差不应超过下列限值：水泥和掺合料为±2%，粗、细骨料为±3%，水及外加剂为±2%，施工时重点对混凝土的质量进行监控，以保证工程质量。混凝土原材料的要求有：

1）水泥进场时应对品种、级别、包装或散装仓号、出厂日期等进行检查，并应对其强度、安定性及其必要的性能指标进行复验，其质量必须符合现行国家标准。

当在使用中对水泥质量有怀疑或水泥出厂超过 3 个月（快硬硅酸盐水泥超过 1 个月）时，应进行复验，并按复验结果使用。钢筋混凝土结构、预应力混凝土结构，严禁使用含氯化物的水泥。

检查数量：按同一生产厂家、同一等级、同一品种、同一批号且连续进场的水泥，袋装不超过 200t 为一批、散装不超过 500t 为一批，每批抽样不少于一次。

检查方法：检查产品合格证、出厂检验报告和进场复验报告。

2）混凝土中掺外加剂的质量及应用技术应符合现行国家标准《混凝土外加剂》（GB 8076—2008）、《混凝土外加剂应用技术规范》（GB 50119—2013）等和有关环境保护的规定。

3）混凝土中氯化物和碱的总含量应符合现行国家标准。

4）混凝土中掺用矿物掺合料的质量应符合现行国家标准《用于水泥和混凝土中的粉煤灰》（GB/T 1596—2005）等的规定。

5）普通混凝土所用的粗、细骨料的质量应符合现行国家标准《普通混凝土用砂、石质量及检验方法标准》（JGJ 52—2006）的规定。

6）拌制混凝土宜采用饮用水；当采用其他水源时，水质应符合现行国家标准《混凝土用水标准》（JGJ 63—2006）的规定。

2. 混凝土搅拌机的类型

混凝土搅拌机按其搅拌原理分为自落式和强制式两类：自落式搅拌机多用于搅拌塑性混凝土和低流动性混凝土；强制式搅拌机多用于搅拌干硬性混凝土和轻骨料混凝土。

3. 混凝土的搅拌制度

混凝土的搅拌制度主要包括三方面：搅拌时间、投料顺序、进料容量。

（1）搅拌时间　混凝土的搅拌时间：从砂、石、水泥和水等全部材料投入搅拌筒起，到开始卸料为止所经历的时间。混凝土宜采用强制式搅拌机搅拌，并应搅拌均匀。混凝土搅拌的最短时间可按表5-16采用。当能保证搅拌均匀时可适当缩短搅拌时间。搅拌强度等级为C60及以上的混凝土时，搅拌时间应适当延长，并应符合《混凝土结构工程施工规范》（GB 50666—2011）的规定。

（2）投料顺序　投料顺序应从提高搅拌质量，减少叶片、衬板的磨损，减少拌合物与搅拌筒的黏结，减少水泥飞扬，改善工作环境，提高混凝土强度及节约水泥等方面综合考虑确定。常用一次投料法和二次投料法。

表5-16　混凝土搅拌的最短时间

混凝土坍落度/mm	搅拌机机型	最短时间/s		
		搅拌机出料量<250L	250~500L	>500L
≤40	强制式	60	90	120
>40且<100	强制式	60	60	90
≥100	强制式	60		

注：1. 混凝土搅拌的最短时间是指全部材料装入搅拌筒中起，到开始卸料止的时间。

2. 当掺有外加剂与矿物掺合料时，搅拌时间应适当延长。

3. 采用自落式搅拌机时，搅拌时间宜延长30s。

4. 当采用其他形式的搅拌设备时，搅拌的最短时间也可按设备说明书的规定或经试验确定。

1）一次投料法是在上料斗中先装石子，再加水泥和砂，然后一次投入搅拌筒中进行搅拌。

自落式搅拌机要在搅拌筒内先加部分水，投料时砂压住水泥，使水泥不飞扬，而且水泥和砂先进搅拌筒形成水泥砂浆，可缩短水泥包裹石子的时间。

2）二次投料法是先向搅拌机内投入水和水泥（和砂），待其搅拌1min后再投入石子和砂继续搅拌到规定时间。目前常用的方法有两种：预拌水泥砂浆法和预拌水泥净浆法。预拌水泥砂浆法是指先将水泥、砂和水加入搅拌筒内进行充分搅拌，成为均匀的水泥砂浆后，再加入石子搅拌成均匀的混凝土。预拌水泥净浆法是先将水泥和水充分搅拌成均匀的水泥净浆后，再加入砂和石子搅拌成混凝土。

水泥裹砂石法混凝土又称为造壳混凝土（简称 SEC 混凝土）。它是分两次加水，两次搅拌。先将全部砂、石子和部分水倒入搅拌机拌和，使骨料湿润，称之为造壳搅拌；搅拌时间以45～75s为宜，再倒入全部水泥搅拌20s，加入拌合水和外加剂进行第二次搅拌，60s左右完成，这种搅拌工艺称为水泥裹砂法。

（3）进料容量　进料容量是指将搅拌前各种材料的体积累积起来的容量，又称干料容量。进料容量与搅拌机搅拌筒的几何容量有一定比例关系。进料容量为出料容量的1.4～1.8倍（通常取1.5倍），如任意超载（超载10%），就会使材料在搅拌筒内无充分的空间进行拌和，影响混凝土的和易性。反之，装料过少，又不能充分发挥搅拌机的效能。

标准、规范学习

首次使用混凝土的配合比应进行开盘鉴定，其规定应包括下列内容：

混凝土的原材料与配合比设计所使用原材料的一致性；出机混凝土工作性与配合比设计要求的一致性；混凝土强度；有特殊要求时，还应包括混凝土耐久性能。

四、混凝土运输

1. 运输要求

运输中的全部时间不应超过混凝土的初凝时间。运输中应保持匀质性，不应产生分层离析现象，不应漏浆；运至浇筑地点应具有规定的坍落度，并保证混凝土在初凝前能有充分的时间进行浇筑。混凝土的运输道路要求平坦，应以最短的时间从搅拌地点运至浇筑地点。

2. 运输工具的选择

混凝土运输分为地面水平运输、垂直运输和楼面水平运输三种。

地面运输时，短距离多用双轮手推车、机动翻斗车；长距离宜用自卸汽车、混凝土搅拌运输车。采用混凝土搅拌运输车运输混凝土时，应符合下列规定：

1）接料前，搅拌运输车应排净罐内积水。

2）在运输途中及等候卸料时，应保持搅拌运输车罐体的正常转速，不得停转。

3）卸料前，搅拌运输车罐体宜快速旋转搅拌20s以上后再卸料。

采用混凝土搅拌运输车运输时，施工现场车辆出入口处应设置交通安全指挥人员，施工现场道路应顺畅，有条件时宜设置循环车道；危险区域应设警戒标志；夜间施工时，应有良好的照明。采用搅拌运输车运送混凝土，当坍落度损失较大不能满足施工要求时，可在运输车罐内加入适量的与原配合比相同成分的减水剂。减水剂加入量应事先由试验确定，并应做出记录。加入减水剂后，混凝土搅拌运输车应快速旋转搅拌均匀，并应达到要求的工作性能后再泵送或浇筑。

垂直运输可采用各种井架、龙门架和塔式起重机作为垂直运输工具。对于浇筑量大、浇筑速度比较稳定的大型设备基础和高层建筑，宜采用混凝土泵，也可采用自升式塔式起重机或爬升式塔式起重机运输。

3. 混凝土泵

混凝土泵的选型，根据混凝土的工程特点、要求的最大输送距离、最大输出量及混凝土的浇筑计划确定。一般有两种，一种是固定式泵车，一种是汽车泵（移动式）。

（1）混凝土输送泵管的选择与支架的设置应符合的规定

1）混凝土输送泵管应根据输送泵的型号、拌合物性能、总输出量、单位输出量、输送距离以及粗骨料粒径等进行选择。

2）混凝土粗骨料的最大粒径不大于25mm时，可采用内径不小于125mm的输送泵管；混凝土粗骨料的最大粒径不大于40mm时，可采用内径不小于150mm的输送泵管。

3）输送泵管安装接头应严密，输送泵管道转向宜平缓。

4）输送泵管应采用支架固定，支架应与结构牢固连接，输送泵管转向处支架应加密。支架应通过计算确定，必要时还应对设置位置的结构进行验算。

5）垂直向上输送混凝土时，地面水平输送泵管的直管和弯管总的折算长度不宜小于垂直输送高度的0.2倍，且不宜小于15m。

6）输送泵管倾斜或垂直向下输送混凝土，且高差大于20m时，应在倾斜或垂直管下端设置直管或弯管，直管或弯管总的折算长度不宜小于高差的1.5倍。

7）垂直输送高度大于100m时，混凝土输送泵出料口处的输送泵管位置应设置截止阀；混凝土输送泵管及其支架应经常进行过程检查和维护。

（2）泵送混凝土施工工艺如图5-49所示。

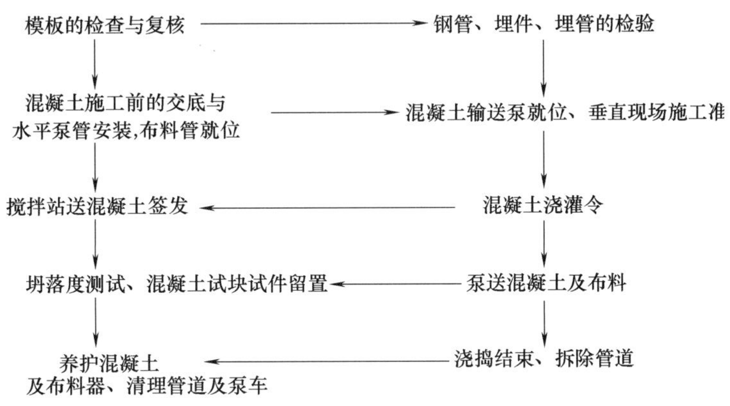

图5-49 泵送混凝土施工工艺

（3）输送泵输送混凝土应符合的规定

1）应先进行泵水检查，并应湿润输送泵的料斗、活塞等直接与混凝土接触的部位；泵水检查后，应清除输送泵内积水。

2）输送混凝土前，应先输送水泥砂浆对输送泵和输送管进行润滑，然后开始输送混凝土。

3）输送混凝土速度应先慢后快、逐步加速，应在系统运转顺利后再按正常速度输送。

4）输送混凝土过程中，应设置输送泵骨料斗网罩，并应保证骨料斗有足够的混凝土余量。

五、混凝土的浇筑与捣实

1. 混凝土浇筑的一般规定

根据《混凝土结构工程施工规范》（GB 50666—2011）的规定：

1）浇筑混凝土前，应清除模板内或垫层上的杂物。表面干燥的地基、垫层、模板上应洒水湿润；现场环境温度高于35℃时宜对金属模板进行洒水降温；洒水后不得留有积水。

2）混凝土浇筑应保证混凝土的均匀性和密实性。混凝土宜一次连续浇筑；当不能一次连续浇筑时，可留设施工缝或后浇带分块浇筑。

3）混凝土浇筑过程应分层进行，分层浇筑应符合规范规定的分层。混凝土分层振捣的最大厚度见表5-17。上层混凝土应在下层混凝土初凝之前浇筑完毕。

表5-17 混凝土分层振捣的最大厚度

振捣方法	混凝土分层振捣的最大厚度
振动棒	振动棒作用部分长度的1.25倍
表面振动器	200mm
附着振动器	根据设置方式，通过试验确定

4）混凝土运输、输送入模的过程宜连续进行，从运输到输送入模的延续时间不宜超过表5-18的规定，且不应超过表5-19的限值规定。掺早强型减水外加剂、早强剂的混凝土以及有特殊要求的混凝土，应根据设计及施工要求，通过试验确定允许时间。

表5-18 运输到输送入模的延续时间 （单位：min）

条件	气温	
	≤25℃	>25℃
不掺外加剂	90	60
掺外加剂	150	120

表5-19 运输、输送入模及其间歇总的时间限值 （单位：min）

条件	气温	
	≤25℃	>25℃
不掺外加剂	180	150
掺外加剂	240	210

5）混凝土浇筑的布料点宜接近浇筑位置，应采取减少混凝土下料冲击的措施，并应符合下列规定：

① 宜先浇筑竖向结构构件，后浇筑水平结构构件。

② 浇筑区域结构平面有高差时，宜先浇筑低区部分再浇筑高区部分。

6）柱、墙模板内的混凝土浇筑倾落高度应符合表5-20的规定；当不能满足表5-20的要求时，应加设串筒、溜管、溜槽等装置，如图5-50所示。

表5-20 柱、墙模板内的混凝土浇筑倾落高度限值 （单位：m）

条件	浇筑倾落高度限值
粗骨料粒径大于25mm	≤3
粗骨料粒径小于等于25mm	≤6

注：当有可靠措施能保证混凝土不产生离析时，混凝土倾落高度可不受本表限制。

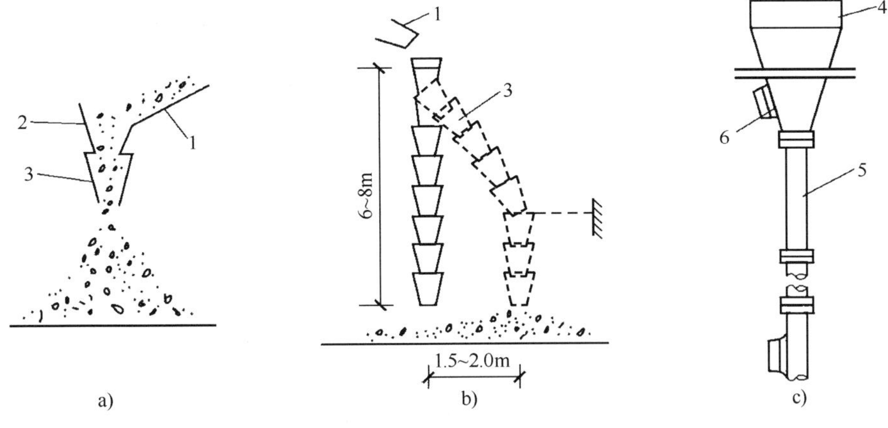

图5-50 混凝土浇筑
a）溜槽 b）串筒 c）振动串筒
1—溜槽 2—挡板 3—串筒 4—漏斗 5—节管 6—振动器

7）混凝土浇筑后，在混凝土初凝前和终凝前宜分别对混凝土裸露表面进行抹面处理。

8）柱、墙混凝土设计强度等级高于梁、板混凝土设计强度等级时，混凝土浇筑应符合下列规定：

① 柱、墙混凝土设计强度比梁、板混凝土设计强度高一个等级时，柱、墙位于梁、板高度范围内的混凝土经设计单位同意，可采用与梁、板混凝土设计强度等级相同的混凝土进行浇筑。

② 柱、墙混凝土设计强度比梁、板混凝土设计强度高两个等级及以上时，应在交界区域采取分隔措施。分隔位置应在低强度等级的构件中，且距高强度等级构件边缘不应小于50mm。

③ 宜先浇筑高强度等级混凝土，后浇筑低强度等级混凝土。

9）泵送混凝土浇筑应符合下列规定：

① 宜根据结构形状及尺寸、混凝土供应、混凝土浇筑设备、场地内外条件等划分每台输送泵浇筑区域及浇筑顺序。

② 采用输送管浇筑混凝土时，宜由远而近浇筑；采用多根输送管同时浇筑时，其浇筑速度宜保持一致。

③ 润滑输送管的水泥砂浆用于湿润结构施工缝时，水泥砂浆应与混凝土浆液同成份；接浆厚度不应大于30mm，多余水泥砂浆应收集后运出。

④ 混凝土泵送浇筑应保持连续；当混凝土供应不及时时，应采取间歇泵送方式。

⑤ 混凝土浇筑后，应按要求完成输送泵和输送管的清理。

标准、规范学习

根据《混凝土结构工程施工规范》（GB 50666－2011）的规定：

1）施工缝：因设计要求或施工需要分段浇筑而在先、后浇筑的混凝土之间所形成的接缝。

2）后浇带：考虑环境温度变化、混凝土收缩、结构不均匀沉降等因素，将梁、板（包括基础底板）、墙划分为若干部分，经过一定时间后再浇筑的具有一定宽度的混凝土带。

10）施工缝或后浇带处浇筑混凝土应符合下列规定：

① 结合面应采用粗糙面；结合面应清除浮浆、疏松石子、软弱混凝土层，并应清理干净。

② 结合面处应采用洒水方法进行充分湿润，并不得有积水。

③ 施工缝处已浇筑混凝土的强度不应小于 1.2MPa。

④ 柱、墙水平施工缝的水泥砂浆接浆层厚度不应大于 30mm，接浆层水泥砂浆应与混凝土浆液同成分。

⑤ 后浇带混凝土强度等级及性能应符合设计要求；当设计无要求时，后浇带强度等级宜比两侧混凝土提高一级，并宜采用减少收缩的技术措施进行浇筑。

11）超长结构混凝土浇筑应符合下列规定：

① 可留设施工缝分仓浇筑，分仓浇筑间隔时间不应少于 7d。

② 当留设后浇带时，后浇带封闭时间不得少于 14d。

③ 超长整体基础中调节沉降的后浇带，混凝土封闭时间应通过监测确定，差异沉降应趋于稳定后再封闭后浇带。

④ 后浇带的封闭时间尚应经设计单位认可。

2. 混凝土施工缝和后浇带留设位置

1）施工缝和后浇带的留设位置应在混凝土浇筑之前确定。施工缝和后浇带宜留设在结构受剪力较小且便于施工的位置。受力复杂的结构构件或有防水抗渗要求的结构构件，施工缝留设位置应经设计单位认可。

2）水平施工缝的留设位置应符合下列规定：

① 柱、墙施工缝可留设在基础、楼层结构顶面，柱施工缝与结构上表面的距离宜为 0 ~ 100mm，墙施工缝与结构上表面的距离宜为 0 ~ 300mm，如图 5-51 所示。

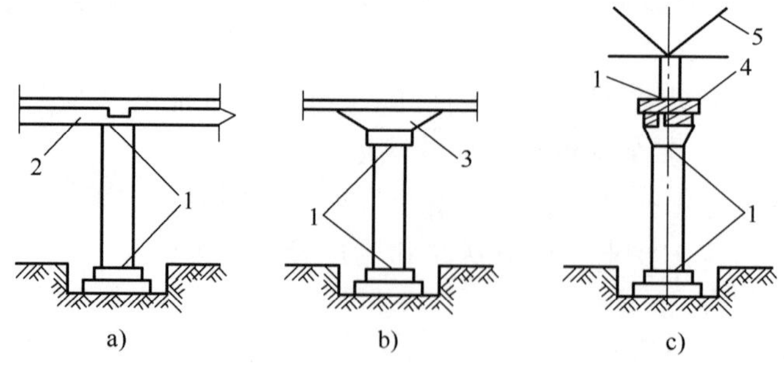

图 5-51 柱施工缝位置

a）肋形楼板柱 b）无梁楼板柱 c）吊车梁牛腿柱

1—施工缝 2—梁 3—柱帽 4—吊车梁 5—屋架

② 柱、墙施工缝也可留设在楼层结构底面，施工缝与结构下表面的距离宜为0～50mm；当板下有梁托时，可留设在梁托下0～20mm处。

③ 高度较大的柱、墙、梁以及厚度较大的基础可根据施工需要在其中部留设水平施工缝；必要时，可对配筋进行调整，并应征得设计单位认可。

④ 特殊结构部位留设水平施工缝应征得设计单位同意。

3）垂直施工缝和后浇带的留设位置应符合下列规定：

① 有主次梁的楼板施工缝应留设在次梁跨度中间的1/3范围内，如图5-52所示。

② 单向板施工缝应留设在平行于板短边的任何位置。

③ 楼梯梯段施工缝宜设置在梯段板跨度端部的1/3范围内。

④ 墙的施工缝宜设置在门洞口过梁跨中的1/3范围内，也可留设在纵横交接处。

⑤ 后浇带留设位置应符合设计要求。

⑥ 特殊结构部位留设垂直施工缝应征得设计单位同意。

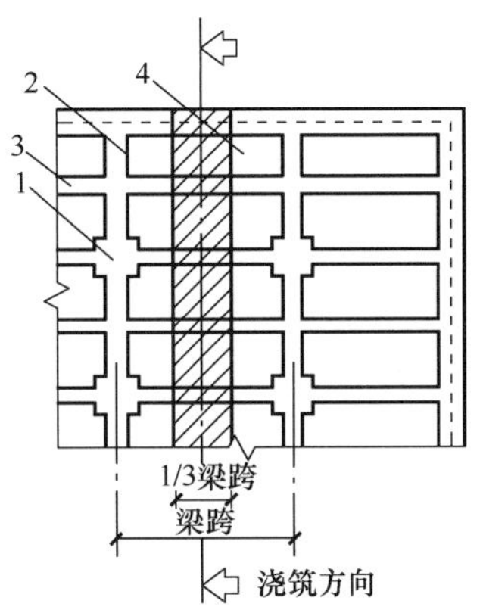

图5-52　有主次梁的楼板施工缝的位置

1—柱　2—主梁　3—次梁　4—板

标准、规范学习

1）混凝土工作性：在一定施工条件下，便于施工操作且能保证获得均匀密实的混凝土，混凝土拌合物应具备的性能，主要包括流动性、黏聚性和保水性。

2）自密实混凝土：无需外力振捣，能够在自重作用下流动并密实的混凝土。

3. 多层钢筋混凝土框架结构的浇筑方法

浇筑多层框架结构首先要划分施工层和施工段，施工层一般按结构层划分，而每一施工层的施工段划分，则要考虑工序数量、技术要求、结构特点等。

浇筑柱混凝土：施工段内的每排柱应由外向内对称地依次浇筑，禁止由一端向另一端推进，预防柱模板因湿胀造成受推倾斜而使误差积累难以纠正；柱浇筑混凝土前，柱底表面应用高压冲洗干净后，先浇筑一层50～100mm厚与混凝土成分相同的水泥砂浆，然后再分层分段浇筑混凝土。

梁和板一般应同时浇筑，顺次梁方向从一端开始向前推进。浇筑方法应由一端开始用“赶浆法”，即先浇筑梁，据梁高分层浇筑成阶梯形，当达到板底位置时，再与板的混凝土一起浇筑，随着阶梯形不断延伸，梁板混凝土浇筑连续向前进行。

楼梯段混凝土自下而上浇筑，先振实底板混凝土，达到踏步位置时再与踏步混凝土一起振捣，不断连续向上推进，并随时用木抹子（或塑料抹子）将踏步上表面抹平。

4. 大体积混凝土结构浇筑

大体积混凝土结构在工业建筑中多为设备基础，高层建筑中多为桩基础承台、筏板基础底板等。《大体积混凝土施工规范》（GB 50496—2009）规定：大体积混凝土是指混凝土结构实体最小尺寸不小于1m的大体量混凝土，或预计会因混凝土中胶凝材料水化引起的温度变化和收缩而导致有害裂缝产生的混凝土。

1）大体积混凝土的施工。可采用整体分层连续浇筑或推移式连续浇筑，如图 5-53 所示，图中的数字为浇筑先后次序。

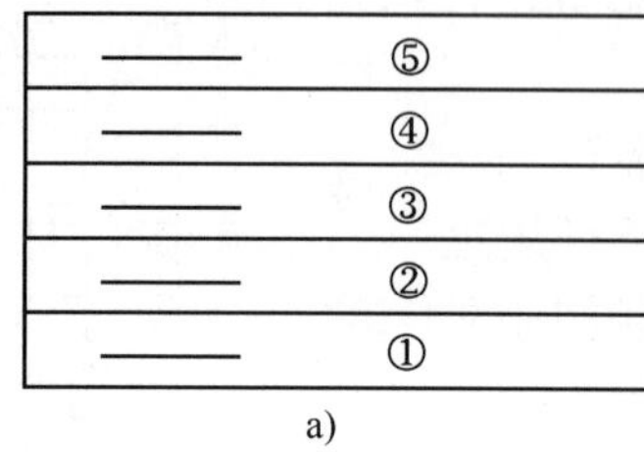

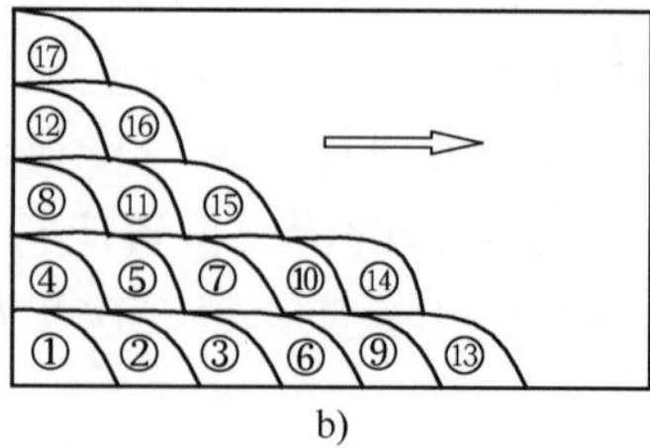

图 5-53　混凝土浇筑工艺

a）分层连续浇筑　b）推移式连续浇筑

2）大体积混凝土施工设置水平施工缝时，除应符合设计要求外，尚应根据混凝土浇筑过程中温度裂缝控制的要求、混凝土的供应能力、钢筋工程的施工、预埋管件安装等因素确定其位置及间歇时间。

3）超长大体积混凝土施工，应选用下列方法控制不出现有害裂缝：

① 留置变形缝：变形缝的设置和施工应符合国家现行有关标准的规定。

② 后浇带施工：后浇带的设置和施工应符合国家现行有关标准的规定。

③ 跳仓法施工：跳仓的最大分块尺寸不宜大于 40m，跳仓间隔施工的时间不宜小于 7d，跳仓接缝处按施工缝的要求设置和处理。

4）大体积混凝土的浇筑应符合下列规定：

① 混凝土的摊铺厚度应根据所用振捣器的作用深度及混凝土的和易性确定。整体连续浇筑时宜为 300 ~ 500mm。

② 整体分层连续浇筑或推移式连续浇筑，应缩短间歇时间，并应在前层混凝土初凝之前将次层混凝土浇筑完毕。层间最长的间歇时间不大于混凝土的初凝时间。混凝土的初凝时间应通过试验确定。当层间间歇时间超过混凝土的初凝时间时，层面应按施工缝处理。

③ 混凝土浇筑宜从低处开始，沿长边方向自一端向另一端进行。当混凝土供应量有保证时，亦可多点同时浇筑。

④ 混凝土浇筑宜采用二次振捣工艺。

5）大体积混凝土施工采取分层间歇浇筑混凝土时，水平施工缝的处理应符合下列规定：在已硬化的混凝土表面，应清除浇筑表面的浮浆、松动石子及软弱混凝土层；在上层混凝土浇筑前，应用清水冲洗混凝土表面的污物，并应充分润湿，但不得有积水；混凝土应振捣密实，并应使新旧混凝土紧密结合。

6）大体积混凝土底板与侧墙相连接的施工缝，当有防水要求时，应采取钢板止水带处理措施。

7）大体积混凝土浇筑面应及时进行二次抹压处理。

标准、规范学习

《大体积混凝土施工规范》(GB 50496—2009)规定:大体积混凝土施工温度控制应符合下列规定:混凝土入模温度不宜大于30℃;混凝土最大绝热温升不宜大于50℃;混凝土结构构件表面以内40~80mm位置处的温度与混凝土结构构件内部的温度差值不宜大于25℃,且与混凝土结构构件表面温度的差值不宜大于25℃;混凝土降温速率不宜大于2.0℃/d。

8)防止大体积混凝土温度裂缝的措施。厚大钢筋混凝土结构由于体积大,水泥水化热聚积在内部不易散发,内部温度显著升高,外表散热快,形成较大的内外温差,内部产生压应力,外表产生拉应力,如内外温差过大(超过25°以上),则混凝土表面将产生裂缝。要防止混凝土早期产生温度裂缝,就要控制混凝土的内外温差,以防止表面开裂;控制混凝土冷却过程中的总温差和降温速度,以防止基底开裂。防止大体积混凝土温度裂缝的措施主要有:优先采用水化热量低的水泥(如矿渣硅酸盐水泥);减少水泥用量;掺入适量的粉煤灰或在浇筑时投入适量毛石;放慢浇筑速度和减少浇筑厚度,采用人工降温措施;浇筑后应及时覆盖及养护。必要时,取得设计单位同意后,可分块浇筑,块和块间留800~1000mm宽后浇带,待各分块混凝土干缩后,再浇后浇带。

9)大体积混凝土的养护。大体积混凝土应进行保温保湿养护,在每次混凝土浇筑完毕后,除应按普通混凝土进行常规养护外,尚应及时按温控技术措施的要求进行保温养护,并应符合下列规定:

① 专人负责保温养护工作,并应按规范的有关规定操作并做好测试记录。

② 保湿养护的持续时间不得少于14d,并应经常检查塑料薄膜或养护剂涂层的完整情况,保持混凝土表面湿润。

③ 保温覆盖层的拆除应分层逐步进行,当混凝土的表面温度与环境最大温差小于20℃时,可全部拆除。

5. 基础大体积混凝土

(1)基础大体积混凝土结构浇筑应符合的规定

1)用多台输送泵接输送泵管浇筑时,输送泵管布料点间距不宜大于10m,并宜由远而近浇筑。

2)用汽车布料杆输送浇筑时,应根据布料杆工作半径确定布料点数量,各布料点浇筑速度应保持均衡。

3)宜先浇筑深坑部分,再浇筑大面积基础部分。

4)宜采用斜面分层浇筑方法,也可采用全面分层、分块分层浇筑方法,层与层之间混凝土浇筑的间歇时间应能保证整个混凝土浇筑过程的连续。

5)混凝土分层浇筑应采用自然流淌形成斜坡,并应沿高度均匀上升,分层厚度不宜大于500mm。

6)抹面处理应符合规范的规定,抹面次数宜适当增加。

7)应有排除积水或混凝土泌水的有效技术措施。

(2)基础大体积混凝土测温点设置应符合的规定

1）宜选择具有代表性的两个竖向剖面进行测温，竖向剖面宜通过中部区域，竖向剖面的周边及内部应进行测温。

2）竖向剖面上的周边及内部测温点宜上下、左右对齐；每个竖向位置设置的测温点不应少于3处，间距不宜大于1.0m；每个横向设置的测温点不应少于4处，间距不应大于10m。

3）竖向剖面的中部区域应设置测温点；竖向剖面周边测温点应布置在基础表面内40～80mm位置处。

4）覆盖养护层底部的测温点宜布置在代表性的位置，且不应少于2处；环境温度测温点不应少于2处，且应离开基础周边一定的距离。

5）对基础厚度不大于1.6m、裂缝控制技术措施完善的工程，可不进行测温。

6. 柱、墙、梁大体积混凝土测温点设置应符合的规定

1）柱、墙、梁结构实体最小尺寸大于2m且混凝土强度等级不小于C60时，宜进行测温。

2）测温点宜设置在高度方向上的两个横向剖面中；横向剖面中的中部区域应设置测温点，测温点设置不应少于2点，间距不宜大于1.0m；横向剖面周边的测温点宜设置在距结构表面内40～80mm位置处。

3）环境温度测温点设置不宜少于1点，且应离开浇筑的结构边一定距离。

4）可根据第一次测温结果，完善温度控制技术措施，后续工程可不进行测温。

7. 大体积混凝土测温应符合的规定

1）宜根据每个测温点被混凝土初次覆盖时的温度确定各测点部位混凝土的入模温度。

2）结构内部测温点、结构表面测温点、环境测温点的测温，应与混凝土浇筑、养护过程同步进行。

3）应按测温频率要求及时提供测温报告，测温报告应包含各测温点的温度数据、温度变化曲线、温度变化趋势分析等内容。

4）混凝土结构表面以内40～80mm位置的温度与环境温度的差值小于20℃时，可停止测温。

8. 大体积混凝土测温频率应符合的规定

1）第一天至第四天，每4h不应少于一次。

2）第五天至第七天，每8h不应少于一次。

3）第七天至测温结束，每12h不应少于一次。

9. 混凝土密实成型

混凝土浇入模板以后是较疏松的，里面含有空洞与气泡，不能达到要求的密度和强度，还需经振捣密实成型。混凝土振捣应采用插入式振动棒、平板振动器或附着式振动器，必要时可采用人工辅助振捣，如图5-54所示。

（1）振动棒　建筑工地常用的振动器，多用于振实梁、柱、墙、大体积混凝土和基础等。振动棒振捣混凝土应符合下列规定：

1）应按分层浇筑厚度分别进行振捣，振动棒的前端应插入前一层混凝土中，插入深度不应小于50mm。

2）振动棒应垂直于混凝土表面并快插慢拔均匀振捣；当混凝土表面无明显塌陷、有水

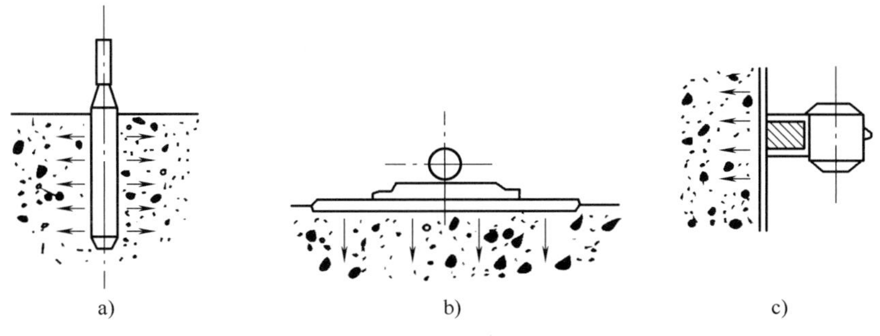

图5-54　振动机械
a）内部振动器　b）表面振动器　c）外部振动器

泥浆出现、不再冒气泡时，可结束该部位振捣。

3）振动棒与模板的距离不应大于振动棒作用半径的0.5倍；振捣插点间距不应大于振动棒作用半径的1.4倍。

（2）表面振动器　适用于捣实楼板、地面、板形构件和薄壳等薄壁结构。表面振动器振捣混凝土应符合下列规定：

1）表面振动器振捣应覆盖振捣平面边角。

2）表面振动器移动间距应覆盖已振实部分混凝土边缘。

3）倾斜表面振捣时，应由低处向高处进行振捣。

（3）附着式振动器　附着式振动器振捣混凝土应符合下列规定：

1）附着式振动器应与模板紧密连接，设置间距应通过试验确定。

2）附着式振动器应根据混凝土浇筑高度和浇筑速度，依次从下往上振捣。

3）模板上同时使用多台附着式振动器时应使各振动器的频率一致，并应交错设置在相对面的模板上。

六、混凝土养护

混凝土浇筑后应及时进行保湿养护，保湿养护可采用洒水、覆盖、喷涂养护剂等方式。选择养护方式应考虑现场条件、环境温湿度、构件特点、技术要求、施工操作等因素。应在12h以内加以覆盖和浇水。

1）混凝土的养护时间应符合下列规定：

① 采用硅酸盐水泥、普通硅酸盐水泥或矿渣硅酸盐水泥配制的混凝土，养护时间不应少于7d；采用其他品种水泥时，养护时间应根据水泥性能确定。

② 采用缓凝型外加剂、大掺量矿物掺合料配制的混凝土，养护时间不应少于14d。

③ 抗渗混凝土、强度等级为C60及以上的混凝土，养护时间不应少于14d。

④ 后浇带混凝土的养护时间不应少于14d。

⑤ 地下室底层墙、柱和上部结构首层墙、柱宜适当增加养护时间。

⑥ 基础大体积混凝土养护时间应根据施工方案确定。

2）洒水养护应符合下列规定：

① 洒水养护宜在混凝土裸露表面覆盖麻袋或草帘后进行，也可采用直接洒水、蓄水等

养护方式；洒水养护应保证混凝土处于湿润状态。

② 洒水养护用水应符合规范的规定。

③ 当日最低温度低于5℃时，不应采用洒水养护。

3）覆盖养护应符合下列规定：

① 宜在混凝土裸露表面覆盖塑料薄膜、塑料薄膜加麻袋、塑料薄膜加草帘进行养护。

② 塑料薄膜应紧贴混凝土裸露表面，塑料薄膜内应保持有凝结水。

③ 覆盖物应严密，覆盖物的层数应按施工方案确定。

4）喷涂养护剂养护应符合下列规定：

① 应在混凝土裸露表面喷涂覆盖致密的养护剂进行养护。

② 养护剂应均匀喷涂在结构构件表面，不得漏喷；养护剂应具有可靠的保湿效果，保湿效果可通过试验检验。

③ 养护剂使用方法应符合产品说明书的有关要求。

5）基础大体积混凝土裸露表面应采用覆盖养护方式；当混凝土表面以内40～80mm位置的温度与环境温度的差值小于25℃时，可结束覆盖养护。覆盖养护结束但尚未到达养护时间要求时，可采用洒水养护方式直至养护结束。

6）柱、墙混凝土养护方法应符合下列规定：

① 地下室底层和上部结构首层柱、墙混凝土带模养护时间，不宜少于3d；带模养护结束后可采用洒水养护方式继续养护，必要时也可采用覆盖养护或喷涂养护剂养护方式继续养护。

② 其他部位柱、墙混凝土可采用洒水养护；必要时，也可采用覆盖养护或喷涂养护剂养护。

7）混凝土强度达到1.2N/mm^{2}前，不得在其上踩踏、堆放荷载、安装模板及支架。

8）同条件养护试件的养护条件应与实体结构部位养护条件相同，并应采取措施妥善保管。

9）施工现场应具备混凝土标准试件制作条件，并应设置标准试件养护室或养护箱。标准试件养护应符合国家现行有关标准的规定。

七、混凝土工程施工质量检查和验收

1. 混凝土施工质量检查内容

混凝土结构施工质量检查可分为过程控制检查和拆模后的实体质量检查。

过程控制检查应在混凝土施工全过程中，按施工段划分和工序安排及时进行；拆模后的实体质量检查应在混凝土表面未做处理和装饰前进行。

（1）混凝土结构质量的检查应符合的规定

1）检查的频率、时间、方法和参加检查的人员，应当根据质量控制的需要确定。

2）施工单位应对完成施工的部位或成果的质量进行自检，自检应全数检查。

3）混凝土结构质量检查应做出记录。对于返工和修补的构件，应有返工修补前后的记录，并应有图像资料。

4）混凝土结构质量检查中，对于已经隐蔽、不可直接观察和量测的内容，可检查隐蔽工程验收记录。

5）需要对混凝土结构的性能进行检验时，应委托有资质的检测机构检测并出具检测报告。

（2）混凝土结构的质量过程控制检查宜包括的内容

1）模板宜包括下列内容：模板与模板支架的安全性；模板位置、尺寸；模板的刚度和密封性；模板涂刷隔离剂及必要的表面湿润；模板内杂物清理。

2）钢筋及预埋件宜包括下列内容：钢筋的规格、数量；钢筋的位置；钢筋的保护层厚度；预埋件（预埋管线、箱盒、预留孔洞）的规格、数量、位置及固定。

3）混凝土拌合物宜包括下列内容：坍落度、入模温度等；大体积混凝土的温度测控。混凝土浇筑宜包括下列内容：混凝土输送、浇筑、振捣等；混凝土浇筑时模板的变形、漏浆等；混凝土浇筑时钢筋和预埋件（预埋管线、预留孔洞）的位置；混凝土试件制作；混凝土养护；施工荷载加载后，模板与模板支架的安全性。

（3）混凝土结构拆除模板后的实体质量检查宜包括的内容

1）构件的尺寸、位置：轴线位置、标高；截面尺寸、表面平整度；垂直度（构件垂直度、单层垂直度和全高垂直度）。

2）预埋件：数量；位置。

3）构件的外观缺陷。

4）构件的连接及构造做法。

混凝土工程的施工质量验收应按主控项目、一般项目规定的检验方法进行验收。检验批合格质量应符合规范要求。

2. 混凝土施工检验批验收内容

（1）主控项目

1）结构混凝土的强度等级必须符合设计要求，用于检查结构构件混凝土强度的试件，应在混凝土的浇筑地点随机抽取。取样与试件留置应符合下列规定：

① 每拌制 100 盘且不超过 100m^3 的同配合比的混凝土，取样不得少于一次。

② 每工作班拌制的同一配合比的混凝土不足 100 盘时，取样不得少于一次。

③ 当一次连续浇筑超过 1000m^3 时，同一配合比的混凝土每 200m^3 取样不得少于一次。

④ 每一楼层、同一配合比的混凝土，取样不得少于一次。

⑤ 每次取样应至少留置一组标准养护试件，同条件养护试件的留置组数应根据实际需要确定。

2）对有抗渗要求的混凝土结构，其混凝土试件应在浇筑地点随机取样。同一工程、同一配合比的混凝土，取样不应少于 1 次，留置组数可根据实际需要确定。

连续浇筑混凝土每 500m^3 应留置一组抗渗试件（一组为 6 个抗渗试件），且每项工程不得少于 2 组。采用预拌混凝土的抗渗试件，留置组数应视结构的规模和要求而定。

3）混凝土原材料计量。

① 在混凝土每一工作班正式称量前，应先检查原材料质量，必须使用合格材料；各种衡器应定期校核，每次使用前进行零点校核，保持计量准确。

② 施工中应测定骨料的含水率，当雨天施工含水率有显著变化时，应增加测定次数，依据测试结果及时调整配合比中的用水量和骨料用量。

③ 水泥、砂、石子、掺合料等干料的配合比，应采用质量法计量，严禁采用容积法。

混凝土原材料每盘称量的允许偏差见表5-21。

表5-21　混凝土原材料每盘称量的允许偏差

材料名称	允许偏差	材料名称	允许偏差
水泥、混合材料	±2%	水、外加剂	±2%
粗、细骨料	±3%	—	—

4）混凝土的运输、浇筑及间歇的全部时间不应超过混凝土的初凝时间。同一施工段的混凝土应连续浇筑，并应在底层混凝土初凝之前将上一层混凝土浇筑完毕。

（2）一般项目

1）施工缝的位置应在混凝土浇筑前按设计要求和施工技术方案确定。处理按施工技术方案执行。

2）后浇带的留置应按设计要求和施工技术方案确定。后浇带混凝土浇筑应按施工技术方案进行。

3）混凝土浇筑完毕后，12h以内对混凝土加以覆盖并保湿养护。对采用硅酸盐水泥、普通硅酸盐水泥或矿渣硅酸盐水泥拌制的混凝土，养护时间不得少于7d，对掺用缓凝型外加剂或有抗渗要求的混凝土，养护时间不得少于14d，浇水次数应能保持混凝土处于湿润状态。采用塑料布覆盖养护的混凝土，其敞露的全部表面应覆盖严密，并应保持塑料布内有凝结水；混凝土强度达到1.2MPa前，不得在其上踩踏或安装模板支架；混凝土表面不便浇水或使用塑料布时，宜涂刷养护剂；对大体积混凝土的养护，应根据气候条件按施工技术方案采取控温措施。

课题5　现浇结构工程施工

一、现浇结构工程的一般规定

现浇结构质量验收应在拆模后和表面未做修整装饰前进行，并应做出记录。

混凝土结构缺陷可分为尺寸偏差缺陷和外观缺陷。尺寸偏差缺陷和外观缺陷可分为一般缺陷和严重缺陷。混凝土结构尺寸偏差超出规范规定，但尺寸偏差对结构性能和使用功能未构成影响时，应属于一般缺陷；而尺寸偏差对结构性能和使用功能构成影响时，应属于严重缺陷。

现浇结构的外观质量缺陷，应由监理（建设）单位、施工单位等各方根据其对结构性能和使用功能影响的严重程度按表5-22确定。

表5-22　现浇结构的外观质量缺陷

名称	现象	严重缺陷	一般缺陷
露筋	构件内钢筋未被混凝土包裹而外露	纵向受力钢筋有露筋	其他钢筋有少量露筋
蜂窝	混凝土表面缺少水泥砂浆而形成石子外露	构件主要受力部位有蜂窝	其他部位有少量蜂窝

（续）

名　称	现　象	严重缺陷	一般缺陷
孔洞	混凝土中孔穴深度和长度均超过保护层厚度	构件主要受力部位有孔洞	其他部位有少量孔洞
夹渣	混凝土中夹有杂物且深度超过保护层厚度	构件主要受力部位有夹渣	其他部位有少量夹渣
疏松	混凝土中局部不密实	构件主要受力部位有疏松	其他部位有少量疏松
裂缝	缝隙从混凝土表面延伸至混凝土内部	构件主要受力部位有影响结构性能或使用功能的裂缝	其他部位有基本不影响结构性能或使用功能的裂缝
连接部位缺陷	构件连接处混凝土缺陷及连接钢筋、连接件松动	连接部位有影响结构传力性能的缺陷	连接部位有基本不影响结构传力性能的缺陷
外形缺陷	缺棱掉角、棱角不直、翘曲不平、飞边凸肋等	清水混凝土构件有影响使用功能或装饰效果的外形缺陷	其他混凝土构件有不影响使用功能的外形缺陷
外表缺陷	构件表面麻面、掉皮、起砂、沾污等	具有重要装饰效果的清水混凝土表面有外表缺陷	其他混凝土构件有不影响使用功能的外表缺陷

二、混凝土外观质量检验

1. 主控项目

现浇结构的外观质量不应有严重缺陷。对已经出现的严重缺陷，应由施工单位提出技术处理方案，并经监理（建设）单位认可后进行处理。对裂缝、连接部位出现的严重缺陷及其他影响结构安全的严重缺陷，技术处理方案尚应经设计单位认可。对经处理的部位，应重新检查验收。

2. 一般项目

现浇结构的外观质量不应有一般缺陷。对已经出现的一般缺陷，应由施工单位按技术处理方案进行处理，并重新检查验收。

三、混凝土尺寸偏差的质量检验

1. 主控项目

现浇结构不应有影响结构性能和使用功能的尺寸偏差。混凝土设备基础不应有影响结构性能和设备安装的尺寸偏差。

对超过尺寸允许偏差且影响结构性能和安装、使用功能的部位，应由施工单位提出技术处理方案，并经监理（设计）单位认可后进行处理。对经处理的部位，应重新检查验收。

2. 一般项目

现浇结构和混凝土设备基础拆模后的尺寸偏差和检验方法应符合表5-23的规定。

表 5-23 现浇结构和混凝土设备基础拆模后的尺寸允许偏差和检验方法

<table>
<tr><th colspan="3">项 目</th><th>允许偏差/mm</th><th>检 验 方 法</th></tr>
<tr><td rowspan="4">轴线位置</td><td colspan="2">整体基础</td><td>15</td><td rowspan="4">钢尺检查</td></tr>
<tr><td colspan="2">独立基础</td><td>10</td></tr>
<tr><td colspan="2">墙、柱、梁</td><td>8</td></tr>
<tr><td colspan="2">剪力墙</td><td>5</td></tr>
<tr><td rowspan="3">垂直度</td><td rowspan="2">层高</td><td>≤6m</td><td>10</td><td>经纬仪或吊线、钢尺检查</td></tr>
<tr><td>>6m</td><td>12</td><td>经纬仪或吊线、钢尺检查</td></tr>
<tr><td colspan="2">全高（H）</td><td>H/1000 且≤30</td><td>经纬仪、钢尺检查</td></tr>
<tr><td rowspan="2">标高</td><td colspan="2">层高</td><td>±10</td><td rowspan="2">水准仪或拉线、钢尺检查</td></tr>
<tr><td colspan="2">全高</td><td>±30</td></tr>
<tr><td colspan="3">截面尺寸（柱、梁、板、墙）</td><td>+10，-5</td><td>钢尺检查</td></tr>
<tr><td rowspan="2">电梯井</td><td colspan="2">井筒长、宽对定位中心线</td><td>+25，0</td><td>钢尺检查</td></tr>
<tr><td colspan="2">井筒全高（H）垂直度</td><td>H/1000 且≤30</td><td>经纬仪、钢尺检查</td></tr>
<tr><td colspan="3">表面平整度</td><td>8</td><td>2m 靠尺和塞尺检查</td></tr>
<tr><td rowspan="3">预埋设施中心线位置</td><td colspan="2">预埋件</td><td>10</td><td rowspan="3">钢尺检查</td></tr>
<tr><td colspan="2">预埋螺栓</td><td>5</td></tr>
<tr><td colspan="2">预埋管</td><td>5</td></tr>
<tr><td colspan="3">预留洞中心线位置</td><td>15</td><td>钢尺检查</td></tr>
</table>

注：检查轴线、中心线位置时，应沿纵、横两个方向量测，并取其中的较大值。

四、混凝土质量缺陷的修整

1）施工过程中发现混凝土结构缺陷时，应认真分析缺陷产生的原因。对严重缺陷施工单位应制定专项修整方案，方案应经论证审批后再实施，不得擅自处理。

2）混凝土结构外观一般缺陷修整应符合下列规定：

① 对于露筋、蜂窝、孔洞、夹渣、疏松、外表缺陷，应凿除胶结不牢固部分的混凝土，应清理表面，洒水湿润后应用 1:2 ~1:2.5 水泥砂浆抹平。

② 应封闭裂缝。

③ 连接部位缺陷、外形缺陷可与面层装饰施工一并处理。

3）混凝土结构外观严重缺陷修整应符合下列规定：

① 对于露筋、蜂窝、孔洞、夹渣、疏松、外表缺陷，应凿除胶结不牢固部分的混凝土至密实部位，清理表面，支设模板，洒水湿润，涂抹混凝土界面剂，应采用比原混凝土强度等级高一级的细石混凝土浇筑密实，养护时间不应少于 7d。

② 开裂缺陷修整应符合下列规定：

a. 对于民用建筑的地下室、卫生间、屋面等接触水介质的构件，均应注浆封闭处理，注浆材料可采用环氧、聚氨酯、氰凝、丙凝等。对于民用建筑不接触水介质的构件，可采用注浆封闭、聚合物砂浆粉刷或其他表面封闭材料进行封闭。

b. 对于无腐蚀介质工业建筑的地下室、屋面、卫生间等接触水介质的构件以及有腐蚀介质的所有构件，均应注浆封闭处理，注浆材料可采用环氧、聚氨酯、氰凝、丙凝等。对于无腐蚀介质工业建筑不接触水介质的构件，可采用注浆封闭、聚合物砂浆粉刷或其他表面封闭材料进行封闭。

c. 清水混凝土的外形和外表严重缺陷，宜在水泥砂浆或细石混凝土修补后用磨光机械磨平。

4）混凝土结构尺寸偏差一般缺陷，可采用装饰修整方法修整。

5）混凝土结构尺寸偏差严重缺陷，应会同设计单位共同制定专项修整方案，结构修整后应重新检查验收。

课题6　预应力混凝土结构施工

一、预应力混凝土结构的概念

为了避免钢筋混凝土结构的裂缝过早出现，充分利用高强度钢筋及高强度混凝土，可以设法在结构构件承受使用荷载前，预先对受拉区的混凝土施加压力，使它产生预压应力来减小或抵消荷载所引起的混凝土拉应力，从而将结构构件的拉应力控制在较小范围，甚至处于受压状态，以推迟混凝土裂缝的出现和开展，从而提高构件的抗裂性能和刚度。

二、预应力混凝土的施工方法

按预加应力的方式分为先张法和后张法两类。

先张法：在台座或模板上先张拉预应力筋并用夹具临时固定，再浇筑混凝土，待混凝土达到一定强度后，放张预应力筋，通过预应力筋与混凝土的粘结力，使混凝土产生预压应力的施工方法。

后张法：在混凝土达到一定强度的构件或结构中，张拉预应力筋并用锚具永久固定，使混凝土产生预压应力的施工方法。在后张法中，按预应力筋粘结状态又可分为：有粘结的预应力混凝土和无粘结预应力混凝土。

三、材料要求及预应力下料

1）预应力筋宜采用预应力钢丝、钢绞线和预应力螺纹钢筋。

2）预应力混凝土结构的混凝土强度等级不宜低于C40，且不应低于C30。

3）预应力筋用的锚具、夹具和连接器应按设计要求采用，其性能应符合国家标准的规定。锚具按锚固方式不同，可分为夹片式（单孔与多孔夹片锚具）、支撑式（墩头锚具、螺母锚具等）、锥塞式（钢质锥形锚具等）和握裹式（挤压锚具、压花锚具等）四类。

4）预应力筋的下料长度应经计算确定，并应采用砂轮锯或切断机等机械方法切断。预应力筋制作或安装时，应避免焊渣或接地电火花损伤预应力筋。

四、预应力筋用张拉设备

预应力筋用张拉设备有液压张拉设备和电动简易张拉设备两种。较常用的是液压张拉设备，由液压张拉千斤顶、电动油泵和外接油管等组成。张拉设备要按规定定期维护和校验。

液压张拉千斤顶按机型不同可分为：拉杆式、穿心式、锥锚式和台座式等几种类型。

五、先张法预应力施工

施工工艺：涂刷隔离剂与铺设预应力筋→预应力筋张拉→浇筑混凝土与养护→预应力筋放张。

1）预应力筋铺设前应在台面涂隔离剂，隔离剂不得使预应力筋受污，以免影响预应力筋与混凝土的黏结。

2）预应力筋张拉。张拉程序可按下列之一进行：

$$0 \rightarrow 105\% \sigma_{con} \xrightarrow{\text{持荷 2min}} \sigma_{con} \text{或} 0 \rightarrow 103\% \sigma_{con}\text{。}$$

其中 σ_{con} 为预应力筋的张拉控制应力，为了减少应力松弛损失，预应力钢筋宜采用超张拉程序。

预应力钢丝张拉工作量大时，宜采用一次张拉程序 $0 \rightarrow 103\% \sigma_{con}$。

对先张法预应力构件，在浇筑混凝土前发生断裂或滑脱的预应力筋必须予以更换。

3）预应力筋放张时，混凝土的强度应符合设计要求，当设计无要求时，不应低于设计的混凝土立方体抗压强度标准值的75%，预应力筋放张时不应低于30MPa。放张时宜缓慢放松锚固装置，使各根预应力筋同时缓慢放松。先张法预应力筋的放张顺序应符合下列规定：

① 宜采取缓慢放张工艺进行逐根或整体放张。

② 对轴心受压构件，所有预应力筋宜同时放张。

③ 对受弯或偏心受压的构件，应先同时放张预压应力较小区域的预应力筋，再同时放张预压应力较大区域的预应力筋。

4）当不能按上述规定放张时，应分阶段、对称、相互交错放张。

5）放张后，预应力筋的切断顺序，宜从张拉端开始逐次切向另一端。

六、后张法预应力施工

施工工艺：施工准备→预应力筋制作→预应力孔道成型→预应力孔道穿束→预应力筋张拉→孔道灌浆→锚具防护。

（1）孔道的形状和留设的方法　预应力筋孔道形状有直线、曲线和折线三种类型，孔道留设可采用预埋金属螺旋管、塑料波纹管和钢管抽芯法。预应力孔道应根据工程特点设置排气孔、泌水孔及灌浆孔，排气孔可兼作泌水孔或灌浆孔，并应符合下列规定：

1）当曲线孔道波峰和波谷的高差大于300mm时，应在孔道波峰设置排气孔，排气孔间距不宜大于30m。

2）当排气孔兼作泌水孔时，其外接管道伸出构件顶面长度不宜小于300mm。

（2）预应力筋的张拉　预应力筋的张拉控制应力应符合设计及专项施工方案的要求。当施工中需要超张拉时，调整后的张拉控制应力 σ_{con} 应符合下列规定：

$$\text{消除应力钢丝、钢绞线}\ \sigma_{con} \leqslant 0.80 f_{ptk}$$

$$\text{中强度预应力钢丝}\ \sigma_{con} \leqslant 0.75 f_{ptk}$$

$$\text{预应力螺纹钢筋}\ \sigma_{con} \leqslant 0.85 f_{pyk}$$

式中　σ_{con}——预应力筋张拉控制应力（MPa）；

f_{ptk}——预应力筋强度标准值（MPa）；

f_{pyk}——预应力筋屈服强度标准值（MPa）。

预应力筋的张拉顺序应符合设计要求，并应符合下列规定：

1）张拉顺序应根据结构受力特点、施工方便及操作安全等因素确定。

2）预应力筋张拉宜符合均匀、对称的原则。

3）对现浇预应力混凝土楼盖，宜先张拉楼板、次梁的预应力筋，后张拉主梁的预应力筋。

4）对预制屋架等平卧叠浇构件，应从上而下逐榀张拉。

5）预应力筋应根据设计和专项施工方案的要求采用一端或两端张拉。采用两端张拉时，宜两端同时张拉，也可一端先张拉，另一端补张拉。当设计无具体要求时，应符合下列规定：有粘结预应力筋长度不大于20m时可一端张拉，大于20m时宜两端张拉；预应力筋为直线形时，一端张拉的长度可延长至35m。

（3）灌浆

1）水泥浆的原材料除应符合国家现行有关标准的规定外，尚应符合下列规定：水泥宜采用强度等级不低于42.5的普通硅酸盐水泥；水泥浆中氯离子含量不应超过水泥质量的0.06%；拌合用水和掺加的外加剂中不应含有对预应力筋或水泥有害的成分。

2）灌浆施工应符合下列规定：

① 宜先灌注下层孔道，后灌注上层孔道；灌浆材料试件的抗压强度不应低于30MPa（每组六个70.7mm的立方体试件并应养护28d）。

② 灌浆应连续进行，直至排气管排除的浆体稠度与注浆孔处相同且没有出现气泡后，再顺浆体流动方向将排气孔依次封闭；全部封闭后，宜继续加压0.5~0.7MPa，并稳压1~2min后封闭灌浆口。

③ 当泌水较大时，宜进行二次灌浆或泌水孔重力补浆。

④ 因故停止灌浆时，应用压力水将孔道内已注入的水泥浆冲洗干净。

（4）锚具防护　预应力筋锚固后的锚具外的外露长度不应小于预应力筋直径的1.5倍且不应小于30mm。

七、无粘结预应力施工

1. 概念

无粘结预应力施工是指预应力筋和混凝土不直接接触。其做法是在预应力筋表面涂刷涂料并包裹外包层后，同普通钢筋一样铺设在结构模板设计位置上，用20~22号钢丝与非预应力钢丝绑扎牢后浇筑混凝土；待混凝土达到设计强度后，对无粘结预应力筋进行张拉和锚固，借助于构件两端锚具传递预压应力。

2. 无粘结预应力筋的组成

无粘结预应力筋是由7根直径为5mm的高强钢丝组成的钢丝束或扭结成的钢绞线，通过专门设备涂包涂料层和包裹外包层构成的。涂料层一般采用防腐沥青。

无粘结预应力混凝土中，锚具必须具有可靠的锚固能力，要求不低于无粘结预应力筋抗拉强度的75%。

无粘结预应力筋的张拉应严格按设计要求进行。通常，在预应力混凝土楼盖中的张拉顺序是先张拉楼板，后张拉楼面梁。板中的无粘结筋可依次张拉，梁中的无粘结筋可对称张拉。当曲线无粘结预应力筋长度超过35m时，宜采用两端张拉。当长度超过70m时，宜采用分段张拉。正式张拉之前，宜用千斤顶将无粘结预应力筋先往复抽动一次或两次后再张拉，以降低摩阻力。

课题7 混凝土结构的环境保护

一、一般规定

施工项目部应制订施工环境保护计划，落实责任人员，并组织实施。对混凝土结构施工过程的环境保护效果，宜进行自评估。施工过程中，应采取建筑垃圾减量化措施。对施工过程中产生的建筑垃圾，应进行分类、统计和处理。

二、环境因素控制

1）施工过程中，应采取防尘、降尘措施，控制作业区扬尘。对施工现场的主要道路，宜进行硬化处理或采取其他扬尘控制措施。对可能造成扬尘的露天堆储材料，宜采取扬尘控制措施。

2）施工过程中，应对材料搬运、施工设备和机具作业等采取可靠的降低噪声措施。施工作业在施工场界的噪声级应符合现行国家标准《建筑施工场界环境噪声排放标准》（GB 12523—2011）的有关规定。

3）施工过程中，应采取光污染控制措施。对可能产生强光的施工作业，应采取防护和遮挡措施。夜间施工时，应采用低角度灯光照明。

4）对施工过程中产生的污水，应采取沉淀、隔油等措施进行处理，不得直接排放。

5）宜选用环保型脱模剂。涂刷模板脱模剂时，应防止洒漏。对含有污染环境成分的脱模剂，使用后剩余的脱模剂及其包装等不得与普通垃圾混放，并应由厂家或有资质的单位回收处理。

6）施工过程中，对施工设备和机具维修、运行、存储时的漏油，应采取有效的隔离措施，不得直接污染土壤。漏油应统一收集并进行无害化处理。

7）混凝土外加剂、养护剂的使用应满足环境保护和人身健康的要求。

8）进行挥发性有害物质施工时，施工操作人员应采取有效的防护方法，并应配备相应的防护用品。

9）对不可循环使用的建筑垃圾，应收集到现场封闭式垃圾站，并应及时清运至有关部门指定的地点。对可循环使用的建筑垃圾，应加强回收利用，并应做好记录。

技能实训——按16G101-1图集完成框架梁的安装任务

某框架结构的两跨框架梁如图5-55所示。混凝土强度等级为C30，抗震等级为三级，框架柱尺寸为500mm×500mm，轴线居中，柱纵筋直径为18mm，箍筋直径为8mm，KL1尺寸为300mm×600mm，轴线居中，按照16G101-1图集实训完成以下问题：

1）计算框架梁钢筋下料长度。

2）计算框架梁在端支座、中间支座的锚固长度。

3）框架梁中包括哪些钢筋？说出每种钢筋所起的作用。

4）框架梁箍筋加密区有哪些要求？如何取值？

5）纵向构造筋、拉筋的构造要求有哪些？

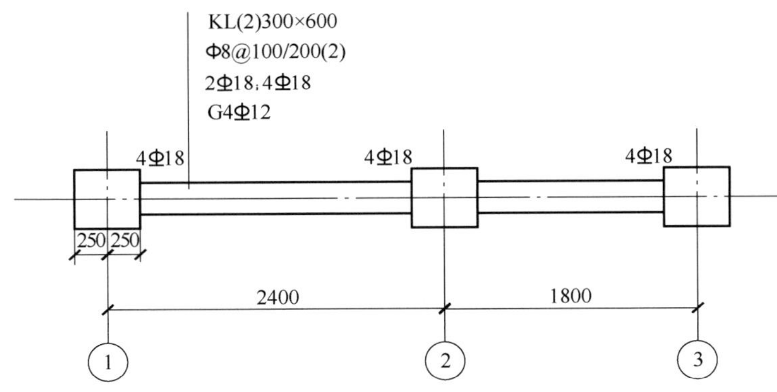

图 5-55　某框架结构的两跨框架梁

模块三

其他工程施工

单元 6

屋面工程施工

［单元学习指导］

屋面工程为分部工程，主要讲述：

1. 屋面防水等级及设防要求。
2. 屋面工程子分部工程的划分。
3. 屋面工程构造层次。
4. 基层与保护工程施工。
5. 保温与隔热工程施工。
6. 防水与密封工程。
7. 细部构造工程。
8. 屋面工程验收。

［单元学习目标］

知识目标

1. 屋面防水等级及设防要求。
2. 找平层和保温层施工。
3. 卷材防水层施工。
4. 涂膜防水层施工。
5. 复合防水层施工。

技能目标

1. 能正确选择卷材铺贴顺序和方向、卷材搭接要求。
2. 能按照施工工艺过程实训，完成后能进行卷材防水层的质量验收，并填写记录表。
3. 最终能编制卷材防水屋面的技术交底和施工方案。

课题 1　明确屋面工程的基本要求及防水等级

屋面的发展与建筑的发展、人类的需要及环境条件密不可分。环境决定功能，形式体现环境，需要促进发展。屋面工程是由防水、保温、隔热等构造层所组成房屋顶部的设计和施工。

一、屋面工程的基本要求

1）具有良好的排水功能和阻止水侵入建筑物内的作用。
2）冬季保温减少建筑物的热损失和防止结露。
3）夏季隔热降低建筑物对太阳辐射热的吸收。
4）适应主体结构的受力变形和温差变形。
5）承受风、雪荷载的作用不产生破坏。
6）具有阻止火势蔓延的性能。
7）满足建筑外形美观和使用的要求。

二、屋面防水等级及设防要求

屋面防水工程应根据建筑物的类别、重要程度、使用工程要求确定防水等级，并按相应等级进行防水设防，对防水有特殊要求的建筑屋面，应进行专项防水设计。屋面防水等级和设防要求应符合现行国家标准《屋面工程技术规范》（GB 50345—2012）和《屋面工程质量验收规范》（GB 50207—2012）的规定，见表6-1。

表6-1 屋面防水等级及设防要求

防水等级	建筑类别	设防要求
Ⅰ级	重要建筑和高层建筑	两道防水设防
Ⅱ级	一般建筑	一道防水设防

三、不同屋面防水等级的要求（表6-2）

表6-2 不同屋面防水等级的要求

屋面防水等级	设防要求	建筑物类别	屋面防水功能重要程度	建筑物种类
Ⅰ	专项设计	特别重要或对防水有特殊要求的建筑屋面	如一旦发生渗漏，会造成巨大的经济损失和政治影响，或引起爆炸等灾害，甚至造成人身伤亡	国家级特别重要的档案馆、博物馆，特别重要的纪念性建筑；核电站、精密仪表车间等有特殊防水要求的工业建筑
	两道防水设防	重要建筑和高层建筑	如一旦发生渗漏，会使重要的设备或物品遭到破坏，造成重大的经济损失	重要的博物馆、图书馆、医院、宾馆、影剧院等民用建筑；仪表车间、印染车间、军火仓库等工业建筑
Ⅱ	一道防水设防	一般建筑	如一旦发生渗漏，会使一些物品受到损坏，在一定程度上影响使用或美观，或影响人们的正常工作或生活秩序	住宅、办公楼、学校、旅馆等民用建筑；机加工车间、金工车间、装配车间、仓库等工业建筑

四、屋面的基本构造层次要求

设计人员可根据建筑物的性质、使用功能、气候条件等因素进行组合，见表6-3。

表 6-3 屋面的基本构造层次要求

屋面类型	基本构造层次（自上而下）
卷材、涂膜屋面	保护层、隔离层、防水层、找平层、保温层、找平层、找坡层、结构层
	保护层、保温层、防水层、找平层、找坡层、结构层
	种植隔热层、保护层、耐根穿刺防水层、防水层、找平层、保温层、找平层、找坡层、结构层
	架空隔热层、防水层、找平层、保温层、找平层、找坡层、结构层
	蓄水隔热层、隔离层、防水层、找平层、保温层、找平层、找坡层、结构层
瓦屋面	沥青瓦、持钉层、防水层或防水垫层、保温层、结构层

五、屋面排水方式

1）屋面排水方式的选择，应根据建筑物屋顶形式、气候条件、使用功能等因素确定。

2）屋面排水方式分为有组织排水和无组织排水。有组织排水时，宜采用雨水收集系统。

3）高层建筑屋面宜采用内排水；多层建筑屋面宜采用有组织外排水；低层建筑及檐高小于 10m 的屋面可采用无组织排水。多跨及汇水面积较大的屋面宜采用天沟排水，天沟找坡较长时，宜采用中间内排水和两端外排水。

课题 2　屋面工程施工基本规定

一、屋面工程施工的基本规定

1）屋面防水工程应由具备相应资质的专业队伍进行施工，作业人员应持证上岗。

2）施工单位应建立、健全施工质量的检验制度，严格工序管理，做好隐蔽工程验收检查和记录。

3）屋面工程施工前应通过图样会审，并应掌握施工图中的细部构造及有关技术要求，施工单位应编制屋面工程的专项施工方案或技术措施，并应进行现场技术安全交底。

4）屋面工程所采用的防水、保温材料应有产品合格证书和性能检测报告，材料的品种、规格、性能等应符合设计和产品标准的要求。材料进场后，应按规定抽样检验，提出检验报告。工程中严禁使用不合格的材料。

5）屋面工程施工时，应建立各道工序的自检、交接检和专职人员检查的“三检”制度，并应有完善的检查记录。每道工序完成后应经监理或建设单位检查验收，并应在合格后再进行下道工序的施工。当下道工序或相邻工程施工时，应对已完成的部分采取保护措施。

6）材料进场检验报告的全部项目指标均达到技术标准规定应为合格，不合格材料不得在工程中使用。

7）屋面防水工程完工后，应进行观感质量检查和雨后观察或淋水、蓄水试验，不得有渗漏和积水现象。

二、屋面工程子分部、分项工程的划分

屋面工程分部包括基层与保护工程、保温与隔热工程、防水与密封工程、瓦面与板面工

程、细部构造工程五个子分部工程，每个子分部包括的分项见表6-4。

表6-4 屋面工程各子分部、分项工程的划分

分部工程	子分部工程	分项工程
屋面工程	基层与保护	找坡层、找平层、隔汽层、隔离层、保护层
	保温与隔热	板状材料保温层、纤维材料保温层、喷涂硬泡聚氨酯保温层、现浇泡沫混凝土保温层、种植隔热层、架空隔热层、蓄水隔热层
	防水与密封	卷材防水层、涂膜防水层、复合防水层、接缝密封防水层
	瓦面与板面	烧结瓦和混凝土瓦铺装、金属板铺装、玻璃采光顶铺装
	细部构造	檐口、檐沟和天沟、女儿墙和山墙、水落口、变形缝、伸出屋面管道、屋面出入口、反梁过水孔、屋脊、屋顶窗

屋面工程各分项工程宜按屋面面积每500～1000m^2 划分为一个检验批，不足500m^2 应按一个检验批；每个检验批的抽检数量按各子分部工程的规定执行。

三、屋面工程施工必须符合的安全规定

1）严禁在雨天、雪天和五级风及其以上时施工。

2）屋面周边和预留孔洞部位，必须按临边、洞口防护规定设置安全护栏和安全网。

3）屋面坡度大于30%时，应采取防滑措施。

4）施工人员应穿防滑鞋，特殊情况下如无可靠安全措施时，操作人员必须系好安全带并扣好保险钩。

标准、规范学习

“按图施工”是施工单位应严格遵守的基本原则。所以在屋面工程施工前，施工单位应组织相关人员认真熟悉设计图样，掌握设计图中各构造层的种类、材料、技术要求及质量要求等。在设计单位参与的条件下进行图样会审，可以解决屋面工程在设计及施工中存在的问题，确保屋面工程的质量及施工的顺利进行。

隔汽层；阻止室内水蒸气渗透到保温层内的构造层。

隔离层：消除相邻两种材料之间的粘结力、机械咬合力、化学反应等不利影响的构造层。

复合防水层：由彼此相容的卷材和涂料组合而成的防水层。

课程3 基层与保护工程施工

一、一般规定

1）基层与保护工程施工涵盖了屋面保温层及防水层相关的构造层，包括找坡层、找平层、隔汽层、隔离层、保护层。

2）为了雨水迅速排走，屋面找坡应满足设计排水坡度要求，结构找坡不应小于3%，材料找坡宜为2%；檐沟、天沟纵向找坡不应小于1%，沟底水落差不得超过200mm。

3）基层与保护工程各分项工程的每个检验批的抽检数量，应按屋面面积每100m^{2}抽查一处，每处10m^2，且不得少于3处。

二、找坡层和找平层施工

1）找坡层和找平层的基层施工应符合下列的规定：

① 应清理结构层、保温层上面的松散杂物，凸出基层表面的硬物应踢平扫净。

② 抹找坡层前，应对基层洒水湿润。

③ 凸出屋面的管道、支架等根部，应用细石混凝土堵实和固定。

④ 对不易与找平层结合的基层应做界面处理。

2）找坡应按屋面排水方向和设计坡度要求进行，找坡层最薄处的厚度不宜小于20mm。

3）找坡层宜采用轻骨料混凝土，找坡材料应分层铺设和适当压实，表面宜平整和粗糙，并应适时浇水养护。

4）找平层宜采用水泥砂浆或细石混凝土，找平层的抹平工序应在初凝前完成，压光工序应在终凝前完成，终凝后应进行养护。

5）找平层分格缝纵横间距不宜大于6m，分格缝的宽度宜为5~20mm，如图6-1所示。

6）找平层的施工要点。

① 工艺流程。基层清理→管根封堵→标高坡度弹线→洒水湿润→施工找平层（水泥砂浆、细石混凝土）→养护→验收。

② 施工方法。

管根封堵：大面积做找平层前，应先将伸出屋面的管根、变形缝、女儿墙等处理好。

抹水泥砂浆找平层：

a. 洒水湿润：抹找平层水泥砂浆前，应适当洒水湿润基层表面，主要是利于基层与找平层的结合。

图6-1 屋面找平层分格缝

b. 冲筋：根据坡度要求，拉线找坡、贴灰饼，顺排水方向冲筋，冲筋的间距为1.5m左右；在排水沟、雨水口找出泛水，冲筋后即可进行抹找平层。

c. 分格缝留设：宜留分格缝，分格缝宽一般为5~20mm，其纵横缝的最大间距不得大于6m。

d. 铺抹水泥砂浆：按分格块装灰、铺平，用刮扛靠冲筋条刮平，找坡后用木抹子搓平，铁抹子压光。

e. 养护：找平层抹平、压实以后24h可浇水养护，一般养护期为7d，经干燥后铺设防水层。

③ 卷材防水层的基层与突出屋面结构（女儿墙、山墙、天窗壁、变形缝、烟囱等）的交接处，以及基层的转角处、找平层均应做成圆弧形，且应整齐平顺。找平层圆弧半径应符合表6-5的要求。

表6-5　找平层圆弧半径　　（单位：mm）

卷材种类	圆弧半径
高聚物改性沥青防水卷材	50
合成高分子防水卷材	20

④ 找坡层和找平层的施工环境温度不宜低于5℃。

7）找坡层和找平层的质量验收内容包括主控项目和一般项目，检验内容、要求和检验方法见表6-6。

表6-6　找坡层和找平层质量检验内容、要求和检验方法

项　目	内　容	质量要求或允许偏差	检验方法
主控项目	材料的质量及配合比	应符合设计要求	检查出厂合格证、质量检验报告和计量措施
	排水坡度	应符合设计要求	坡度尺检查
一般项目	找平层表面	应抹平、压光，不得有酥松、起砂、起皮现象	观察检查
	连接和转角处	卷材防水层的基层与突出屋面结构的交接处，以及基层的转角处，找平层应做成圆弧形，且应整齐平顺	观察检查
	分格缝	找平层分格缝的宽度和间距，均应符合设计要求	观察和尺量检查
	允许偏差	找平层表面平整度的允许偏差为5mm	2m靠尺和塞尺检查

三、隔汽层的施工

1）隔汽层的基层应平整、干净、干燥。

2）隔汽层应设置在结构层与保温层之间；隔汽层应选用气密性、水密性好的材料。

3）在屋面与墙的连接处，隔汽层应沿墙面向上连续铺设，高出保温层上表面不得小于150mm。

4）隔汽层采用卷材时宜空铺，卷材搭接应满粘，其搭接宽度不应小于80mm；隔汽层采用涂料时，应涂刷均匀。

5）穿过隔汽层的管线周围应封严，转角处应无折损；隔汽层凡有缺陷或破损的部位，均应进行返修。

6）质量标准。

① 主控项目。

a. 隔汽层所用材料的质量，应符合设计要求。

b. 隔汽层不得有破损现象。

② 一般项目。

a. 卷材隔汽层应铺设平整，卷材搭接缝应粘结牢固，密封应严密，不得有扭曲、皱折和起泡等缺陷。

b. 涂膜隔汽层应粘结牢固，表面平整，涂布均匀，不得有堆积、起泡和露底等缺陷。

四、隔离层施工

1）块体材料、水泥砂浆或细石混凝土保护层与卷材、涂膜防水层之间，应设置隔离层。

2）隔离层可采用干铺塑料薄膜、土工布、铺抹低强度等级的砂浆。

3）质量标准

① 主控项目

a. 隔离层所用材料的质量及配合比，应符合设计要求。

b. 隔离层不得有破损和漏铺。

② 一般项目

a. 塑料膜、土工布、卷材隔离层铺设应铺设平整，其搭接宽度不应小于50mm，不得有皱折。

b. 低强度等级砂浆表面应压实、平整，不得有起壳、起砂现象。

五、保护层施工

1）防水层上的保护层施工，应待卷材铺贴完成或涂料固化成膜，并经检验合格后进行。

2）用块体材料作保护层时，宜设置分格缝，分格缝纵横间距不应大于10m，分格缝宽度宜为20mm。

3）用水泥砂浆作保护层时，表面应抹平压光，并应设表面分格缝，分格面积宜为1m^2。

4）用细石混凝土作保护层时，混凝土应振捣密实，表面应抹平压光，分格缝纵横间距不应大于6m。分格缝宽度宜为10～20mm。

5）块体材料、水泥砂浆或细石混凝土作保护层与女儿墙和山墙之间，应预留宽度为30mm的缝隙，缝内宜填塞聚苯乙烯泡沫塑料，并应用密封材料嵌填密实。

6）质量标准

① 主控项目。

a. 保护层所用材料的质量及配合比，应符合设计要求。

b. 块体材料、水泥砂浆和细石混凝土保护层的抗压强度等级，应符合设计要求。

c. 保护层的排水坡度，应符合设计要求。

② 一般项目。

a. 块体材料保护层表面应干净，接缝应平整，周边应顺直，镶嵌应正确，应无空鼓现象。

b. 水泥砂浆、细石混凝土保护层表面不得有开裂、起壳和起砂等现象。

c. 浅色涂料应与防水层粘结牢固，厚薄均匀，不得漏涂。

d. 保护层的允许偏差和检验方法见表6-7。

表6-7 保护层的允许偏差和检验方法

项目	允许偏差/mm			检验方法
	块体材料	水泥砂浆	细石混凝土	
表面平整度	4	4	±5	2m靠尺和塞尺检查
缝格平直	3	3	3	拉线和尺量检查
接缝高低差	1.5	—	—	直尺和塞尺检查
板块间隙宽度	2	—	—	尺量检查
保护层厚度	设计厚度的10%，且不得大于5mm			钢针插入和尺量检查

课题4 保温与隔热工程施工

一、一般规定

1）保温层分为板状保温材料、纤维保温材料、喷涂硬泡聚氨酯、现浇泡沫混凝土四类，隔热层分为种植、架空、蓄水隔热层三种形式。

2）铺设保温层的基层应平整、干净和干燥。

3）保温材料在施工过程中应采取防潮、防水和防火等措施。

4）保温与隔热工程的构造及选用材料应符合设计要求。

5）保温材料使用时的含水率，应相当于该材料在当地自然风干状态下的平衡含水率。

6）保温材料的导热系数、表观密度或干密度、抗压强度或压缩强度、燃烧性能，必须符合设计要求。

7）种植、架空、蓄水隔热层施工前，防水层均应验收合格。

8）保温与隔热工程各分项工程每个检验批的抽检数量，应按屋面面积每100m^2抽查一处，每处应为10m^2，且不得少于3处。

二、保温层的施工

保温层的种类包括板状保温层、纤维材料保温层、喷涂硬泡聚氨酯保温层、现浇泡沫混凝土保温层等四类。

1. 板状保温层施工应符合的规定

1）基层应平整、干燥、干净。

2）相邻板块应错缝拼接，分层铺设的板块上下层接缝应相互错开，板间缝隙应采用同类材料嵌填密实。

3）采用干铺法施工，板状保温材料应紧靠在基层表面上，并应铺平垫稳。

4）采用粘结法施工时，胶粘剂应与保温材料相容，板状保温材料应贴严、粘牢。在胶粘剂固化前不得上人踩踏。

5）采用机械固定法施工时，固定件应固定在结构层上，固定件的间距应符合设计要求。

2. 纤维材料保温层施工应符合的规定

1）基层应平整、干燥、干净。

2）纤维保温材料铺设时，应避免重压，并应采取防潮措施。

3）纤维保温材料铺设时，平面拼接缝应贴紧，上下层拼接缝应相互错开。

4）屋面坡度较大时，纤维保温材料宜采用机械固定法施工。

5）在铺设纤维保温材料时，应做好劳动保护工作。

3. 喷涂硬泡聚氨酯保温层施工应符合的规定

1）基层应平整、干燥、干净。

2）施工前应对喷涂设备进行调试，并应喷涂试块进行材料性能检测。

3）喷涂时喷嘴与施工基面的距离应由试验确定。

4）喷涂硬泡聚氨酯的配合比应准确计量，发泡厚度应均匀一致。

5）一个作业面应分遍喷涂完成，每遍喷涂厚度不宜大于15mm，硬泡聚氨酯喷涂后20min内严禁上人。

6）喷涂作业时，应采取防止污染的遮挡措施。

4. 现浇泡沫混凝土保温层施工应符合的规定

1）基层应清理干净；不得有油污、浮尘和积水。

2）泡沫混凝土应按设计要求的干密度和抗压强度进行配合比设计，拌制时应计量准确，并应搅拌均匀。

3）泡沫混凝土应按设计的厚度设定浇筑面标高线，找坡时宜采取挡板辅助措施。

4）泡沫混凝土的浇筑出料口离基层的高度不宜超过1m，泵送时应采取低压泵送。

5）泡沫混凝土应分层浇筑，一次浇筑厚度不宜超过200mm，终凝后应进行保湿养护，养护时间不得少于7d。

5. 保温层施工环境温度应符合的规定

1）干铺的保温材料可在负温度下施工。

2）用水泥砂浆粘贴的板状保温材料不宜低于5℃。

3）喷涂硬泡聚氨酯宜为15～35℃，空气相对湿度宜小于85%，风速不宜大于三级。

4）现浇泡沫混凝土宜为5～35℃。

三、保温层的施工质量验收

1. 板状材料保温层

（1）主控项目

1）板状保温材料的质量应符合设计要求。

2）板状保温材料的厚度应符合设计要求，其正偏差应不限，负偏差应为5%，且不得大于4mm。

3）屋面热桥部位处理应符合设计要求。

标准、规范学习

热桥是指在室内外温差作用下，形成热流密集、内表面温度较低的部位。屋面热桥部位主要在屋面与外墙的交接处，通常称为结构性热桥，屋面热桥部位应采取保温处理，使其该部位内表面温度不低于室内空气的露点温度。

（2）一般项目

1）板状保温材料铺设应紧贴基层，铺平垫稳，拼缝应严密，粘贴应牢固。

2）固定件的规格、数量和位置应符合设计要求；垫片应与保温层表面齐平。

3）保温层表面平整度允许偏差为5mm。

4）板状保温材料接缝高低差允许偏差为2mm。

2. 纤维材料保温层

（1）主控项目　保温材料的质量、厚度应符合设计要求，厚度正偏差应不限，毡不得有负偏差，板负偏差应为4%，且不得大于3mm；热桥部位处理应符合设计要求。

（2）一般项目　纤维保温材料铺设应紧贴基层，拼缝应严密，表面平整；固定件的规格、数量和位置应符合设计要求，屋面坡度较大时，宜采用金属或塑料专用固定件；装配式骨架和水泥纤维板应铺钉牢固平整，龙骨间距和板材厚度应符合设计要求；具有抗水蒸气渗透外覆面的玻璃棉制品，其外覆面应朝向室内，拼缝应用防水密封胶带封严。

3. 喷涂硬泡聚氨酯保温层

（1）主控项目　除材料质量、配合比及热桥部位处理应符合设计要求外，强调了保温层厚度其正偏差应不限，不得有负偏差。

（2）一般项目　硬泡聚氨酯应分遍喷涂，牢固性及表面平整度应符合要求。

4. 现浇泡沫混凝土保温层

（1）主控项目　现浇泡沫混凝土的原材料质量和配合比、保温层厚度应符合设计要求，其正负偏差应为5%，且不得大于5mm。屋面热桥部位处理应符合设计要求。

（2）一般项目　现浇泡沫混凝土应分层施工，粘结应牢固；不得有贯通性裂缝以及疏松、起砂、起皮现象；表面平整度应符合要求。

四、隔热层施工

隔热层包括种植隔热层、架空隔热层和蓄水隔热层三类。这里主要介绍架空隔热层。

架空隔热层施工应符合下列规定：

1）架空隔热层施工前，应将屋面清扫干净，并应根据尺寸弹出支座中线。

2）在架空隔热制品支座底面，应对卷材、涂膜防水层采取加强措施。

3）铺设架空隔热制品时，应随时扫净屋面防水层上的落灰、杂物等，操作时不得损伤已完工的防水层。

4）架空隔热制品的铺设应平整、稳固；缝隙应勾填密实。

课题5　防水与密封工程

一、一般规定

1）防水与密封工程子分部工程包括卷材防水层、涂膜防水层、复合防水层、接缝密封防水等分项工程的施工质量验收。

2）防水层施工前，基层应坚实、平整、干净、干燥。

3）基层处理剂应配比准确，并应搅拌均匀，喷涂或涂刷基层处理剂应均匀一致，待其干燥后应及时进行卷材、涂膜防水层和接缝密封防水施工。

4）防水层完工并经验收合格后，应及时做好成品保护。

5）防水与密封工程各分项工程每个检验批抽检数量，防水层应按屋面面积每 $100m^2$ 抽查一处，每处应为 $10m^2$，且不得少于 3 处。接缝密封防水应按每 50m 抽查 1 处，每处应为 5m，且不得少于 3 处。

二、铺贴卷材防水层前的准备工作

1）卷材、涂膜屋面防水等级和防水做法应符合表 6-8 的规定。

表 6-8　卷材、涂膜屋面防水等级和防水做法

防水等级	防水做法
Ⅰ级	卷材防水层和卷材防水层、卷材防水层和涂膜防水层、复合防水层
Ⅱ级	卷材防水层、涂膜防水层、复合防水层

一道防水设防，是指具有单独防水能力的一个防水层。

2）防水卷材的选择。防水卷材可按合成高分子防水卷材和高聚物改性沥青防水卷材选用，其外观质量和品种、规格应符合国家现行有关材料标准的规定。

3）每道卷材防水层最小厚度应符合表 6-9 的规定。

表 6-9　每道卷材防水层最小厚度　（单位：mm）

防水等级	合成高分子防水卷材	高聚物改性沥青防水卷材		
		聚酯胎、玻纤胎、聚乙烯胎	自粘聚酯胎	自粘无胎
Ⅰ级	1.2	3.0	2.0	1.5
Ⅱ级	1.5	4.0	3.0	2.0

4）卷材进场检验与储存。

① 材料进场后要对卷材按规定取样复验，同一品种、牌号和规格的卷材，抽验数量为：大于 1000 卷抽取 5 卷；每 500～1000 卷抽取 4 卷；100～499 卷抽取 3 卷；100 卷以下抽取 2 卷。将抽验的卷材开卷进行规格和外观质量检验。

② 在外观质量检验合格的卷材中，任取 1 卷做物理性能检验，全部指标达到标准规定时，即为合格。其中如有一项指标达不到要求，应在受检产品中加倍取样复验，全部达到标准规定为合格。复验时有一项不合格，则判定该产品不合格。不合格的防水材料严禁在建筑工程中使用。

5）铺贴卷材防水层前基层干燥程度的简易检验方法，是将 $1m^2$ 卷材平坦地干铺在找平层上，静置 3～4h 后掀开检查，找平层覆盖部位与卷材上未见水印，即可铺设隔汽层或防水层。

6）防水卷材接缝应采用搭接缝，卷材搭接宽度应符合表 6-10 的规定。

表6-10 卷材搭接宽度 （单位：mm）

卷材类别	搭接宽度	
合成高分子防水卷材	胶粘剂	80
	胶粘带	50
	单缝焊	60，有效焊接宽度不小于25
	双缝焊	80，有效焊接宽度10×2+空腔宽
高聚物改性沥青防水卷材	胶粘剂	100
	自粘	80

三、卷材防水层施工

1. 卷材防水层铺贴顺序和方向应符合的规定

1）卷材防水层施工时，应先进行细部构造处理，然后由屋面最低标高向上铺贴。

2）檐沟、天沟卷材施工时，宜顺檐沟、天沟方向铺贴，搭接缝应顺流水方向。

3）卷材宜平行屋脊铺贴，上下层卷材不得相互垂直铺贴。

4）立面或大坡面铺贴卷材时，应采用满粘法，并宜减少卷材短边搭接。

2. 卷材搭接缝的规定

1）平行屋脊的搭接缝应顺流水方向，搭接缝宽度应符合规范要求，见表6-10的规定。

2）同一层相邻两幅卷材短边搭接缝错开不应小于500mm。

3）上下层卷材长边搭接缝应错开，且不应小于幅宽的1/3。

4）叠层铺贴的各层卷材，在天沟与屋面的交接处，应采用叉接法搭接，搭接缝应错开；搭接缝宜留在屋面与天沟侧面，不宜留在沟底。

3. 采用基层处理剂时，其配制和施工应符合的规定

1）基层处理剂应与卷材相容。

2）基层处理剂应配比准确，并应搅拌均匀。

3）喷、涂基层处理剂前，应先对屋面细部进行涂刷。

4）基层处理剂可选用喷涂或涂刷的施工工艺，喷、涂应均匀一致，干燥后应及时进行卷材施工。

4. 卷材施工方法

主要施工方法有：冷粘法、热熔法、热粘法、自粘法、焊接法、机械固定法铺贴卷材。

（1）冷粘法铺贴卷材施工 冷粘法施工是指在常温下采用胶粘剂等材料进行卷材与基层、卷材与卷材间粘结的施工方法。

1）施工工艺。基层表面清理→喷、涂基层处理剂→节点附加层铺设→定位、弹线→铺贴卷材→收头、节点密封→检查、修整→进行下道工序施工。

2）冷粘法铺贴卷材的规定如下：

① 胶粘剂涂刷应均匀，不得露底、堆积。卷材空铺、点粘、条粘时，应按规定的位置及面积涂刷胶粘剂。

② 应根据胶粘剂的性能与施工环境、气温条件等，控制胶粘剂涂刷与卷材铺贴的间隔时间。

③ 铺贴卷材时应排除卷材下面的空气，并应辊压粘结牢固。

④ 铺贴的卷材应平整顺直，搭接尺寸准确，不得扭曲、皱折；搭接部位的接缝应满涂胶粘剂，辊压应粘结牢固。

⑤ 合成高分子卷材铺好压粘后，应将搭接部位的粘合面清理干净，并应采用与卷材配套的接缝专用胶粘剂，在搭接缝粘合面上涂刷均匀，不得露底、堆积，应排除缝间的空气，并用辊压粘结牢固。

⑥ 合成高分子卷材搭接部位采用胶粘带粘结时，粘合面应清理干净，必要时可涂刷与卷材及胶粘带材性相容的基层胶粘剂，撕去胶粘带隔离纸后应及时粘合接缝部位的卷材，并应辊压粘结牢固；低温施工时，宜采用热风机加热。

⑦ 搭接缝口应用材性相容的密封材料封严。

（2）热熔法铺贴卷材施工　热熔法是用火焰加热器加热卷材底部的热熔胶进行铺贴的方法。

1）热熔法施工工艺流程。清理基层→涂刷基层处理剂→铺贴卷材附加层→大面积铺贴卷材→热熔封边→蓄水试验→质量验收→保护层。

2）热熔法铺贴卷材应符合以下规定：

① 火焰加热器的喷嘴距卷材面的距离应适中，幅宽内加热应均匀，应以卷材表面熔融至光亮黑色为度，不得过分加热卷材；厚度小于 3mm 的高聚物改性沥青防水卷材，严禁采用热熔法施工，如图 6-2、图 6-3 所示。

图 6-2　试铺卷材

图 6-3　热熔铺贴卷材

② 卷材表面沥青热熔后应立即滚铺卷材，滚铺时应排除卷材下面的空气。

③ 搭接缝部位宜以溢出热熔的改性沥青胶凝材料为度，溢出的改性沥青胶凝材料宽度宜为 8mm，并宜均匀顺直；当接缝处的卷材上有矿物粒或片料时，应用火焰烘烤及清除干净后再进行热熔和接缝处理。

④ 铺贴卷材时应平整顺直，搭接尺寸应准确，不得扭曲。

（3）自粘法铺贴卷材施工　自粘法铺贴卷材应符合以下规定：铺贴卷材前，基层表面应均匀涂刷基层处理剂，干燥后应及时铺贴卷材；铺贴卷材时，应将自粘胶底面的隔离纸完全撕净；铺贴卷材时应排除卷材下面的空气，并应辊压粘结牢固；铺贴卷材应平整顺直，搭接尺寸应准确，不得扭曲、皱折；低温施工时，立面、大坡面及搭接部位宜采用热风机加热，加热后应随即粘贴牢固；搭接缝口应用材性相容的密封材料封严。

5. 卷材防水层的施工环境温度应符合的规定

1）热熔法和焊接法施工不宜低于 -10℃。

2）冷粘法和热粘法施工不宜低于5℃。

3）自粘法施工不宜低于10℃。

6. 卷材防水层的质量验收

（1）主控项目

1）防水卷材及其配套材料的质量，应符合设计要求。检验方法：检查出厂合格证、质量检验报告和进场检验报告。

2）卷材防水层不得有渗漏和积水现象。检验方法：雨后观察或淋水、蓄水试验（雨后或持续淋水2h后进行；做蓄水检验的屋面，其蓄水时间不应少于24h）。

3）卷材防水层在檐口、檐沟、天沟、水落口、泛水、变形缝和伸出屋面管道的防水构造，应符合设计要求。检验方法：观察检查。

（2）一般项目

1）卷材的搭接缝应粘结或焊接牢固，封闭应严密，不得扭曲、皱折和翘起。

2）卷材防水层的收头应与基层粘结，钉压牢固，封闭应严密，不得翘边。

3）卷材防水层的铺贴方向应正确，卷材搭接宽度的允许偏差为 -10mm。

4）屋面排汽构造的排汽道应纵横贯通，不得堵塞；排汽管应安装牢固，位置应正确，封闭应严密。

四、涂膜防水层施工

涂膜防水屋面是通过涂布一定厚度的高聚物改性沥青、合成高分子防水涂料，经常温交联固化形成具有一定弹性的胶状涂膜，达到防水的目的。

1. 防水涂料的类型及厚度

防水涂料是一种流态或半流态物质，涂布在屋面基层表面，经溶剂或水分挥发，或各组分间的化学反应，形成有一定弹性和一定厚度的薄膜，使基层表面与水隔绝，起到防水密封作用。

1）类型。防水涂料应采用合成高分子防水涂料、聚合物水泥防水涂料和高聚物改性沥青防水涂料。

2）每道涂膜防水层最小厚度应符合表6-11的规定。

表6-11 每道涂膜防水层最小厚度 （单位：mm）

防水等级	合成高分子防水涂膜	聚合物水泥防水涂膜	高聚物改性沥青防水涂膜
Ⅰ级	1.5	1.5	2.0
Ⅱ级	2.0	2.0	3.0

2. 材料要求

1）进入施工现场的防水涂料和胎体增强材料应按规定进行抽样检验，高聚物改性沥青防水涂料、合成高分子防水涂料、聚合物水泥防水涂料的现场抽样数量：每10t为一批，不足10t按一批抽样；胎体增强材料的现场抽样数量：每3000m² 为一批，不足3000m² 按一批抽样。

2）进场的防水涂料和胎体增强材料应检验下列项目：

① 高聚物改性沥青防水涂料：固体含量、耐热性、低温柔性、不透水性、断裂伸长率或抗裂性。

② 合成高分子防水涂料和聚合物水泥防水涂料：固体含量、低温柔性、不透水性、拉伸强度、断裂伸长率。

标准、规范学习

胎体增强材料的规定：胎体增强材料宜采用无纺布或化纤无纺布；胎体增强材料长边搭接宽度不应小于50mm，短边搭接宽度不应小于70mm；上下层胎体增强材料的长边搭接缝应错开，且不得小于幅宽的1/3；上下层胎体增强材料不得相互垂直铺设。

3. 涂膜防水层施工要求

1）涂膜防水层的基层应坚实、平整、干净，应无空隙、起砂和裂缝。基层的干燥程度应根据所选用的防水涂料特性确定；当采用溶剂型、热熔型和反应固化型防水涂料时，基层应干燥。

2）双组分或多组分防水涂料应按配合比准确计量，应采用电动机具搅拌均匀，已配制的涂料应及时使用。配料时，可加入适量的缓凝剂或促凝剂调节固化时间，但不得混合已固化的涂料。

3）防水涂料应多遍均匀涂刷，涂膜总厚度应符合设计要求。

4）涂膜间夹铺胎体增强材料时，宜边涂布边铺胎体；胎体应铺贴平整，应排除气泡，并应与涂料粘结牢固。在胎体上涂布涂料时，应使涂料浸透胎体，并应覆盖完全，不得有胎体外露现象。最上面的涂膜厚度不应小于1.0mm。

5）涂膜施工应先做好细部处理，再进行大面积涂布。

6）屋面转角及立面的涂膜应薄涂多遍，不得流淌和堆积。

7）防水涂料多遍涂布时，应待前一遍涂布涂料干燥成膜后，再涂布后一遍涂料，且前后两遍涂料的涂布方向应相互垂直。

4. 合成高分子防水（聚氨酯涂膜防水）屋面施工

聚氨酯涂膜防水以双组分（甲和乙组分）形式使用，借助于组间发生化学反应而直接由液态变为固态不产生体积收缩，形成较厚的防水涂膜。聚氨酯涂膜防水施工工艺：基层要求及处理→涂布底胶→防水涂层施工→第一度涂层施工→第二度涂层施工→如防水层要用无纺布或化纤无纺布加强，则在涂刮第二度涂层前进行粘贴→稀撒石渣，为增强防水层与粘结贴面材料（如瓷砖、缸砖等）的水泥砂浆之间的粘结力，在第二度涂层固化前，在其表面稀撒干净的石渣（直径为2mm），这些石渣在涂膜固化后可牢固地粘贴在涂膜的表面→蓄水试验→铺贴保护层。

1）聚氨酯底胶的配制。将聚氨酯甲料与专供底涂用的乙料按1:3～1:4（质量比）的比例配合，搅拌均匀，即可使用。

2）涂膜防水材料的配制。根据施工的需要，将聚氨酯甲、乙料按1:1.5（质量比）的比例配合后，倒入拌料桶中搅拌。

3）第一度涂层施工。在底胶基本干燥固化后，用塑料或橡胶刮板均匀涂刮一层涂料，涂刮时要求均匀一致，不得过厚或过薄，涂刮厚度一般以1.5mm左右为宜。

4）第二度涂层施工。在第一度涂层固化24h后，再在其表面刮涂第二度涂层，涂刮方法同第一度涂层。为了确保防水工程质量，涂刮的方向必须与第一度涂刮的方向垂直。

5）屋面细部节点，如天沟、檐沟、檐口、泛水、伸出屋面管道根部、阴阳角和防水层收头等部位均应加铺有胎体增强材料的附加层。一般先涂刷1~2遍涂料，铺贴裁剪好的胎体增强材料，使其贴实、平整，干燥后再涂刷一遍涂料。其他层的施工要求和卷材防水屋面施工相同。

5. 涂膜防水层质量检验的项目、要求和检验方法

（1）主控项目

1）防水涂料和胎体增强材料必须符合设计要求。检验方法：检查出厂合格证、质量检验报告和现场抽样复验报告。

2）涂膜防水层不得有渗漏或积水现象。检验方法：雨后或淋水、蓄水试验。

3）涂膜防水层在天沟、檐沟、泛水、变形缝和水落口等处细部做法必须符合设计要求。检验方法：观察检查和检查隐蔽工程验收记录。

4）涂膜防水层的平均厚度应符合设计要求，且最小厚度不得小于设计厚度的80%。检验方法：针测法或取样量测

（2）一般项目

1）涂膜防水层与基层应粘结牢固，表面应平整，涂布应均匀，不得有流淌、皱折、起泡和露胎体等缺陷。

2）涂膜防水层的收头应用防水涂料多遍涂刷。

3）胎体增强材料应平整顺直，搭接尺寸应准确，应排除气泡，并应与涂料粘结牢固，胎体增强材料搭接宽度的允许偏差为-10mm。

五、复合防水层施工

1. 概念

复合防水层是由彼此相容的卷材和涂料组合而成的防水层。

2. 复合防水层的规定

1）选用的防水卷材和防水涂料应相容。

2）卷材与涂料复合使用时，防水涂膜宜设置在卷材防水层的下面。

3. 复合防水层最小厚度（表6-12）

表6-12 复合防水层最小厚度 （单位：mm）

防水等级	合成高分子防水卷材+合成高分子防水涂料	自粘聚合物改性沥青防水卷材（无胎）+合成高分子防水涂料	高聚物改性沥青防水卷材+高聚物改性沥青防水涂料	聚乙烯丙纶卷材+聚合物水泥防水胶结材料
Ⅰ级	1.2+1.5	1.5+1.5	3.0+2.0	(0.7+1.3)×2
Ⅱ级	1.0+1.0	1.2+1.0	3.0+1.2	0.7+1.3

4. 质量验收内容

（1）主控项目

1）防水涂料及其配套材料的质量，应符合设计要求。

2）复合防水层不得有渗漏和积水现象。

3）复合防水层在檐口、檐沟、天沟、水落口、泛水、变形缝和伸出屋面管道的防水构造，应符合设计要求。

（2）一般项目

1）卷材与涂膜应粘结牢固，不得有空鼓和分层现象。

2）复合防水层的总厚度应符合设计要求。

六、接缝密封防水施工

1. 密封防水部位的基层应符合的规定

1）基层应牢固，表面应平整、密实、不得有裂缝、蜂窝、麻面、起皮和起砂等现象。

2）基层应清洁、干燥，应无油污、无灰尘。

3）嵌入的背衬材料与接缝壁间不得留有空隙。

4）密封防水部位的基层宜涂刷基层处理剂，涂刷应均匀，不得漏涂。

2. 合成高分子密封材料防水施工的规定

1）单组分密封材料可直接使用，多组分密封材料应根据规定的比例准确计量，并应拌和均匀，每次拌和量、拌和时间和拌和温度，应按所用密封材料的要求严格控制。

2）采用挤出枪嵌填时，应根据接缝宽度选用口径合适的挤出嘴，应均匀挤材料嵌填，并应由底部逐渐充满整个接缝。

3）密封材料嵌填后，应在密封材料表干前用腻子刀嵌填修整。

3. 接缝密封防水施工验收

（1）主控项目

1）密封材料及其配套材料的质量，应符合设计要求。

2）密封材料嵌填应密实、连续、饱满，粘结牢固，不得有气泡、开裂、脱落等缺陷。

（2）一般项目

1）密封材料部位基层应符合上述第 1 条的规定。

2）接缝宽度和密封材料的嵌填深度应符合设计要求，接缝宽度的允许偏差为 ±10%。

3）嵌填的密封材料表面应平滑，缝边应顺直，并应无明显不平和周边污染现象。

课题 6　细部构造工程

一、屋面细部构造包括的内容

屋面细部构造应包括檐口、檐沟和天沟、女儿墙和山墙、水落口、变形缝、伸出屋面管道、屋面出入口、反梁过水孔、设施基座、屋脊、屋顶窗等部位。规范规定：细部构造中容易形成热桥的部位均应进行保温处理；檐口、檐沟外侧下端及女儿墙压顶内侧下端等部位均应做滴水处理，滴水槽宽度和深度不宜小于 10mm。

1. 檐口

卷材防水屋面檐口 800mm 范围内的卷材应满粘，卷材收头应采用金属压条钉压，并应用密封材料封严，檐口下端应做鹰嘴和滴水槽，如图 6-4 所示。涂膜防水屋面檐口的涂膜收头，应用防水涂料多边涂刷，檐口下端应做鹰嘴和滴水槽，如图6-5所示。

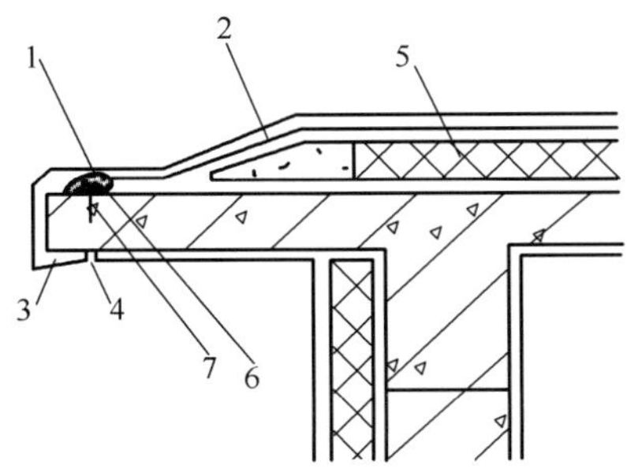

图6-4 卷材防水屋面檐口

1—密封材料 2—卷材防水层 3—鹰嘴

4—滴水槽 5—保温层

6—金属压条 7—水泥钉

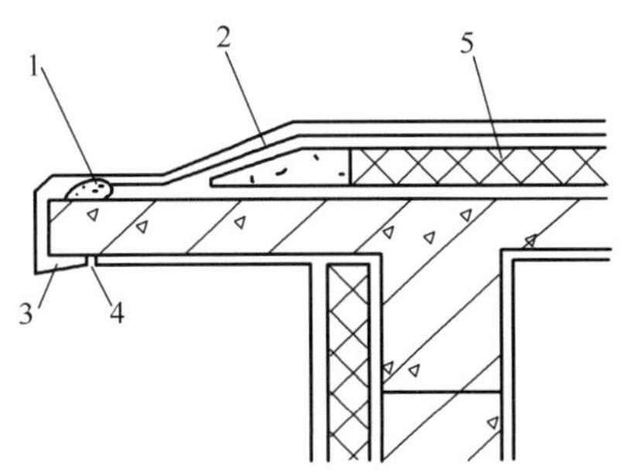

图6-5 涂膜防水屋面檐口

1—涂料多遍涂刷 2—涂膜防水层 3—鹰嘴

4—滴水槽 5—保温层

2. 天沟、檐沟

卷材或涂膜防水屋面檐沟和天沟（如图6-6）的构造应符合下列规定：

1）檐沟和天沟的防水层下应增设附加层，附加层伸入屋面的宽度不应小于250mm。

2）檐沟防水层和附加层应由沟底翻上至外侧顶部，卷材收头应采用金属压条钉压。

3）檐沟外侧下端应做鹰嘴和滴水槽。

4）檐沟外侧高于屋面结构板时，应设置溢水口。

天沟、檐沟必须按设计要求找坡，转角处应抹成规定的圆角。天沟或檐沟铺贴卷材应从沟底开始，顺天沟从水落口向分水岭方向铺贴，并应用密封材料封严。

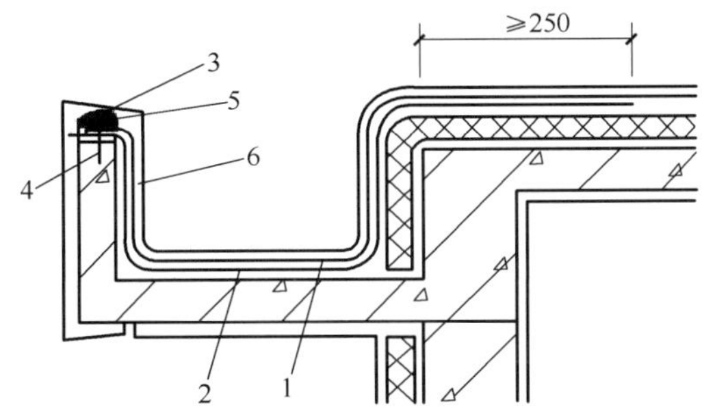

图6-6 卷材、涂膜防水屋面檐沟

1—防水层 2—附加层 3—密封材料 4—水泥钉 5—金属条 6—保护层

3. 女儿墙和山墙

女儿墙和山墙防水构造应符合下列规定：

1）女儿墙压顶可采用混凝土或金属制品，压顶向内排水坡度不应小于5%，压顶内侧下端应做滴水处理。

2）女儿墙泛水处的防水层下应增设附加层，附加层在平面和立面的宽度均不应小于250mm。

3）低女儿墙（图6-7）泛水处的防水层可直接铺贴或涂刷至压顶下，卷材收头应用金属压条固定，并应用密封材料封严；涂膜收头应用防水涂料多遍涂刷。

4）高女儿墙（图6-8）泛水处的防水层泛水高度不应小于250mm，防水层收头应符合上述第（3）条规定，泛水上部的墙体应做防水处理。

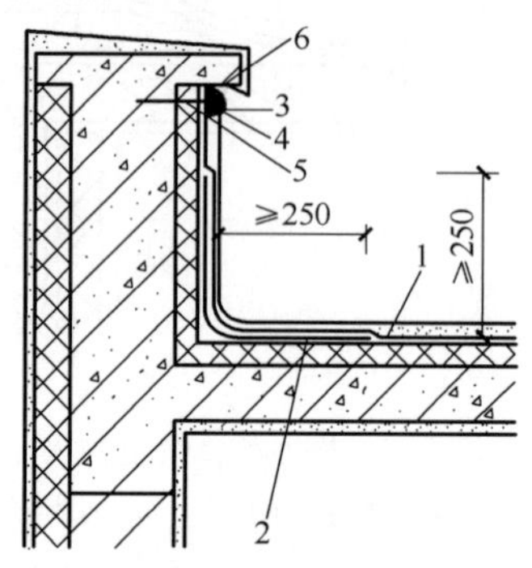

图6-7　低女儿墙

1—防水层　2—附加层　3—密封材料　4—金属压条
5—水泥钉　6—压顶

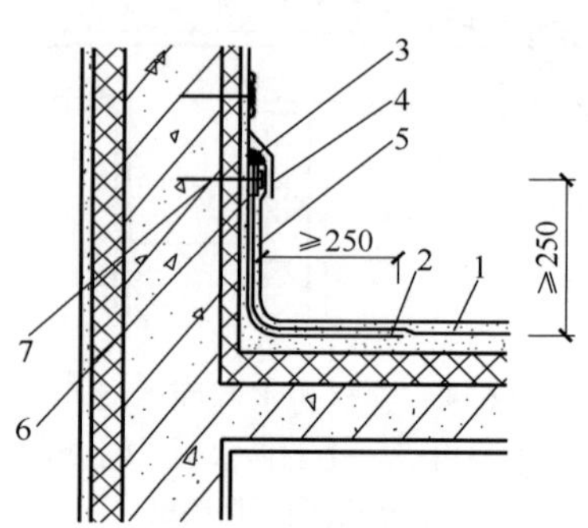

图6-8　高女儿墙

1—防水层　2—附加层　3—密封材料
4—金属盖板　5—保护层
6—金属压条　7—水泥钉

4. 变形缝

变形缝防水构造应符合下列规定：

1）变形缝泛水处的防水层下应增设附加层，附加层在平面和立面的宽度均不应小于250mm；防水层应铺贴或涂刷至泛水墙的顶部。

2）变形缝内应预填不燃保温材料，上部应采用防水卷材封盖，并放置衬垫材料，再在其上干铺一层卷材。

3）等高变形缝顶部宜加扣混凝土或金属盖板（图6-9）。

4）高低跨变形缝在立墙泛水处，应采用有足够变形能力的材料和构造做密封处理（图6-10）。

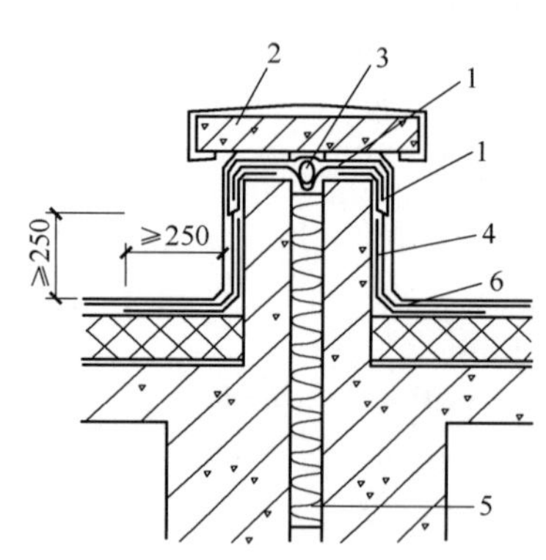

图6-9　等高变形缝

—卷材封盖　2—混凝土盖板　3—衬垫材料
4—附加层　5—不燃保温材料　6—防水层

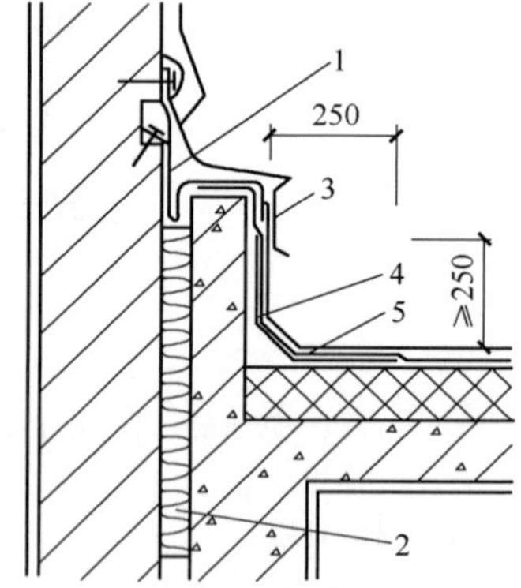

图6-10　高低跨变形缝

1—卷材封盖　2—不燃保温材料
3—金属盖板　4—附加层　5—防水层

5. 伸出屋面管道

伸出屋面管道的防水构造（图6-11）应符合下列规定：

1）管道周围的找平层应抹出高度不应小于30mm的排水坡。

2）管道泛水处的防水层下应增设附加层，附加层在平面和立面的宽度均不应小于250mm。

3）管道泛水处的防水层泛水高度不应小于250mm。

4）卷材收头应用金属箍紧固和密封材料封严，涂膜收头应用防水涂料多遍涂刷。

6. 屋面出入口

屋面垂直出入口泛水处应增设附加层，附加层在平面和立面的宽度均不应小于250mm；防水层收头应在混凝土压顶圈下，如图6-12所示。

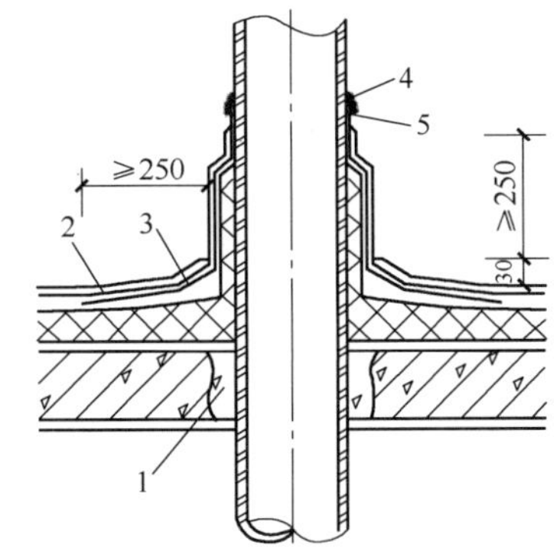

图6-11 伸出屋面管道

1—细石混凝土 2—卷材防水层 3—附加层
4—密封材料 5—金属箍

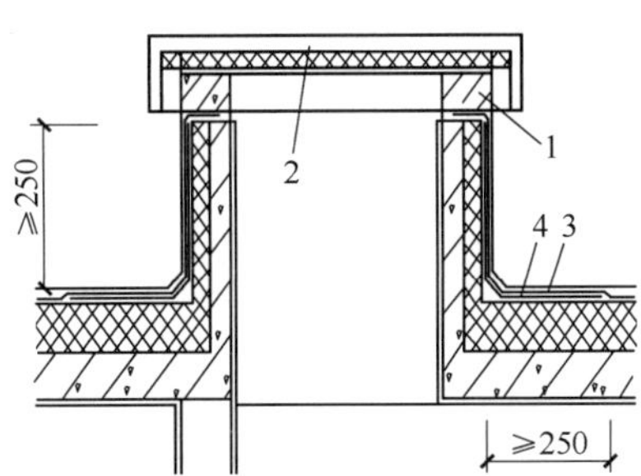

图6-12 屋面垂直出入口

1—混凝土压顶圈 2—上人孔道
3—防水层 4—附加层

课题7 屋面工程验收

屋面工程施工质量验收的程序和组织，应符合现行国家标准《建筑工程施工质量验收统一标准》(GB 50300—2013）的有关规定。

一、检验批质量验收合格应符合的规定

1）主控项目的质量应经抽查检验合格。

2）一般项目的质量应经抽查检验合格；有允许偏差值的项目，其抽查点应有80%及其以上在允许偏差范围内，且最大偏差值不得超过允许偏差值的1.5倍。

3）应具有完整的施工操作依据和质量检查记录。

二、分项工程质量验收合格应符合的规定

1）分项工程所含检验批的质量均应验收合格。

2）分项工程所含检验批的质量验收记录应完整。

三、分部（子分部）工程质量验收合格应符合的规定

1）分部（子分部）所含分项工程的质量均应验收合格。

2）质量控制资料应完整。

3）安全与功能抽样检验应符合现行国家标准《建筑工程施工质量验收统一标准》(GB 50300—2013）的有关规定。

4）观感质量检查应符合规范的规定。

四、屋面工程验收资料和记录应符合的规定（表6-13）

表6-13 屋面工程验收资料和记录应符合的规定

资料项目	验收资料
防水设计	设计图样及会审记录、设计变更通知单和材料代用核定单
施工方案	施工方法、技术措施、质量保证措施
技术交底记录	施工操作要求及注意事项
材料质量证明文件	出厂合格证、型式检验报告、出厂检验报告、进场验收记录和进场检验报告
施工日志	逐日施工情况
工程检验记录	工序交接检验记录、检验批质量验收记录、隐蔽工程验收记录、淋水或蓄水试验记录、观感质量检查记录、安全与功能抽样检验（检测）记录
其他技术资料	事故处理报告、技术总结

五、屋面工程隐蔽工程验收的内容

1）卷材、涂膜防水层的基层。

2）保温层的隔汽和排气措施。

3）保温层的铺设方式、厚度、板材缝隙填充质量及热桥部位的保温措施。

4）接缝的密封处理。

5）瓦材与基层的固定措施。

6）檐沟、天沟、泛水、水落口和变形缝等细部做法。

7）在屋面易开裂和渗水部位的附加层。

8）保护层与卷材、涂膜防水层之间的隔离层。

9）金属板材与基层的固定和板缝间的密封处理。

10）坡度较大时，防止卷材和保温层下滑的措施。

 **实时训练**

[练6-1] 某工程采用倒置式屋面（倒置式屋面是将保温层设置在防水层之上的屋面），其工程设计要求如图6-13所示。请编制屋面卷材防水各层的施工技术交底。

1. 屋面保温层（65mm厚聚苯乙烯泡沫塑料板保温层）

1）将基层上的浮灰、杂物清理干净。

2）找坡层施工完成后，应及时铺设保温层，尤其在雨期施工，更应及时采取措施。

3）铺设保温层的结构表面应干燥、洁净；聚苯板不应破碎、缺棱掉角。

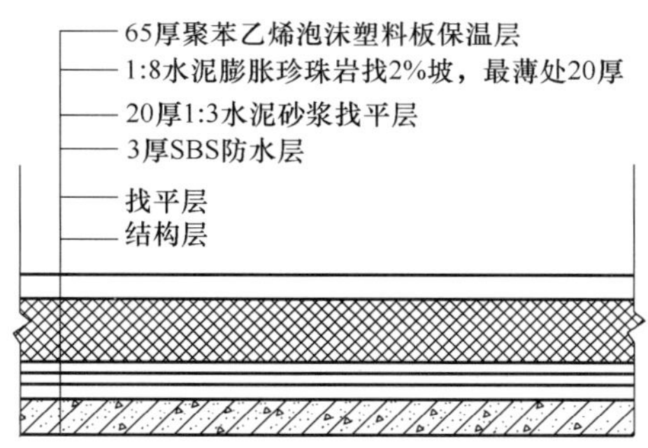

图6-13 倒置式屋面防水构造设计要求

4）保温材料的强度、密度、导热系数和含水率必须符合设计和规范的规定；材料的技术指标应有试验资料。

2. 屋面找坡层

根据设计的排水坡度要求铺设1:8水泥膨胀珍珠岩找2%坡，最薄处20mm厚，用平板振捣器振实，并保证落水口处最薄为20mm。水落口周围直径500mm范围内的坡度不小于6%（考虑到附加层），从而确保防水层完成后的坡度不小于5%。在找坡层上固定水落口并用嵌缝油膏涂封，厚度不小于2mm。水落口杯与基层接触处留宽20mm、深20mm的凹槽，嵌填嵌缝油膏，而后抹20mm厚1:3水泥砂浆找平层。

3. SBS防水卷材施工

（1）基层处理

1）1:3水泥砂浆找平层应抹平压光，表面应坚实并充分干燥，不得有凹凸、松动、鼓包、起皮、裂缝、麻面等现象，用2m直尺检查基层表面平整度，偏差不得超过5mm。

2）屋面排水坡度应符合国家规范的要求。

3）找平层与凸出屋面的结构（如女儿墙、立墙、变形缝、管道、天窗等）应符合国家规范规定。

4）女儿墙顶端和檐口部位的滴水线应符合要求，水落口要适合于铺设卷材且周围排水良好。

5）在铺设卷材防水层之前，应清除基层上的灰尘、油脂等杂物，基层表面必须干净。

（2）卷材防水层的铺设和粘结处理

1）卷材的铺设方法：本工程防水卷材的铺设方法采用单层满粘法。

2）卷材防水层施工方法。

① 将卷材展开并定位。防水层卷材应由下向上铺贴，铺贴方向顺着水流方向。把卷材折回一半，使卷材底面有一半暴露；折回的卷材应平滑、无皱折。

② 搅匀基层胶粘剂并用绒毛滚刷或毛刷把胶均匀涂布在基层和卷材上，不要结球，并保证使两个表面都达到100%涂布，但在卷材搭接区，不要涂基层胶粘剂；基层胶粘剂干燥、指触不粘时，即可开始铺贴卷材。

③ 铺贴时不能拉伸卷材，并避免出现折皱缺陷；每铺完一幅卷材后，立即在卷材表面用力滚压，以保证卷材与其粘贴牢固；折回卷材未粘结的一半，按照上述工艺完成整幅卷材

铺贴。

3）卷材搭接缝的粘结和密封。

① 卷材与卷材的连接采用搭接方式，搭接宽度短边为80mm，长边为80mm。

② 相邻卷材搭接定位，用专用清洗剂清洁搭接区后，均匀涂刷搭接胶粘剂。

③ 待搭接胶粘剂干燥至仍有粘性但指触不粘时，沿底部卷材的内边缘13mm以内，挤涂4mm宽的内密封膏条，在所有的接缝上，特别是接缝相交处要确保密封膏不间断。

④ 在内密封膏挤涂完毕后，进行卷材搭接粘结作业，用手一边压合一边排除空气，使搭接部位粘合。

⑤ 用沾有配套清洗剂的布清理接缝，以接缝为中心线，挤涂搭接密封膏，并用带有凹槽的专用刮板沿接缝中心线以45°角刮涂压实外密封膏，使之定型。搭接密封膏应在搭接完成2h后施加，并应当日完成。

4. 保护层施工

防水层完成并经检验合格后，方可进行保护层的施工。应根据设计及有关规范的要求，对于上人屋面，可采用水泥砂浆、块材或卵石作为保护层；卵石保护层与保温层之间，应做隔离层（干铺一层无纺聚酯纤维布），卵石铺设应防止过量，以免加大屋面荷载，造成结构开裂或变形过大。对于非上人屋面，可根据需要涂刷表面着色保护涂层。

5. 质量要求

1）SBS防水卷材工程完成后，不得有渗漏和积水现象。检验屋面有无渗漏和积水、排水系统是否顺畅，应在雨后、持续淋水2h或蓄水试验后进行。

2）SBS防水卷材及系统配套材料的品种、规格和性能应符合设计要求。质量应符合相关标准的规定。

3）卷材防水层的外观应平整、顺直，不得有扭曲和皱折。

4）卷材防水层的铺贴方法和铺贴顺序应符合工艺的要求。其搭接宽度应正确，接缝应严密。卷材搭接区应粘结牢固，内、外密封膏条必须连续，不能间断。

5）一般细部节点及复杂细部节点的附加防水处理应符合工艺的要求。所有接缝、卷材端头、收头部位应按工艺的规定用专用密封材料封严，密封膏不能间断。

6）保护层的设置应符合工艺的规定。块体保护层应铺砌平整、均匀严密。其分格缝的留设应正确。

技能实训——屋面防水

某实训楼屋面防水等级为Ⅱ级，屋面平面如图6-14所示，根据图示要求在实训中完成以下主要内容：

1）防水卷材现场抽样复验实训。

2）确定大面积铺贴卷材前，定位卷材铺贴的顺序，搭接宽度、搭接缝错开的距离。

3）采用冷粘法铺贴卷材防水层的施工工艺实训。

4）主要节点卷材防水铺贴实训。

5）铺贴完成，每一实训组自检屋面防水层质量，填写验收记录表。

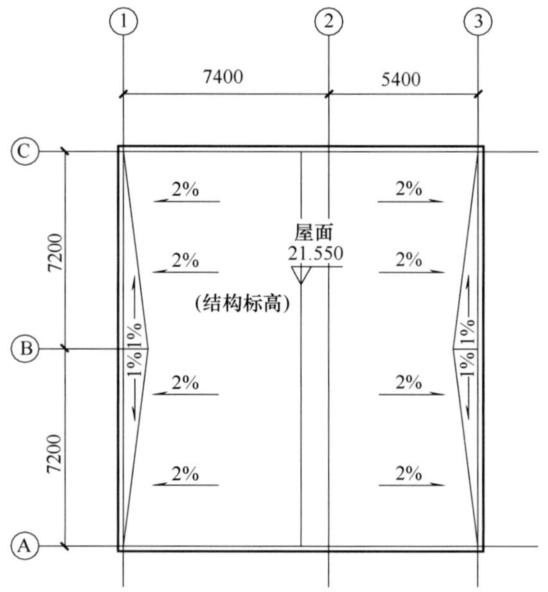

图6-14 某实训楼屋面平面

单元 7

装饰装修工程施工

［单元学习指导］

本单元主要讲述：

1. 知道装饰装修工程包括多少子分部工程。
2. 掌握抹灰工程的一般规定、施工工艺及施工验收标准。
3. 知道门窗工程安装方法和验收标准。
4. 知道建筑地面工程的种类和基本规定。
5. 熟悉整体面层和板块面层施工工艺及验收标准。
6. 掌握饰面砖和饰面板工程施工工艺及施工方法。
7. 熟悉涂饰工程工艺过程。
8. 建筑幕墙工程施工。

［单元学习目标］

知识目标

1. 熟悉抹灰工程的组成，基层处理方法、施工工艺和质量验收要求。
2. 理解塑钢门窗安装工艺流程。
3. 掌握整体面层、板块面层、木竹地面铺设的施工工艺和施工方法。
4. 熟悉饰面板的安装和饰面砖镶贴的施工工艺和施工要求。

技能目标

1. 根据实际工程确定装饰装修工程包括哪些子分部工程。
2. 通过实训理解抹灰工程的施工工艺过程。
3. 能编制整体面层和板块面层施工的技术交底。
4. 能编制饰面砖和饰面板工程施工的技术交底。
5. 会编制装饰装修工程的施工方案。

课题 1　认识装饰装修工程的施工内容及基本规定

建筑装饰工程是指为了保护建筑物的主体结构、完善建筑物的使用功能和美化建筑物，采用装饰装修材料或装饰物，对建筑物的内外表面及空间进行的各种处理过程。

建筑装饰装修分部工程包括：建筑地面、抹灰、外墙防水、门窗、吊顶、轻质隔墙、饰面板、饰面砖、幕墙、涂饰、裱糊与软包以及细部工程等 12 个子分部工程。

装饰装修工程施工的基本规定如下：

1）承担建筑装饰装修工程施工的单位应具备相应的资质，并应建立质量管理体系。施工单位应编制施工组织设计并应经过审查批准。施工单位应按有关的施工工艺标准或经审定的施工技术方案施工，并应对施工全过程实行质量控制。

2）承担建筑装饰装修工程施工的人员应有相应岗位的资格证书。

3）建筑装饰装修工程的施工质量应符合设计要求和规范的规定，由于违反设计文件和规范的规定造成的施工质量问题应由施工单位负责。

4）建筑装饰装修工程施工中，严禁违反设计文件擅自改动建筑主体、承重结构或主要使用功能；严禁未经设计确认和有关部门批准擅自拆改水、暖、电、燃气、通信等配套设施。

5）施工单位应遵守有关环境保护的法律法规，并应采取有效措施控制施工现场的各种粉尘、废气、废弃物噪声、振动等对周围环境造成的污染和危害。

6）施工单位应遵守有关施工安全、劳动保护、防火和防毒的法律法规，应建立相应的管理制度，并应配备必要的设备、器具和标识。

7）建筑装饰装修工程应在基体或基层的质量验收合格后施工。对既有建筑进行装饰装修前，应对基层进行处理并达到规范的要求。

8）建筑装饰装修工程施工前应有主要材料的样板或做样板间（件），并应经有关各方确认。

9）墙面采用保温材料的建筑装饰装修工程，所用保温材料的类型、品种、规格及施工工艺应符合设计要求。

10）管道、设备等的安装及高度应在建筑装饰装修工程施工前完成，当必须同步进行时，应在饰面层施工前完成。装饰装修工程不得影响管道、设备等的使用和维修。涉及燃气管道的建筑装饰装修工程必须符合有关安全管理的规定。

11）建筑装饰装修工程的电器安装应符合设计要求和国家现行标准的规定，严禁不经穿管直接埋设电线。

12）室内外装饰装修工程施工的环境条件应满足施工工艺的要求。施工环境温度不应低于 5℃。当必须在低于 5℃气温下施工时，应采取保证工程质量的有效措施。

13）建筑装饰装修工程施工过程中应做好半成品、成品的保护，防止污染和损坏。

14）建筑装饰装修工程验收前应将施工现场清理干净。

课题 2　抹灰工程施工

抹灰工程是用灰浆涂抹在房屋建筑的墙、地、顶棚表面上的一种传统做法的装饰工程。抹灰工程包括：一般抹灰、保温层薄抹灰、装饰抹灰、清水砌体勾缝四个分项工程。

一、抹灰工程的一般规定

1）抹灰工程验收时应检查下列文件和记录：抹灰工程的施工图、设计说明及其他设计文件；材料的产品合格证书、性能检测报告、进场验收记录和复验报告；隐蔽工程验收记录、施工记录。

2）抹灰工程应对水泥的凝结时间和安定性进行复验。

3）抹灰工程应对下列隐蔽工程项目进行验收：抹灰总厚度大于或等于35mm时的加强措施；不同材料基体交接处的加强措施。

4）各分项工程的检验批应按下列规定划分：

① 相同材料、工艺和施工条件的室外抹灰工程每500～1000m^2 应划分为一个检验批，不足500m^2 也应划分为一个检验批。

② 相同材料、工艺和施工条件的室内抹灰工程每50个自然间（大面积房间和走廊按抹灰面积30m^2 为一间）应划分为一个检验批，不足50间也应划分为一个检验批。

5）检查数量应符合下列规定：

① 室内每个检验批应至少抽查10%，并不得少于3间；不足3间时应全数检查。

② 室外每个检验批每100m^2 应至少抽查一处，每处不得小于10m^2。

6）抹灰用的石灰膏的熟化期不应少于15d；罩面用的磨细石灰粉的熟化期不应少于3d。

7）室内墙面、柱面和门洞口的阳角做法应符合设计要求。设计无要求时，应采用1∶2水泥砂浆做护角，其高度不应低于2m，每侧宽度不应小于50mm。

8）当要求抹灰层具有防水、防潮功能时，应采用防水砂浆。

9）各种砂浆抹灰层，在凝结前应防止快干、水冲、撞击、振动和受冻，在凝结后应采取措施防止沾污和损坏。水泥砂浆抹灰层应在湿润条件下养护。

10）外墙和顶棚的抹灰层与基层之间及各抹灰层之间必须粘结牢固。

二、抹灰工程的组成

为了保证砂浆与基层粘结牢固，表面平整、不产生裂缝，抹灰施工一般分层操作，可分为底层、中层、面层。底层主要起与基层粘结作用，兼起初步找平作用，砂浆厚度为10～12mm。中层主要起找平作用，砂浆的种类基本与底层相同。面层主要起装饰作用，要求大面平整、无裂纹、颜色均匀。

三、一般抹灰工程施工

1. 一般抹灰的种类

一般抹灰的种类包括：石灰砂浆、水泥砂浆、水泥混合砂浆、聚合物水泥砂浆和麻刀石灰、纸筋石灰、石膏灰等一般抹灰工程。一般抹灰按质量要求分为普通抹灰和高级抹灰两个等级。当设计无要求时，按普通抹灰验收。普通抹灰为一层底层和一层面层或一层底层、一层中层和一层面层，要求表面光滑、洁净、接槎平整、分格缝清晰。高级抹灰由一层底层、数层中层和一层面层组成，要求表面光滑、洁净，颜色均匀无抹纹，分格缝和灰线应清晰美观。

2. 一般抹灰的施工材料要求

1）水泥。水泥为不小于32.5级颜色一致、同一批号、同一品种、同一强度等级、同一生产厂家的产品普通硅酸盐水泥、矿渣硅酸盐水泥。

2）石灰膏和磨细生石灰粉。块状生石灰须经熟化成石灰膏后使用；将块状生石灰碾碎磨细后即为磨细生石灰粉。

3）砂。抹灰用砂，最好是中砂。

4）纤维材料。麻刀、纸筋、稻草、玻璃纤维，在抹灰层中起拉结和骨架作用，提高抹灰层的抗拉强度，增加抹灰层的弹性和耐久性，使抹灰层不易裂缝脱落。

5）颜料和胶粘剂。为了加强装饰效果，往往在砂浆中掺入适量的颜料，要求抹灰用颜料必须为耐碱、耐光的矿物颜料。加入适量的胶粘剂如108胶可提高抹灰层的粘结力，改善抹灰性能，提高抹灰质量。

3. 一般抹灰基层表面处理

抹灰工程施工前，必须对基层表面做适当的处理，使其坚实粗糙，以增强抹灰层的粘结。基层处理包括以下内容：

1）将砖、混凝土、加气混凝土等基层表面的灰尘、污垢和油渍等清除干净，并洒水湿润；混凝土基体上抹灰前，必须在表面洒水湿润后涂刷1∶1水泥砂浆加适量108胶水。做到涂刷均匀，不得有漏刷，洒水养护，待强度达到一定程度后进行抹灰。或采用界面处理剂涂刷，以增加粘结力。加气混凝土基体应在湿润后涂刷界面剂，再抹强度不大于M5的水泥混合砂浆。

2）检查基体表面平整度，对凹凸过大的部位应凿补平整。

3）墙上的施工孔洞及管道线路穿越的孔洞应堵塞填平密实。

4）室内墙面、柱面和门洞口的阳角做法应符合设计要求。设计无要求时，应采用1∶2水泥砂浆做护角（图7-1），其高度不应低于2m，每侧宽度不应小于50mm。

5）抹灰工程应分层进行。当抹灰总厚度大于或等于35mm时，应采取加强措施。不同材料基体交接处表面的抹灰，应采取防止开裂的加强措施。当采用加强网时，加强网与各基体的搭接宽度不应小于100mm，如图7-2所示。

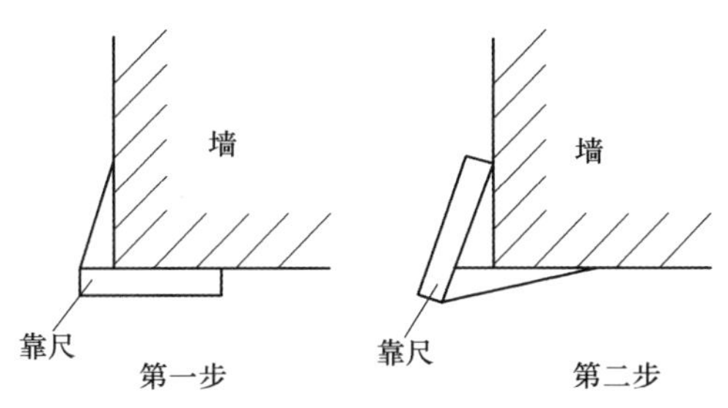

图7-1　水泥砂浆护角做法

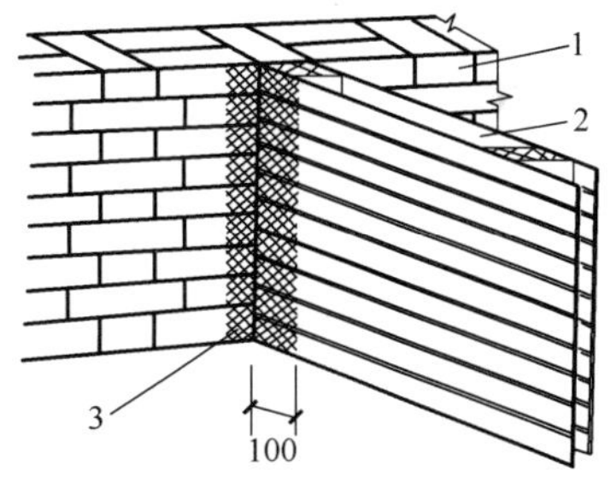

图7-2　不同材料基体交接处的处理

1—砖墙　2—板条墙　3—钢丝网

4. 一般抹灰施工工艺顺序

一般顺序：应遵循先外墙后内墙，先上后下，先顶棚、墙面后地面的顺序施工。

（1）外墙抹灰施工工艺　基层处理→湿润墙面→设置标筋（做灰饼、冲筋）→阴阳角找方→做护角线→抹墙面底层灰→抹墙面中层灰→弹线粘贴分格条→抹墙面面层灰表面压光并修整起分格条→抹滴水线→养护。

（2）施工要点

1）吊垂直、套方、找规矩、做灰饼、冲筋。根据建筑高度确定放线方法，高层建筑可利用墙大角、门窗口两边，用经纬仪打直线找垂直。多层建筑可从顶层用线坠吊垂直，找规矩，横向水平线可依据楼层标高或施工+50cm线为水平基准线进行交圈控制，然后按抹灰操作层抹灰饼，每层抹灰时则以灰饼做基准冲筋，使其保证横平竖直。操作时应先抹上灰饼，再抹下灰饼。抹灰饼时应根据室内抹灰要求，确定灰饼的正确位置（图 7-3），再用靠尺板找好垂直与平整（图 7-4）。灰饼宜用 1∶3 水泥砂浆抹成 5cm 见方形状。当灰饼砂浆达到七八成干时，即可用与抹灰层相同的砂浆冲筋。冲筋根数应根据房间的宽度和高度确定，一般冲筋宽度为 5cm，两筋间距不大于 1.5m。

2）抹底层灰、中层灰。根据不同的基体，抹底层灰前可刷一道掺 108 胶的水泥浆，然后抹 1∶3 水泥砂浆（加气混凝土墙应抹 1∶1∶6 混合砂浆），每层厚度控制在 5～7mm 为宜。分层抹灰，用木杠刮平找直，木抹子搓毛，每层抹灰不宜跟得太紧，以防收缩影响质量。

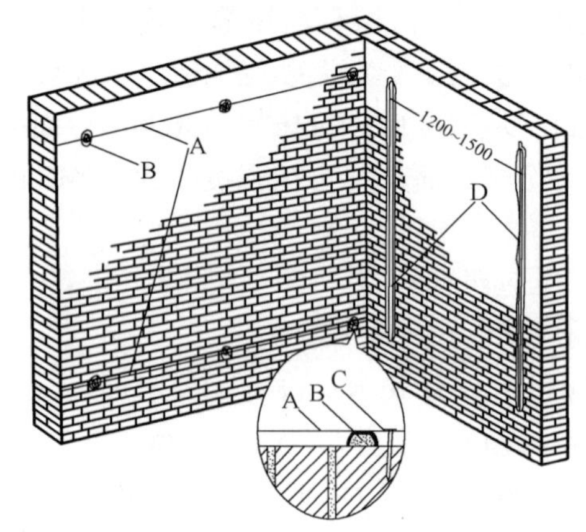

图 7-3 挂线做标志块及标筋

A—引线 B—灰饼（标志块） C—钉子 D—冲筋

图 7-4 用托线板挂垂直做标志

3）弹线、嵌分格条。根据图样要求弹线分格、粘分格条。分格条宜采用红松制作也可以采用塑料分格条，木分格条粘前应用水充分浸透。粘时在条两侧用素水泥浆抹成 45°“八”字坡形。粘分格条时注意竖条应粘在所弹线的同一侧，防止左右乱粘，出现分格不均匀。条粘好后待底层呈七八成干后可抹面层灰。

4）抹面层灰、起分格条。待底灰呈七八成干时开始抹面层灰，将底灰墙面浇水均匀湿润，先刮一层薄薄的素水泥浆，随即抹罩面灰与分格条抹平，并用木杠横竖刮平，木抹子搓毛，铁抹子溜光、压实。待其表面无明水时，用软毛刷蘸水垂直于地面向同一方向轻刷一遍，以保证面层灰颜色一致，避免出现收缩裂缝，随后将分格条起出（如果采用塑料分格条不再起出来），待灰层干后，用素水泥膏将缝勾好。难起的分格条不要硬起，防止棱角损坏，等灰层干透后补起，并补勾缝。

5）抹滴水线。在抹檐口、窗台、窗眉、阳台、雨篷、压顶和凸出墙面的腰线以及装饰凸线时，应将其上面做成向外的流水坡度，严禁出现倒坡，下面做滴水线（槽）。流水坡度及滴水线（槽）距外表面不小于 4cm，滴水线深度和宽度一般不小于 10mm，并应保证其流水坡度方向正确。

6）养护。水泥砂浆抹灰常温 24h 后应喷水养护，冬期施工要有保温措施。

5. 质量验收标准

（1）主控项目

1）抹灰前基层表面的尘土、污垢、油渍等应清除干净，并应洒水润湿。

2）一般抹灰材料的品种和性能应符合设计要求。水泥凝结时间和安定性应合格。砂浆的配合比应符合设计要求。

3）抹灰工程应分层进行。当抹灰总厚度大于或等于35mm时，应采取加强措施。不同材料基体交接处表面的抹灰，应采取防止开裂的加强措施，当采用加强网时，加强网与各基体的搭接宽度不应小于100mm。

4）抹灰层与基层之间及各抹灰层之间必须粘结牢固，抹灰层应无脱层、空鼓，面层应无爆灰和裂缝。

（2）一般项目

1）一般抹灰工程的表面质量应符合下列规定：

①普通抹灰表面应光滑、洁净，接槎平整，分格缝应清晰。

②高级抹灰表面应光洁，颜色均匀、无抹纹，分格缝和灰线应清晰美观。

2）护角、孔洞、槽、盒周围的抹灰表面应整齐、光滑；管道后面的抹灰表面应平整。

3）抹灰总厚度应符合设计要求，水泥砂浆不得抹在石灰砂浆上，罩面石膏灰不得抹在水泥砂浆层上。

4）抹灰分格缝的设置应符合设计要求，宽度和深度应均匀，表面光滑，棱角应整齐。

5）有排水要求的部位应做滴水线（槽）。滴水线（槽）应整齐顺直，滴水线内高外低，滴水槽的宽度和深度，均不应小于10mm。

6）一般抹灰工程质量的允许偏差和检验方法应符合表7-1的规定。

表7-1 一般抹灰工程质量的允许偏差和检验方法

项目	允许偏差/mm		检验方法
	普通抹灰	高级抹灰	
立面垂直度	4	3	用2m垂直检测尺检查
表面平整度	4	3	用2m靠尺和塞尺检查
阴阳角方正	4	3	用直角检测尺检查
分格条（缝）直线度	4	3	拉5m线，不足5m拉通线，用钢尺检查
墙裙、勒脚上口直线度	4	3	拉5m线，不足5m拉通线，用钢尺检查

四、装饰抹灰施工

装饰抹灰除具有与一般抹灰相同的功能外，主要使装饰艺术效果更加鲜明。装饰抹灰的底层和中层的做法与一般抹灰基本相同，只是面层的材料和做法有所不同。主要包括：水刷石、干粘石、斩假石、假面砖。

1. 水刷石施工

（1）主要材料要求

1）水泥。宜采用普通硅酸盐水泥或硅酸盐水泥，也可采用矿渣水泥、火山灰水泥、粉煤灰水泥及复合水泥，彩色抹灰宜采用白色硅酸盐水泥。水泥强度等级宜采用32.5级颜色一致、同一批号、同一品种、同一强度等级、同一厂家生产的产品。

2）砂子。宜采用中砂，要求颗粒坚硬、洁净，含泥量小于3%，使用前应过筛，除去杂质和泥块等。

3）石渣。要求颗粒坚实、整齐、均匀、颜色一致，不含黏土及有机、有害物质。所使用的石渣规格、级配应符合规范和设计要求。一般中八厘为6mm，小八厘为4mm，使用前应用清水洗净，按不同规格、颜色分堆晾干后堆放。施工采用彩色石渣时，要求采用同一品种、同一产地的产品，宜一次进货备足。

4）颜料。应采用耐碱性和耐光性较好的矿物质颜料，使用时应采用同一配合比与水泥干拌均匀，装袋备用。

5）胶粘剂。应符合国家规范标准要求，掺加量应通过试验确定。

（2）施工工艺　基层处理→湿润墙面→设置标筋→抹墙面底、中层灰→弹线和粘贴分格条→抹水泥石子浆→洗刷→检查质量→养护。

1）施工要点。待底面灰六七成干时首先将墙面润湿涂一层胶粘性素水泥浆，然后开始用钢抹子抹面层水泥石子浆。自下往上分两遍与分格条抹平，有坑凹处要及时填补，边抹边拍打揉平。将抹好在分格块内的石子浆面层拍平压实，再用铁抹子溜光压实，反复3~4遍。然后开始刷洗面层水泥浆，喷刷分两遍进行，喷刷要均匀，使石子露出表面1~2mm为宜。最后用水壶从上往下将石渣表面冲洗干净，冲洗时不宜过快，在最后喷刷时，可用草酸稀释液冲洗一遍，再用清水洗一遍，墙面更显洁净、美观。

2）养护。待面层达到一定强度后，可喷水养护防止脱水、收缩造成空鼓、开裂。

2. 干粘石施工

（1）干粘石的施工工艺　基层处理→湿润墙面→设置标筋→抹墙面底、中层灰→弹线和粘贴分格条→抹面层砂浆→撒石子→修整拍平。

（2）施工要点

1）当抹完粘结层后，紧跟其后一手拿装石子的托盘，一手用木拍板向粘结层甩粘石子。要求甩严、甩均匀，并用托盘接住掉下来的石粒，甩完后随即用钢抹子将石子均匀地拍入粘结层，石子嵌入砂浆的深度应不小于粒径的1/2，并应拍实、拍严。操作时要先甩两边，后甩中间，从上至下快速、均匀地进行，甩出的动作应快，用力均匀，不使石子下溜，并应保证左右搭接紧密，石粒均匀。

2）拍平、修整、处理黑边。拍平、修整要在水泥初凝前进行，先拍压边缘，而后中间，拍压要轻重结合、均匀一致。拍压完成后，应对已粘石面层进行检查，发现阴阳角不顺挺直、表面不平整、黑边等问题，应及时处理。

3）喷水养护。粘石面层完成常温24h后喷水养护，养护期不少于2~3d。

3. 斩假石施工

斩假石的施工工艺为：基层处理→湿润墙面→设置标筋→抹墙面底、中层灰→弹线和粘贴分格条→抹水泥石子浆→养护→斩剁→清理。

4. 假面砖施工

假面砖施工是用掺加氧化铁黄和氧化铁红等颜料的罩面厚度为3mm的水泥砂浆，达到一定强度后，用铁梳子沿靠尺由上而下划纹，然后按面砖宽度划出深横沟，露出底层砂浆，最后清扫墙面，达到模拟面砖装饰效果。

5. 装饰抹灰的质量标准

（1）主控项目

1）抹灰前基层表面的尘土、污垢、油渍等应清除干净，并应洒水润湿。

2）装饰抹灰工程所用材料的品种和性能应符合设计要求。水泥的凝结时间和安定性复验应合格。砂浆的配合比应符合设计要求。

3）抹灰工程应分层进行。当抹灰总厚度大于或等于35mm时，应采取加强措施。不同材料基体交接处表面的抹灰，应采取防止开裂的加强措施，当采用加强网时，加强网与各基体的搭接宽度不应小于100mm。

4）各抹灰层之间及抹灰层与基体之间必须粘结牢固，抹灰层应无脱层、空鼓和裂缝。

（2）一般项目

1）装饰抹灰工程的表面质量应符合下列规定：

① 水刷石表面应石粒清晰、分布均匀、紧密平整、色泽一致，应无掉粒和接槎痕迹。

② 斩假石表面剁纹应均匀顺直、深浅一致，应无漏剁处；阳角处应横剁并留出宽窄一致的不剁边条，棱角应无损坏。

③ 干粘石表面应色泽一致、不露浆、不漏粘，石粒应粘结牢固、分布均匀，阳角处应无明显黑边。

④ 假面砖表面应平整、沟纹清晰、留缝整齐、色泽一致，应无掉角、脱皮、起砂等缺陷。检验方法：观察，手摸检查。

2）装饰抹灰分格条（缝）的设置应符合设计要求，宽度和深度应均匀，表面应平整光滑，棱角应整齐。

3）有排水要求的部位应做滴水线（槽）。滴水线（槽）应顺直，滴水线应内高外低，滴水槽的宽度和深度均不应小于10mm，应采取加强措施。不同材料基体交接处表面的抹灰，应采取防止开裂的加强措施，当采用加强网时，加强网与各基体的搭接宽度不应小于100mm。

4）装饰抹灰工程质量的允许偏差和检验方法应符合表7-2的规定。

表7-2 装饰抹灰工程质量的允许偏差和检验方法

项目	允许偏差/mm				检验方法
	水刷石	斩假石	干粘石	假面砖	
立面垂直度	5	4	5	5	用2m靠尺和塞尺检查
表面平整度	3	3	5	4	用2m靠尺和塞尺检查
阳角方正	3	3	4	4	用直角检测尺检查
分格条（缝）直线度	3	3	3	3	用5m线，不足5m拉通线，用钢尺检查
墙裙、勒脚上口直线度	3	3	—	—	用5m线，不足5m拉通线，用钢尺检查

课题3 门窗工程施工

一、门窗工程的一般规定

1）门窗种类。门窗工程是建筑物的主要组成部分，常用门窗的种类有：木门窗、钢门窗、铝合金门窗、塑料门窗、塑钢门窗、断桥铝门窗（又叫铝塑复合门窗）六大种。

2）门窗工程验收时应检查下列文件和记录：

① 门窗工程的施工图、设计说明及其他设计文件。

② 材料的产品合格证书、性能检测报告、进场验收记录和复验报告。

③ 特种门及其附件的生产许可文件。

④ 隐蔽工程验收记录。

3）门窗工程应对下列材料及其性能指标进行复验：

① 人造木板的甲醛含量。

② 建筑外墙金属窗、塑料窗的抗风性能、空气渗透性能和雨水渗漏性能。

4）门窗工程应对下列隐蔽工程项目进行验收：

① 预埋件和锚固件。

② 隐蔽部位的防腐、填嵌处理。

5）各分项工程的检验批应按下列规定划分：

① 同一品种、类型和规格的木门窗、金属门窗、塑料门窗及门窗玻璃每 100 樘应划分为一个检验批，不足 100 樘也应划分为一个检验批。

② 同一品种、类型和规格的特种门每 50 樘应划分为一个检验批，不足 50 樘也应划分为一个检验批。

6）检查数量应符合下列规定：

① 木门窗、金属门窗、塑料门窗及门窗玻璃，每个检验批应至少抽查 5%，并不得少于 3 樘，不足 3 樘时应全数检查；高层建筑的外窗，每个检验批应至少抽查 10%，并不得少于 6 樘，不足 6 樘时应全数检查。

② 特种门每个检验批应至少抽查 50%，并不得少于 10 樘，不足 10 樘时应全数检查。

7）门窗安装前，应对门窗洞口尺寸进行检验。

8）金属门窗和塑料门窗安装应采用预留洞口的方法施工，不得采用边安装边砌口或先安装后砌口的方法施工。

9）建筑外门窗的安装必须牢固。在砌体上安装门窗严禁用射钉固定。

二、木门窗

1. 木门窗制作和安装

1）制作。木门窗宜在木材加工厂定型制作，不宜在施工现场加工制作。

2）安装。木门窗框安装有先立门窗框（立口）和后塞门窗框两种。

2. 木门窗的安装要求

门窗框在洞口内要立正立直，同一层门窗要拉通线控制水平，多层建筑的上下门窗也要位于同一条垂线上，门窗框要用临时木楔固定，用钉子固定在预埋木砖上。

三、铝合金门窗

根据《铝合金门窗工程技术规范》(JGJ 214—2010）规定：

1. 铝合金外门窗的安装方法

一律采用后塞口的施工安装方法，分干法和湿法两种。安装位置均为窗口外侧，门窗的宽、高实际尺寸应根据预留洞口尺寸和墙体饰面材料的厚度确定。

2. 铝合金门窗安装的施工工艺

施工工艺：弹线找规矩→门窗洞口处理→门窗洞口内埋设连接件→铝合金门窗框就位→临时固定→铝合金门窗安装、固定→门窗框与墙体间缝隙处理→门窗扇和玻璃安装→五金配件安装→清理及清洗。

（1）弹线找规矩　在最高层找出门窗口边线，用大线坠将门窗口边线下引，并在每层门窗口处划线标记，对个别不直的口边应剔凿处理。高层建筑可用经纬仪找垂直线。门窗口的水平位置应以楼层+50cm水平线为准，往上反，量出窗下皮标高，弹线找直，每层窗下皮（若标高相同）则应在同一水平线上。

（2）铝合金门窗采用干法施工安装的规定

1）金属附框安装应在洞口和墙体抹灰湿作业前完成，铝合金门窗安装应在洞口和墙体抹灰湿作业后进行。

2）金属附框宽度应大于30mm。

3）金属附框内外两侧宜采用固定片与洞口墙体连接固定，固定片宜用Q235的钢材，表面应做防腐处理。

4）金属附框固定片安装应满足：角部的距离不应大于150mm，其余部位的固定片中心距不应大于500mm，固定片与墙体固定点的中心位置至墙体边缘的距离不应小于50mm，如图7-5、图7-6所示。

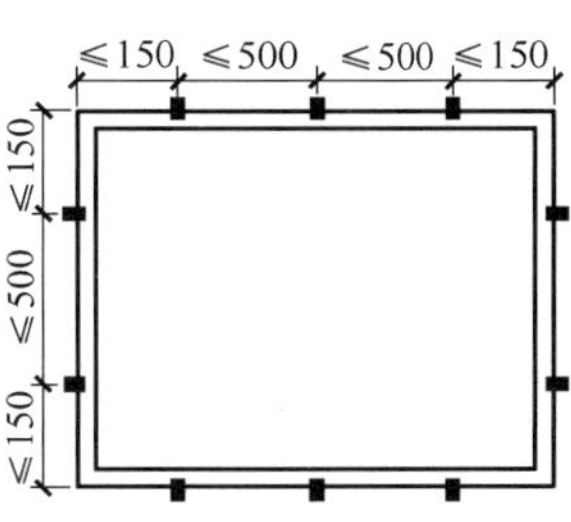

图7-5　固定片安装位置

5）铝合金门窗安框与金属附框的连接固定应牢固可靠。

（3）铝合金门窗采用湿法施工安装的规定

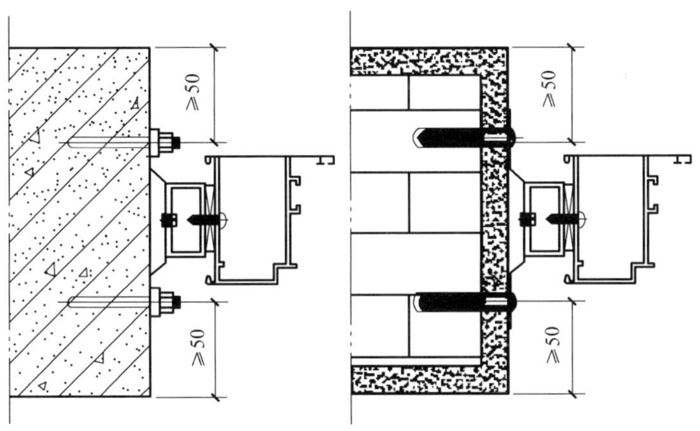

图7-6　固定片与墙体位置

1）铝合金门窗框安装应在洞口和墙体抹灰湿作业前完成。

2）铝合金门窗框采用固定片连接洞口时，和干法施工安装的规定相同。

3）铝合金门窗框与墙体连接固定点的设置，和干法施工安装的规定相同。

4）固定片与铝合金门窗框的连接宜采用卡槽连接方式。与无槽口的铝合金门窗框连接，可采用自攻螺钉或抽芯铆钉，钉头处应密封，如图7-7、图7-8所示。

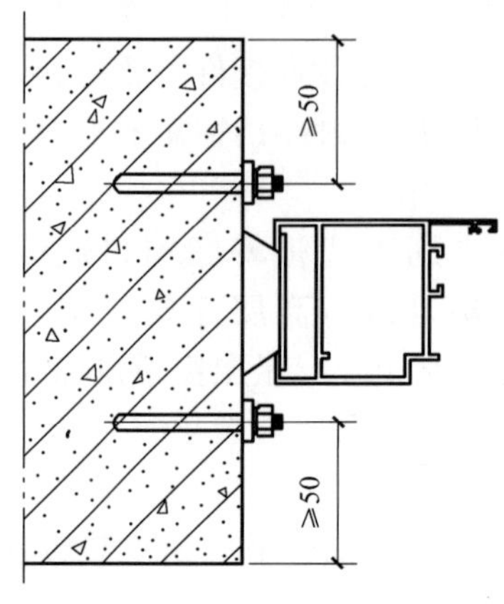

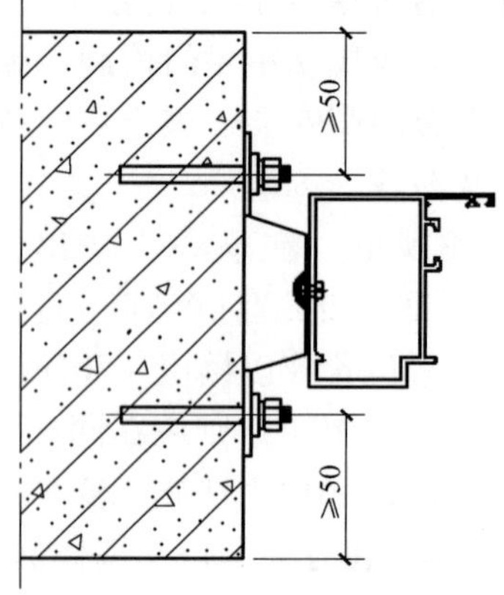

图7-7 卡槽连接方式

图7-8 自攻螺钉连接方式

5）铝合金门窗框与洞口的缝隙，应采用保温、防潮且无腐蚀性的软质材料填塞密实，也可采用防水砂浆填塞，但不宜使用海砂成分的砂浆。使用聚氨酯泡沫填缝胶，施工前应清除粘结面的灰尘，墙体粘结面应进行淋水处理，固化后聚氨酯泡沫胶缝表面应做密封处理。

6）与水泥砂浆接触的铝合金框应进行防腐处理，湿法抹灰施工前，应对外露的铝型材表面进行可靠保护。

（4）铝合金门窗安装就位后，边框与墙体之间应做好密封防水处理，并应符合的要求

1）应采用黏结性能良好并相容的耐候密封胶。

2）打胶前应清洁粘结表面，去除灰尘、油污，粘结面应保持干燥，墙体部位应平整洁净。

3）胶缝采用矩形截面胶缝时，密封胶的有效厚度应大于6mm，采用三角形截面胶缝时，密封胶的有效厚度应大于8mm。

4）注胶应平整密实，胶缝宽度均匀、表面光滑、整洁美观。

（5）铝合金门窗工程验收

1）主控项目。

① 铝合金门窗的物理性能应符合设计要求。

② 铝合金门窗所用铝合金型材的合金牌号、供应状态、化学成分、力学性能、尺寸偏差、表面处理及外观质量应符合现行国家标准。

③ 铝合金门窗型材主要受力杆件的材料壁厚应符合设计要求，其中门用型材主要受力部位基材截面最小实测壁厚不应小于2mm，窗用型材主要受力部位基材截面最小实测壁厚不应小于1.4mm。

④ 铝合金门窗框及金属附框与洞口的连接安装应牢固可靠，预埋件及锚固件的数量、位置与框的连接应符合设计要求。

⑤ 铝合金门窗扇应安装牢固、开关灵活、关闭严密。推拉门窗扇应安装防脱落装置。

⑥ 铝合金门窗五金件的型号、规格、数量应符合设计要求。

2）一般项目。

① 铝合金门窗表面应洁净，无明显的色差，装饰面应无污染、划痕、擦伤及碰伤，密封胶无间断，表面应平整光滑、厚度均匀。

② 除带有关闭装置的门（地弹簧、闭关器）和提升推拉门、折叠推拉窗、无平衡装置的提拉窗外，铝合金门窗扇启闭力应小于50N。

③ 门窗框与墙体之间的安装缝隙应填嵌饱满，填塞材料和方法应符合设计要求，密封胶表面应光滑、顺直、无断裂。

④ 密封胶条和密封毛条装配应完好、平整、不得脱出槽口外，交角处应平顺、可靠。

⑤ 铝合金门窗的排水孔应通畅，其尺寸、位置和数量应符合设计要求。

⑥ 铝合金门窗框安装允许偏差和检验方法应符合规范要求，见表7-3。

表7-3　铝合金门窗框安装允许偏差和检验方法

<table>
<tr><th colspan="2">项　　目</th><th>允许偏差/mm</th><th>检 查 方 法</th></tr>
<tr><td colspan="2">门窗框进出方向位置</td><td>±5.0</td><td>经纬仪</td></tr>
<tr><td colspan="2">门窗框标高</td><td>±3.0</td><td>水平仪</td></tr>
<tr><td rowspan="3">门窗框左右方向
相对位置偏差
（无对线要求时）</td><td>相邻两层处于同一垂直位置</td><td>+10
0.0</td><td rowspan="3">经纬仪</td></tr>
<tr><td>全楼高度内处于同一垂直位置
（30m以下）</td><td>+15
0.0</td></tr>
<tr><td>全楼高度内处于同一垂直位置
（30m以上）</td><td>+20
0.0</td></tr>
<tr><td rowspan="3">门窗框左右方向
相对位置偏差
（有对线要求时）</td><td>相邻两层处于同一垂直位置</td><td>+2
0.0</td><td rowspan="3">经纬仪</td></tr>
<tr><td>全楼高度内处于同一垂直位置
（30m以下）</td><td>+10
0.0</td></tr>
<tr><td>全楼高度内处于同一垂直位置
（30m以上）</td><td>+15
0.0</td></tr>
<tr><td colspan="2">门窗竖边框及中竖框自身进出方向和左右方向的垂直度</td><td>±1.5</td><td>铅垂仪
或经纬仪</td></tr>
<tr><td colspan="2">门窗上、下框及中横框水平</td><td>±1.0</td><td>水平仪</td></tr>
<tr><td colspan="2">相邻两横向框的高度相对位置偏差</td><td>+1.5
0.0</td><td>水平仪</td></tr>
<tr><td rowspan="3">门窗宽度、高度构造
内侧对边尺寸差</td><td>$L<2000$mm</td><td>+2.0
0.0</td><td>钢卷尺</td></tr>
<tr><td>2000mm$\leq L<3500$mm</td><td>+3.0
0.0</td><td>钢卷尺</td></tr>
<tr><td>$L\geq3500$mm</td><td>+4.0
0.0</td><td>钢卷尺</td></tr>
</table>

四、塑钢门窗

1. 施工准备工作

1）塑钢门窗安装前，应先认真熟悉图样，核实门窗洞口位置、洞口尺寸，检查门窗的型号、规格、质量是否符合设计要求，如图样对门窗框位置无明确规定时，施工负责人根据工程性质及使用具体情况，做统一交底，明确开向、标高及位置（墙中、里平或外平等）。

2）安装门窗框时，上下层窗框应吊齐、对正；在同一墙面上有几层窗框时，每层都要拉通线找平窗框的标高。

3）门窗框安装前，应对 +50cm 线进行检查，并找好窗边垂直线及窗框下皮标高的控制线、拉通线，以保证门窗框高低一致。

4）塑钢门窗安装工程应在主体结构分部工程验收合格后，方可进行施工。

5）塑钢门窗及其配件、辅助材料应全部运到施工现场，数量、规格、质量应完全符合设计要求。

2. 塑钢门窗安装工艺流程

（1）工艺流程　轴线、标高复核→原材料、半成品进场检验→门窗框定位→安装门窗框（后塞口）→塑钢门窗扇安装→五金安装→嵌密封条→验收。

（2）施工要点

1）立门窗框前要看清门窗框在施工图上的位置、标高、型号、门窗框规格、门扇开启方向，门窗框是内平、外平或是立在墙中等，根据图样设计要求在洞口上弹出立口的安装线，照线立口。

2）预先检查门窗洞口的尺寸、垂直度及预埋件数量。

3）塑钢门窗框安装时用木楔临时固定，待检查立面垂直、左右间隙大小、上下位置一致，均符合要求后，再将镀锌锚固板固定在门窗洞口内。

4）塑钢门窗与墙体洞口的连接要牢固可靠，门窗框的铁脚至框角的距离不应大于180mm，铁脚间距应小于600mm。

5）塑钢门窗框上的锚固板与墙体的固定方法有预埋件连接、燕尾铁脚连接、金属膨胀螺栓连接、射钉连接等固定方法；当洞口为砖砌体时，不得采用射钉固定。

6）塑钢门、窗框与洞口的间隙，应采用矿棉条或玻璃棉毡条分层填塞，缝隙表面留5～8mm深的槽口嵌填密封材料。

7）安装门窗扇时，扇与扇、扇与框之间要留适当的缝隙，一般情况下，留缝限值≤2mm，无下框时门扇与地面间留缝4～8mm。

8）塑钢门、窗交工之前，应将型材表面的塑料胶纸撕掉，如果塑料胶纸在型材表面留有胶痕，宜用香蕉水清洗干净。

3. 质量验收

（1）主控项目

1）塑钢门窗的品种、类型、规格、尺寸、性能、开启方向安装位置、连接方式及塑钢门窗的型材壁厚应符合设计要求；塑钢门窗的防腐处理及填嵌、密封处理应符合设计要求。

2）塑钢门窗框的安装必须牢固；预埋件的数量、位置、埋设方式、与框的连接方式必须符合设计要求。

3）塑钢门窗扇必须安装牢固，并应开关灵活、关闭严密、无倒翘；推拉门窗扇必须有防脱落措施。

4）塑钢门窗配件的型号、规格、数量应符合设计要求，安装应牢固，位置应正确，功能应满足使用要求。

（2）一般项目

1）塑钢门窗表面应洁净、平整、光滑、色泽一致、无锈蚀；大面应无划痕、碰伤；漆膜或保护层应连续。

2）塑钢门窗推拉门窗扇开关力应不大于100N。

3）塑钢门窗框与墙体之间的缝隙应填嵌饱满，并采用密封胶密封；密封胶表面应光滑、顺直、无裂纹。

4）塑钢门窗扇的橡胶密封条和毛毡密封条应安装完好，不得脱槽。

5）有排水孔的塑钢门窗，排水孔应畅通，位置和数量应符合设计要求。

6）塑钢门窗安装的允许偏差和检验方法应符合表7-4的规定。

表7-4 塑钢门窗安装的允许偏差和检验方法

项目		允许偏差/mm	检验方法
门窗槽口宽度、高度	≤1500mm	1.5	用钢尺检查
	>1500mm	2	
门窗槽口对角线长度差	≤2000mm	3	用钢尺检查
	>2000mm	4	
门窗框的正、侧面垂直度		2.5	用垂直检测尺检查
门窗横框的水平度		2	用1m水平尺和塞尺检查
门窗横框标高		5	用钢尺检查
门窗竖向偏离中心		5	用钢尺检查
双层门窗相邻扇高度差		4	用钢尺检查
推拉门窗相邻扇高度差		1.5	用钢尺检查

五、断桥铝门窗

断桥铝门窗又称铝塑复合门窗，采用隔热断桥铝型材和中空玻璃，具有节能、隔音、防噪、防尘、防水等功能。断桥铝门窗的热传导系数K值为3W/(m^2·K)以下，比普通门窗热量散失减少一半，降低取暖费用30%左右，隔声量达29dB以上，水密性、气密性良好，均达国家A1类窗标准。

1. 断桥铝门窗的优点

1）降低热量传导。采用隔热断桥铝合金型材，其热传导系数为1.8~3.5W/(m^2·K)，大大低于普通铝合金型材（140~170W/(m^2·K)；采用中空玻璃结构，其热传导系数为3.17~3.59W/(m^2·K)，大大低于普通铝合金型材（6.69~6.84W/(m^2·K)），有效降低了通过门窗传导的热量。

2）防止冷凝。带有隔热条的型材内表面的温度与室内温度接近，降低室内水分因过饱和而冷凝在型材表面的可能性。

3）节能。在冬季，带有隔热条的窗框能够减少1/3的通过窗框散失的热量；在夏季，如果是在有空调的情况下，带有隔热条的窗框能够更多地减少能量的损失。

4）保护环境。通过隔热系统的应用，能够减少能量的消耗，同时减少了由于空调和暖气产生的环境辐射。

5）有益健康。人体与环境交换热量取决于室内空气的温度、空气流动速度和室外空气温度。通过调节门窗室内温度，使其不低于13℃，以达到最舒适的环境。

6）降低噪声。采用厚度不同的中空玻璃结构和隔热断桥铝型材空腔结构，能够有效降低声波的共振效应，阻止声音的传递，可以降低噪声30dB以上。

7）颜色丰富多彩。采用阳极氧化、粉末喷涂表面处理后可以生产RAL色系200多款不同颜色的铝型材，经滚压组合后，使隔热铝合金门窗产生室内、室外不同颜色的双色窗。

断桥铝合金门窗的突出优点是强度高、保温隔热性好，刚性好、防火性好，采光面积大，耐大气腐蚀性好，综合性能高，使用寿命长，装饰效果好，断桥铝门窗节能可达到50%左右。使用断桥铝门窗无老化问题之忧、无气体污染的困扰。在建筑达到寿命周期后，门窗可以回收利用，不会为下一代产生环境污染。所以断桥铝门窗被确定为“绿色环保”产品。

2. 断桥铝门窗的安装方法

断桥铝门窗的安装方法和工艺过程与塑钢门窗相同。

3. 断桥铝门窗的安装质量检查

1）窗户表面。窗框要洁净、平整、光滑，大面无划痕、碰伤，型材无开焊断裂。

2）五金件。五金件要齐全，位置正确，安装牢固，使用灵活，能达到各自的使用功能。

3）玻璃密封条。密封条与玻璃及玻璃槽口的接触应平整，不得卷边、脱槽。

4）密封质量。门窗半闭时，扇与框之间无明显缝隙，密封面上的密封条应处于压缩状态。

5）玻璃。玻璃应平整、安装牢固，不应有松动现象，单层玻璃不得直接接触型材，双层玻璃内外表面均应洁净，玻璃夹层内不得有灰尘和水汽，隔条不能翘起。

6）压条。带密封条的压条必须与玻璃全部贴紧，压条与型材的接缝处应无明显缝隙，接头缝隙应小于或等于1mm。

7）拼樘料。拼樘料应与窗框连接紧密，同时用嵌缝膏密封，不得晃动，螺钉间距应小于或等于600mm，内衬增强型钢两端均应与洞口固定牢靠。

8）开关部件。平开、推拉或旋转窗均应关闭严密。

9）框与墙体连接。窗框应横平竖直、高低一致，固定片的间距应小于或等于600mm，框与墙体应连接牢固，缝隙应用弹性材料填嵌饱满，表面用密缝膏密封，无裂缝。

10）排水孔。排水孔位置要正确，同时还要通畅。

课题4　建筑地面工程施工

一、建筑地面工程的分类

根据《建筑地面工程施工质量验收规范》(GB 50209—2010）的规定，建筑地面工程是装饰装修工程分部工程的子分部工程。按面层施工方法不同可将建筑地面分为三大类：

1. 整体面层

整体面层主要有水泥砂浆面层、水泥混凝土面层、水磨石面层、自流平面层、地面辐射供暖系统整体面层等。

2. 板块面层

板块面层主要有砖面层、大理石和花岗石面层、预制板块面层、金属板面层等。

3. 木竹面层

木竹面层主要有实木地板面层、实木集成地板、竹地板面层、实木复合地板面层等。

二、建筑地面的基本规定

1）建筑地面工程采用的材料或产品应符合设计要求和国家现行有关标准的规定。无国家现行标准的，应具有省级住房和城乡建设行政主管部门的技术认可文件。材料或产品进场时还应符合下列规定：应有质量合格证明文件；应对型号、规格、外观等进行验收，对重要材料或产品应抽样进行复验。

2）建筑地面工程采用的大理石、花岗石、料石等天然石材以及砖、预制板块、地毯、人造板材、胶粘剂、涂料、水泥、砂、石、外加剂等材料或产品应符合国家现行有关室内环境污染控制和放射性、有害物质限量的规定。材料进场时应具有检测报告。

3）厕浴间和有防滑要求的建筑地面应符合设计防滑要求。

4）建筑地面下的沟槽、暗管、保温、隔热、隔声等工程完工后，经检验合格并做隐蔽记录，方可进行建筑地面工程的施工。

5）建筑地面工程基层（各构造层）和面层的铺设，均应待其下一层检验合格后方可施工上一层。建筑地面工程各层铺设前与相关专业的分部（子分部）工程、分项工程以及设备管道安装工程之间，应进行交接检验。

6）建筑物室内接触基土的首层地面施工应符合设计要求，并应符合下列规定：

① 在冻胀性土上铺设地面时，应按设计要求做好防冻胀土处理后方可施工，并不得在冻胀土层上进行填土施工。

② 在永冻土上铺设地面时，应按建筑节能要求进行隔热、保温处理后方可施工。

7）室外散水、明沟、踏步、台阶和坡道等，其面层和基层（各构造层）均应符合设计要求。施工时应按规范基层铺设中基土和相应垫层以及面层的规定执行。

8）水泥混凝土散水、明沟，应设置伸、缩缝，其延米间距不得大于10m，对日晒强烈且昼夜温差超过15℃的地区，其延长米间距宜为4～6m。水泥混凝土散水、明沟和台阶等与建筑物连接处及房屋转角处应设缝处理。上述缝的宽度为15～20mm，缝内应填嵌柔性密封材料。

9）建筑地面工程施工质量的检验，应符合下列规定：

① 基层（各构造层）和各类面层的分项工程的施工质量验收应按每一层次或每层施工段（或变形缝）划分检验批，高层建筑的标准层可按每三层（不足三层按三层计）划分检验批。

② 每检验批应以各子分部工程的基层（各构造层）和各类面层所划分的分项工程按自然间（或标准间）检验，抽查数量应随机检验不应少于3间；不足3间，应全数检查；其中走廊（过道）应以10延长米为1间，工业厂房（按单跨计）、礼堂、门厅应以两个轴线为1间计算。

③ 有防水要求的建筑地面子分部工程的分项工程施工质量每检验批抽查数量应按其房间总数随机检验不应少于4间，不足4间，应全数检查。

10）水泥混凝土和水泥砂浆强度的试块的留置。检验同一施工批次、同一配合比水泥混凝土和水泥砂浆强度的试块，应按每一层（或检验批）建筑地面工程不少于1组。当每一层（或检验批）建筑地面工程面积大于1000m^2 时，每增加1000m^2 应增做1组试块；小于1000m^2 按1000m^2 计算，取样1组；检验同一施工批次、同一配合比的散水、明沟、踏步、台阶、坡道的水泥混凝土、水泥砂浆强度的试块，应按每150延长米不少于1组。

11）建筑地面工程的施工质量验收应在建筑施工企业自检合格的基础上，由监理单位或建设单位组织有关单位对分项工程、子分部工程进行检验。

12）检验方法应符合下列规定：

① 检查允许偏差应采用钢尺、1m直尺、2m直尺、3m直尺、2m靠尺、楔形塞尺、坡度尺、游标卡尺和水准仪。

② 检查空鼓应采用敲击的方法。

③ 检查防水隔离层应采用蓄水方法，蓄水深度最浅处不得小于10mm，蓄水时间不得少于24h；检查有防水要求建筑地面的面层应采用泼水方法。

④ 检查各类面层（含不需铺设部分或局部面层）表面的裂纹、脱皮、麻面和起砂等缺陷，应采用观感的方法。

⑤ 建筑地面工程完工后，应对面层采取保护措施。

标准、规范学习

地面辐射供暖系统：在建筑地面中铺设的绝热层、隔离层、供热做法、填充层等的总称，以达到地面辐射供暖的效果。

三、基层铺设

基层分项工程的施工质量检验内容主要包括：基土、垫层、找平层、隔离层、绝热层和填充层等。

1. 基层铺设的一般规定

1）基层铺设的材料质量、密实度和强度等级（或配合比）等应符合设计要求和规范的规定。

2）基层铺设前，其下一层表面应干净、无积水。

3）垫层分段施工时，接槎处应做成阶梯形，每层接槎处的水平距离应错开0.5～1.0m。接槎处不应设在地面荷载较大的部位。

4）当垫层、找平层、填充层内埋设暗管时，管道应按设计要求予以稳固。

5）对有防静电要求的整体地面的基层，应清除残留物，将露出基层的金属物涂绝缘漆两遍晾干。

6）基层的标高、坡度、厚度等应符合设计要求。基层表面应平整，其允许偏差和检验方法应符合表7-5的规定。

表7-5 基层表面的允许偏差和检验方法

项次	项目	允许偏差/mm														检验方法
		基土	垫层					找平层				填充层		隔离层	绝热层	
						垫层地板										
		土	砂、砂石、碎石、碎砖	灰土、三合土、四合土、炉渣、水泥混凝土、陶粒混凝土	木搁栅	拼花实木地板、拼花实木复合地板	其他种类面层	用胶结材料做结合层铺设板块面层	用水泥砂浆做结合层铺设板块面层	用胶粘剂做结合层铺设拼花木板、浸渍纸层压木质地板、实木复合地板、竹地板	金属板面层	松散材料	板块材料	防水、防潮、防油渗	板块材料、浇筑材料、喷涂材料	
1	表面平整度	15	15	10	3	3	5	3	5	2	3	7	5	3	4	2m靠尺和楔形塞尺检查
2	标高	-50	±20	±10	±5	±5	±8	±5	±8	±4						水准仪检查
3	坡度	不大于房间相应尺寸的2/1000，且不大于30														坡度尺检查
4	厚度	在个别地方不大于设计厚度的1/10，且不大于20														钢尺检查

2. 基土

（1）基土施工要求

1）地面应铺设在均匀密实的基土上。土层结构被扰动的基土应进行换填，并予以压实。压实系数应符合设计要求。

2）对软弱土层应按设计要求进行处理。

3）填土应分层摊铺、分层压（夯）实、分层检验其密实度。填土质量应符合现行国家标准《建筑地基基础工程施工质量验收规范》（GB 50202—2002）的有关规定。

4）填土时应为最优含水量。重要工程或大面积的地面填土前，应取土样，按击实试验确定最优含水量与相应的最大干密度。

（2）基土质量验收标准

1）主控项目。

① 基土不应用淤泥、腐殖土、冻土、耕植土、膨胀土和建筑杂物作为填土，填土土块的粒径不应大于50mm。

② Ⅰ类建筑基土的氡浓度应符合现行国家标准《民用建筑工程室内环境污染控制规范》（GB 50325—2010）的规定。

③ 基土应均匀密实，压实系数应符合设计要求，设计无要求时，不应小于0.9。

2）一般项目。基层表面的允许偏差应符合规范（表7-5）的规定。

3. 垫层

（1）灰土垫层

1）灰土垫层的施工应符合下列规定：

① 灰土垫层应采用熟化石灰与黏土（或粉质黏土、粉土）的拌合料铺设，其厚度不应小于100mm。

② 熟化石灰可采用磨细生石灰，也可用粉煤灰代替。

③ 灰土垫层应铺设在不受地下水浸泡的基土上。施工后应有防止水浸泡的措施。

④ 灰土垫层应分层夯实，经湿润养护、晾干后方可进行下一道工序施工。

⑤ 灰土垫层不宜在冬期施工。当必须在冬期施工时，应采取可靠措施。

2）灰土垫层的施工质量验收内容有：

① 主控项目。灰土体积比应符合设计要求。

② 一般项目。熟化石灰颗粒粒径不得大于5mm；黏土（或粉质黏土、粉土）内不得含有有机物质，颗粒粒径不得大于16mm；灰土垫层表面的允许偏差应符合表7-5的规定。

（2）三合土垫层和四合土垫层

1）三合土垫层和四合土垫层施工应符合的规定：

① 三合土垫层采用石灰、砂（可掺入少量黏土）与碎砖的拌合料铺设，其厚度不应小于100mm；四合土垫层应采用水泥、石灰、砂（可掺入少量黏土）与碎砖的拌合料铺设，其厚度不应小于80mm。

② 三合土垫层和四合土垫层应分层夯实。

2）三合土垫层和四合土垫层施工质量验收内容有：

① 主控项目。水泥宜用硅酸盐水泥、普通硅酸盐水泥；熟化石灰颗粒粒径不得大于5mm；砂应用中砂，并不得含有草根等有机物质；碎砖不应采用风化、酥松和有机杂质的砖料，颗粒粒径不应大于60mm；三合土、四合土的体积比应符合设计要求。

② 一般项目。三合土和四合土垫层表面的允许偏差应符合表7-5的规定。

（3）炉渣垫层

1）炉渣垫层施工应符合下列规定：

① 炉渣垫层应采用炉渣或水泥与炉渣或水泥、石灰与炉渣的拌合料铺设，其厚度不应小于80mm。

② 炉渣或水泥渣垫层的炉渣，使用前应浇水闷透；水泥石灰炉渣垫层的炉渣，使用前应用石灰浆或用熟化石灰浇水拌和闷透；闷透时间均不得少于5d。

③ 在垫层铺设前，其下一层应湿润；铺设时应分层压实，表面不得有泌水现象。铺设后应养护，待其凝结后方可进行下一道工序施工。

④ 炉渣垫层施工过程中不宜留施工缝。当必须留缝时，应留直槎，并保证间隙处密实，接槎时应先刷水泥浆，再铺炉渣拌合料。

2）炉渣垫层施工质量验收内容有：

① 主控项目。炉渣内不应含有有机杂质和未燃尽的煤块，颗粒粒径不应大于40mm，且颗粒粒径在5mm及其以下的颗粒，不得超过总体积的40%；熟化石灰颗粒粒径不应大于5mm。炉渣垫层的体积比应符合设计要求。

② 一般项目：炉渣垫层与其下一层结合应牢固，不应有空鼓和松散炉渣颗粒；炉渣垫层表面的允许偏差应符合表7-5的规定。

（4）水泥混凝土垫层和陶粒混凝土垫层

1）水泥混凝土垫层和陶粒混凝土垫层施工应符合下列规定：

① 水泥混凝土垫层和陶粒混凝土垫层铺设在基土上，当气温长期处于0℃以下，设计无要求时，垫层应设置缩缝，缝的位置、嵌缝做法等应与面层伸、缩缝相一致，并应符合规范的规定。

② 水泥混凝土垫层的厚度不应小于60mm；陶粒混凝土垫层的厚度不应小于80mm。

③ 垫层铺设前，当为水泥类基层时，其下一层表面应湿润。

④ 室内地面的水泥混凝土垫层和陶粒混凝土垫层，应设置纵向缩缝和横向缩缝；纵向缩缝、横向缩缝的间距均不得大于6m。

⑤ 垫层的纵向缩缝应做平头缝或加肋板平头缝。当垫层厚度大于150mm时，可做企口缝。横向缩缝应做假缝。平头缝和企口缝的缝间不得放置隔离材料，浇筑时应互相紧贴。企口缝尺寸应符合设计要求，假缝宽度为5~20mm，深度为垫层厚度的1/3，填缝材料应与地面变形缝的填缝材料相一致。

⑥ 工业厂房、礼堂、门厅等大面积水泥混凝土、陶粒混凝土垫层应分区段浇筑。分区段应结合变形缝位置、不同类型的建筑地面连接处和设备基础的位置进行划分，并应与设置的纵向、横向缩缝的间距相一致。

⑦ 水泥混凝土、陶粒混凝土施工质量检验尚应符合现行国家标准《混凝土结构工程施工质量验收规范》(GB 50204—2002) 和《轻骨料混凝土技术规程》(JGJ 51—2002) 的有关规定。

2) 水泥混凝土垫层和陶粒混凝土垫层施工质量验收内容有：

① 主控项目。水泥混凝土垫层和陶粒混凝土垫层采用的粗骨料，其最大粒径不应大于垫层厚度的2/3；含泥量不应大于3%；砂为中粗砂，其含泥量不应大于3%；陶粒中粒径小于5mm的颗粒含量应小于10%；粉煤灰陶粒中大于15mm的颗粒含量不应大于5%；陶粒中不得混夹杂物或黏土块；陶粒宜选用粉煤灰陶粒、页岩陶粒等。水泥混凝土和陶粒混凝土的强度等级应符合设计要求。陶粒混凝土的密度应为800~1400kg/m^3。

② 一般项目。水泥混凝土垫层和陶粒混凝土垫层表面的允许偏差应符合表7-5的规定。

4. 找平层

(1) 找平层施工应符合的规定

1) 找平层采用水泥砂浆或水泥混凝土铺设。当找平层厚度小于30mm时，宜用水泥砂浆做找平层；当找平层厚度不小于30mm时，宜用细石混凝土做找平层。

2) 铺设找平层前，当其下一层有松散填充料时，应予以铺平振实。

3) 有防水要求的建筑地面工程，铺设前必须对立管、套管和地漏与楼板节点之间进行密封处理，并应进行隐蔽验收；排水坡度应符合设计要求。

4) 在预制钢筋混凝土板上铺设找平层前，板缝填嵌的施工应符合下列要求：预制钢筋混凝土板相邻缝底宽不应小于20mm；填嵌时，板缝内应清理干净，保持湿润；填缝采用细石混凝土，其强度等级不得小于C20。填缝高度应低于板面10~20mm，且振捣密实；填缝后应养护；当填缝混凝土的强度等级达到C15后方可继续施工；当板缝底宽大于40mm时，应按设计要求配置钢筋。

5) 在预制钢筋混凝土板上铺设找平层时，其板端应按设计要求做防裂的构造措施。

(2) 找平层施工质量验收内容

1) 主控项目。

① 找平层采用碎石或卵石的粒径不应大于其厚度的2/3，含泥量不应大于2%；砂为中

粗砂，其含泥量不应大于3%。

② 水泥砂浆体积比、水泥混凝土强度等级应符合设计要求，且水泥砂浆体积比不应小于1:3（或相应强度等级）；水泥混凝土强度等级不应小于C15。

③ 有防水要求的建筑地面工程的立管、套管、地漏处不应渗漏，坡向应正确、无积水（有防水要求的建筑地面工程的必须进行蓄水、泼水检验，蓄水深度最浅处不得小于10mm，24h内无渗漏为合格）。

④ 在有防静电要求的整体面层的找平层施工前，其下敷设的导电地网系统应与接地引下线和地下接地体有可靠连接，经电性能检测且符合相关要求后进行隐蔽工程验收。

2）一般项目。

① 找平层与其下一层结合应牢固，不得有空鼓。

② 找平层表面应密实，不得有起砂、蜂窝和裂缝等缺陷。

③ 找平层的表面允许偏差应符合表7-5的规定。

5. 隔离层

隔离层施工应符合下列规定：

1）隔离层材料的防水、防油渗性能应符合设计要求。

2）隔离层的铺设层数（或道数）、上翻高度应符合设计要求。有种植要求的地面隔离层的防根穿刺等应符合现行行业标准《种植屋面工程技术规程》（JGJ 155—2013）的有关规定。

3）隔离层兼作面层时，其材料不得对人体及环境产生不利影响，并应符合现行国家标准《食品安全性毒理学评价程序》（GB 15193.1—2003）和《生活饮用水卫生标准》（GB 5749—2006）的有关规定。

4）卷材类、涂料类隔离层材料进入施工现场，应对材料的主要物理性能指标进行复验。

5）厕浴间和有防水要求的建筑地面必须设置防水隔离层。楼层结构必须采用现浇混凝土或整块预制混凝土板，混凝土强度等级不应小于C20；房间的楼板四周除门洞外应做混凝土翻边，高度不应小于200mm，宽度同墙厚，混凝土强度等级不应小于C20。施工时结构层标高和预留孔洞位置应准确，严禁乱凿洞。

6）防水隔离层严禁渗漏，排水的坡向应正确，排水通畅。

6. 填充层

填充层施工应符合下列规定：

1）填充层材料的密度应符合设计要求。

2）有隔声要求的楼面，隔声垫在柱、墙面的上翻高度应超出楼面20mm，且应收口于踢脚板内。地面上有竖向管道的，隔声垫应包裹管道四周，高度同卷向柱、墙面的高度。隔声垫保护膜之间应错缝搭接，搭接长度应大于100mm，并用胶带等封闭。

3）隔声垫上部应设置保护层，其构造做法应符合设计要求。当设计无要求时，混凝土保护层厚度不应小于30mm，内配间距不大于200mm×200mm的Φ6钢筋网片。

4）有隔声要求的建筑地面工程尚应符合现行国家标准《建筑隔声评价标准》（GB/T 50121—2005）、《民用建筑隔声设计规范》（GB 50118—2010）的有关规定。

7. 绝热层

绝热层施工应符合下列规定：

1）绝热层材料的性能、品种、厚度、构造做法应符合设计要求和国家现行有关标准的规定。

2）建筑物室内接触基土的首层地面应增设水泥混凝土垫层后方可铺设绝热层，垫层的厚度及强度等级应符合设计要求。首层地面及楼层楼板铺设绝热层前，表面平整度宜控制在3mm以内。

3）穿越地面进入非采暖保温区域的金属管道应采取隔断热桥的措施。

4）绝热层与地面面层之间应设有水泥混凝土结合层，构造做法及强度等级应符合设计要求。设计无要求时，水泥混凝土结合层的厚度不应小于30mm，层内应设置间距不大于200mm×200mm的$\phi 6$钢筋网片。

5）有地下室的建筑，地上、地下交界部位楼板的绝热层应采用外保温做法，绝热层表面应设有外保护层。外保护层应安全、耐候，表面应平整、无裂纹。

6）建筑物勒脚处绝热层的铺设应符合设计要求。设计无要求时，应符合下列规定：

① 当地区冻土深度不大于500mm时，应采用外保温做法。

② 当地区冻土深度大于500mm且不大于1000mm时，宜采用内保温做法。

③ 当地区冻土深度大于1000mm时，应采用内保温做法。

④ 当建筑物的基础有防水要求时，宜采用内保温做法。

⑤ 采用外保温做法的绝热层，宜在建筑物主体结构完成后再施工。

7）绝热层材料不应采用松散型材料或抹灰浆料。

8）绝热层施工质量检验尚应符合现行国家标准《建筑节能工程施工质量验收规范》（GB 50411—2007）的有关规定。

四、整体面层铺设

1. 整体面层铺设的一般规定

1）整体面层包括的分项工程有：水泥混凝土（含细石混凝土）面层、水泥砂浆面层、水磨石面层、硬化耐磨面层、防油渗面层、不发火（防爆）面层、自流平面层、涂料面层、塑胶面层、地面辐射供暖的整体面层。

2）铺设整体面层时，水泥类基层的抗压强度不得小于1.2MPa；表面应粗糙、洁净、湿润并不得有积水。铺设前宜凿毛或涂刷界面剂。硬化耐磨面层、自流平面层的基层处理应符合设计及产品的要求。

3）铺设整体面层时，地面变形缝的位置应符合规范的规定；大面积水泥类面层应设置分格缝。

4）整体面层施工后，养护时间不应少于7d；抗压强度应达到5MPa后方准上人行走；抗压强度应达到设计要求后，方可正常使用。

5）当采用掺有水泥拌合料做踢脚板时，不得用石灰混合砂浆打底。

6）水泥类整体面层的抹平工作应在水泥初凝前完成，压光工作应在水泥终凝前完成。

7）整体面层的允许偏差和检验方法应符合表7-6的规定。

表 7-6　整体面层的允许偏差和检验方法

项次	项目	允许偏差/mm									检验方法
		水泥混凝土面层	水泥砂浆面层	普通水磨石面层	高级水磨石面层	硬化耐磨面层	防油渗混凝土和不发火（防爆的）面层	自流平面层	涂料面层	胶面层	
1	表面平整度	5	4	3	2	4	5	2	2	2	用 2m 靠尺和楔形塞尺检查
2	踢脚板上口平直	4	4	3	3	4	4	3	3	3	拉 5m 线和用钢尺检查
3	缝格顺直	3	3	3	2	3	3	2	2	2	拉 5m 线和用钢尺检查

标准、规范学习

缩缝：防止水泥混凝土垫层在气温降低时产生不规则裂缝而设置的收缩缝。

伸缝：防止水泥混凝土垫层在气温升高时在缩缝边缘产生挤碎或拱起而设置的伸胀缝。

2. 整体面层施工

（1）水泥砂浆整体面层施工的工艺流程　基层处理→找标高弹线（量测出面层标高，并在墙上弹线）→洒水湿润→抹灰饼和标筋（或称冲筋）（根据面层标高弹线，确定面层抹灰厚度）→搅拌砂浆→刷水泥浆结合层→铺水泥砂浆面层→木抹子搓平（从内向外退着用木抹子搓平，并用 2m 靠尺检查其平整度）→铁抹子压第一遍→第二遍压光→第三遍压光→养护（压光后 24h，铺锯末或其他材料覆盖洒水养护，当抗压强度达到 5MPa 后才能上人）。

（2）水泥砂浆整体面层施工质量验收内容

1）主控项目。

① 水泥宜采用硅酸盐水泥、普通硅酸盐水泥，不同品种、不同强度等级的水泥不应混用，砂应为中粗砂，当采用石屑时，其粒径应为 1～5mm，且含泥量不应大于 3%；防水水泥砂浆采用的砂或石屑，其含泥量不应大于 1%。

② 防水水泥砂浆中掺入的外加剂的技术性能应符合国家现行有关标准的规定，外加剂的品种和掺量应经试验确定。

③ 水泥砂浆的体积比（强度等级）应符合设计要求，且体积比应为 1∶2，强度等级不应小于 M15。

④ 有排水要求的水泥砂浆地面，坡向应正确，排水通畅；防水水泥砂浆面层不应渗漏。

⑤ 面层与下一层应结合牢固，且应无空鼓和开裂，当出现空鼓时，空鼓面积不应大于 $400cm^2$，且每自然间或标准间不应多于 2 处。

2）一般项目

① 面层表面的坡度应符合设计要求，不应有倒泛水和积水现象。

② 面层表面应洁净，不应有裂纹、脱皮、麻面、起砂等现象。

③ 踢脚板与柱、墙面应紧密结合，踢脚板高度及出柱、墙厚度应符合设计要求且均匀一致。当出现空鼓时，局部空鼓长度不应大于300mm，且每自然间或标准间不应多于2处。

④ 楼梯、台阶踏步的宽度、高度应符合设计要求。楼层梯段相邻踏步高度差不应大于10mm；每踏步两端宽度差不应大于10mm，旋转楼梯梯段的每踏步两端宽度的允许偏差为5mm。踏步面层应做防滑处理，齿角应整齐，防滑条应顺直、牢固。

⑤ 水泥砂浆面层的允许偏差应符合表7-6的规定。

（3）水泥混凝土面层

1）施工工艺。基层清理→洒水湿润→刷素水泥浆→贴灰饼、冲筋→铺混凝土→抹面→养护。

2）施工要求。水泥混凝土面层厚度应符合设计要求；水泥混凝土面层铺设不得留施工缝。当施工间隙超过允许的时间规定时，应对接槎处进行处理。

（4）现浇水磨石面层

1）施工工艺。基层处理→洒水湿润→抹灰饼和标筋→做水泥砂浆找平层→养护（强度达到1.2MPa）→镶嵌玻璃分格条（金属条）→铺抹水泥石子浆面层→养护、试磨→第一遍磨光浆面并养护→第二遍磨光浆面并养护→第三遍磨光浆面并养护→酸洗打蜡。镶嵌玻璃分格条如图7-9所示。

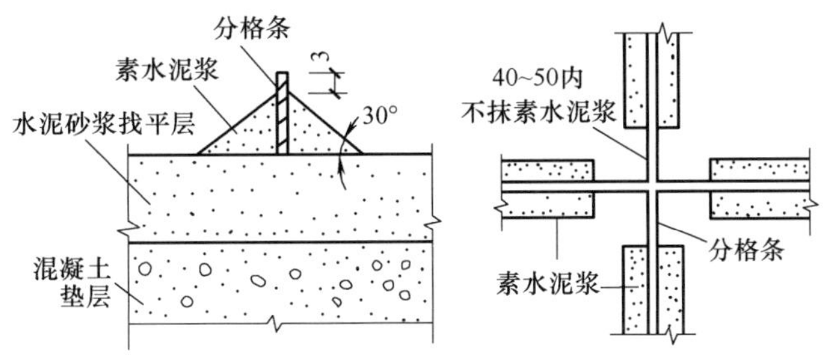

图7-9 镶嵌玻璃分格条

2）施工要求。

① 水磨石面层应采用水泥和石粒拌合料铺设，有防静电要求时，拌合料内应按设计要求掺入导电材料，面层厚度除有特殊要求外，宜为12~18mm，且宜按石粒粒径确定。水磨面层的颜色和图案应符合设计要求。

② 白色或浅色的水磨石面层应采用白水泥，深色的水磨石面层宜采用硅酸盐水泥、普通硅酸盐水泥或矿渣硅酸盐水泥；同颜色的面层应使用同一批水泥，同一彩色面层应使用同厂、同批的颜料；其掺入量宜为水泥质量的3%~6%或由试验确定。

③ 水磨石面层的结合层采用水泥砂浆时，强度等级应符合设计要求且不应小于M10，稠度宜为30~50mm。

④ 防静电水磨石面层中采用导电金属分格条时，分格条应经绝缘处理，且十字交叉处不得碰接。

⑤ 普通水磨石面层磨光遍数不应少于3遍。高级水磨石面层的厚度和磨光遍数应由设计确定。

⑥ 防静电水磨石面层应在表面经清净、干燥后，在表面均匀涂抹一层防静电剂和地板

蜡，并应做抛光处理。

⑦ 防静电水磨石面层应在施工前及施工完成表面干燥后进行接地电阻和表面电阻检测，并应做好记录。

（5）自流平面层

1）自流平面层施工要求。自流平面层采用水泥基、石膏基、合成树脂基等拌合物铺设。自流平面层与墙、柱等连接处的构造做法应符合设计要求，铺设时应分层施工；自流平面层的基层应平整、洁净，基层的含水率应与面层材料的技术要求相一致；自流平面层的构造做法、厚度、颜色等应符合设计要求；有防水、防潮、防油渗、防尘要求的自流平面层应达到设计要求。

2）自流平面层施工验收内容。

① 主控项目。

a. 自流平面层的铺涂材料应符合设计要求和国家现行有关标准的规定。

b. 自流平面层的涂料进入施工现场时，应有以下有害物质限量合格的检测报告：水性涂料中的挥发性有机化合物（VOC）和游离甲醛；溶剂型涂料中的苯、甲苯 + 二甲苯、挥发性有机化合物（VOC）和游离甲苯异氰醛酯（TDI）。

c. 自流平面层的基层的强度等级不应小于 C20。

d. 自流平面层的各构造层之间应粘结牢固，层与层之间不应出现分离、空鼓现象。

e. 自流平面层的表面不应有开裂、漏涂和泛水、积水等现象。

② 一般项目。

a. 自流平面层应分层施工，面层找平层施工时不应留有抹痕。

b. 自流平面层表面应光洁，色泽应均匀、一致，不应有起泡、泛砂等现象。

c. 自流平面层的允许偏差应符合表 7-6 的规定。

五、板块面层铺设

1. 一般规定

1）板块面层等面层分项工程包括：砖面层、大理石和花岗石面层、预制板块面层、料石面层、塑料板面层、活动地板面层、金属板面层、地毯面层、地面辐射供暖的板块面层等。

2）铺设板块面层时，其水泥类基层的抗压强度不得小于 1.2MPa。

3）铺设板块面层的结合层和板块间的填缝采用水泥砂浆时，应符合下列规定：

① 配制水泥砂浆应采用硅酸盐水泥、普通硅酸盐水泥或矿渣硅酸盐水泥。

② 配制水泥砂浆的砂应符合现行行业标准《普通混凝土用砂、石质量及检验方法标准》（JGJ 52—2006）的有关规定。

③ 水泥砂浆的体积比（或强度等级）应符合设计要求。

4）结合层和板块面层填缝的胶凝材料应符合国家现行有关标准的规定和设计要求。

5）铺设水泥混凝土板块、水磨石板块、人造石板块、陶瓷锦砖、陶瓷地砖、缸砖、水泥花砖、料石、大理石、花岗石等面层的结合层和填缝材料采用水泥砂浆时，在面层铺设后，表面应覆盖、湿润，养护时间不应少于 7d。当板块面层的水泥砂浆结合层的抗压强度达到设计要求后，方可正常使用。

6）大面积板块面层的伸、缩缝及分格缝应符合设计要求。

7）板块类踢脚板施工时，不得采用混合砂浆打底。

8）板块面层的允许偏差和检验方法应符合表7-7的规定。

表7-7　板块面层的允许偏差和检验方法

项次	项目	允许偏差/mm											检验方法
		陶瓷锦砖面层、高级水磨石板、陶瓷地砖面层	缸砖面层	水泥花砖面层	水磨石板块面层	大理石面层、花岗石面层、人造石面层、金属板面层	塑料板面层	水泥混凝土板块面层	碎拼大理石、碎拼花岗石面层	活动地板面层	条石面层	块石面层	
1	表面平整度	2.0	4.0	3.0	3.0	1.0	2.0	4.0	3.0	2.0	10	10	用2m靠尺和楔形塞尺检查
2	缝格平直	3.0	3.0	3.0	3.0	2.0	3.0	3.0	—	2.5	8.0	8.0	拉5m线和用钢尺检查
3	接缝高低差	0.5	1.5	0.5	1.0	0.5	0.5	1.5	—	0.4	2.0	—	用钢尺和楔形塞尺检查
4	踢脚板上口平直	3.0	4.0	—	4.0	1.0	2.0	4.0	1.0	—	—	—	拉5m线和用钢尺检查
5	板块间隙宽度	2.0	2.0	2.0	2.0	1.0	—	6.0	—	0.3	5.0	—	用钢尺检查

2. 砖面层

（1）砖面层施工的一般规定

1）砖面层可采用陶瓷锦砖、缸砖、陶瓷地砖和水泥花砖，应在结合层上铺设。

2）在水泥砂浆结合层上铺贴缸砖、陶瓷地砖和水泥花砖面层时，应符合下列规定：在铺贴前，应对砖的规格尺寸、外观质量、色泽等进行预选；需要时，浸水湿润晾干待用；勾缝和压缝应采用同品种、同强度等级、同颜色的水泥，并做养护和保护。

3）在水泥砂浆结合层上铺贴陶瓷锦砖面层时，砖底面应洁净，每联陶瓷锦砖之间、与结合层之间以及在墙角、镶边和靠柱、墙处应紧密贴合。在靠柱、墙处不得采用砂浆填补。

（2）陶瓷地砖面层的施工

1）工艺流程。基层处理→弹线→预铺→铺贴→勾缝→清理→成品保护→分项验收。

2）施工要点。

① 基层处理。将楼地面上的砂浆污物、浮灰、落地灰等清理干净，以达到施工条件的要求，考虑到装饰层与基层结合力，在正式施工前用少许清水湿润地面，用素水泥浆做一道结合层。

② 弹线。施工前在墙体四周弹出标高控制线（依据墙上的 1.0m 控制线），在地面弹出十字线，以控制地砖分隔尺寸。找出面层的标高控制点，注意与各相关部位的标高控制一致。

③ 预铺。首先应在图样设计要求的基础上，对地砖的色彩、纹理、表面平整等进行严格的挑选，依据现场弹出的控制线和图样要求进行预铺。对于预铺中可能出现的尺寸、色彩、纹理误差等进行调整、交换，直至达到最佳效果，按铺贴顺序堆放整齐备用，一般要求不能出现破活或者小于半块砖，尽量将把半砖排到非正视面。

④ 铺贴。地砖铺设采用 1∶4 或 1∶3 干硬性水泥砂浆粘贴（砂浆的干硬程度以手捏成团不松散为宜），砂浆厚度控制在 25～30mm。在干硬性水泥砂浆上撒素水泥，并洒适量清水。将地砖按照要求放在水泥砂浆上，用橡皮锤轻轻敲击地砖饰面直至密实平整达到要求；根据水平线用铝合金水平尺找平，铺完第一块后向两侧或后退方向顺序镶铺。砖缝无设计要求时一般为 1.5～2mm，铺装时要保证砖缝宽窄一致，纵横在一条线上。

⑤ 勾缝。地砖铺完 24h 后进行勾缝，勾缝采用 1∶1 水泥砂浆勾缝。

⑥ 清理。当水泥浆凝固后再用棉纱等物对地砖表面进行清理（一般宜在 12h 后）。清理完毕后用锯末养护 2～3d，当交叉作业较多时采用三合板或纸板保护。

（3）砖面层的施工质量验收内容

1） 主控项目。

① 砖面层所用板块产品应符合设计要求和国家现行有关标准的规定。

② 砖面层所用板块产品进入现场时，应有放射性限量合格的检测报告。

③ 面层与下一层应结合牢固，无空鼓（单块砖边角允许有局部空鼓，但每自然间或标准间的空鼓砖不应超过总数的 5%）。

2） 一般项目。

① 砖面层表面应洁净、图案清晰，色泽应一致，接缝应平整，深浅应一致，周边应顺直，板块应无裂纹、掉角和缺棱等缺陷。

② 面层邻接处的镶边用料及尺寸应符合设计要求，边角应整齐、光滑。

③ 踢脚板表面应洁净，与柱、墙面的结合应牢固，踢脚板高度及出柱、墙厚度应符合设计要求，且均匀一致。

④ 楼梯、台阶踏步的宽度、高度应符合设计要求。踏步板块的缝隙宽度应一致，楼层梯段相邻踏步高度差不应大于 10mm；每踏步两端宽度差不应大于 10mm，旋转楼梯梯段的每踏步两端宽度的允许偏差为 5mm。踏步面层应做防滑处理，齿角应整齐，防滑条应顺直、牢固。

⑤ 面层表面的坡度应符合设计要求，不倒泛水、无积水；与地漏、管道结合处应严密牢固，无渗漏。

⑥ 砖面层的允许偏差应符合表 7-7 的规定。

六、木、竹面层铺设

1. 一般规定

1） 木、竹面层分项工程包括：实木地板面层、实木集成地板面层、竹地板面层、实木复合地板面层、浸渍纸层压木质地板面层、软木类地板面层、地面辐射供暖的木板面层等。

2）木、竹地板面层下的木搁栅、垫木、垫层地板等采用木材的树种、选材标准和铺设时木材含水率以及防腐、防蛀处理等，均应符合现行国家标准《木结构工程施工质量验收规范》（GB 50206—2012）的有关规定。所选用的材料应符合设计要求，进场时应对其断面尺寸、含水率等主要技术指标进行抽检，抽检数量应符合国家现行有关标准的规定。

3）用于固定和加固用的金属零部件应采用不锈蚀或经过防锈处理的金属件。

4）与厕浴间、厨房等潮湿场所相邻的木、竹面层的连接处应做防水（防潮）处理。

5）木、竹面层铺设在水泥类基层上，其基层表面应坚硬、平整、洁净、不起砂，表面含水率不应大于8%。

2. 实木地板的施工规定

1）铺设实木地板、实木集成地板、竹地板面层时，其木搁栅的截面尺寸、间距和稳固方法等均应符合设计要求。木搁栅固定时，不得损坏基层和预埋管线。木搁栅应垫实钉牢，与柱、墙之间留出20mm的缝隙，表面应平直，其间距不宜大于300mm。

2）实木地板、实木集成地板、竹地板面层铺设时，相邻板材接头位置应错开不小于300mm；与柱、墙之间应留8～12mm的缝隙。

3）实木地板、实木集成地板、竹地板面层采用的材料进入施工现场时，应有以下有害物质限量合格的检测报告：

① 地板中的游离甲醛（释放量或含量）。

② 溶剂型胶粘剂中的挥发性有机化合物（VOC）、苯、甲苯＋二甲苯。

③ 水性胶粘剂中的挥发性有机化合物（VOC）和游离甲醛。

3. 实木复合地板

（1）工艺流程　排板→铺防潮层→铺钉面层。

（2）施工要点

1）排板。首先根据房间大小确定铺板方向，然后进行排板。

2）铺设塑料波纹纸防潮层一道。

3）铺沥青纸，铺钉面层地板。从墙的一边开始铺钉企口条板，靠墙的一块板应离墙面有10～20mm的缝隙，以后逐块排紧，用钉从板侧凹角处斜向钉入，钉到最后一块企口板时，因无法斜着钉，可用明钉钉牢，钉帽要冲入板内。铺钉完之后应及时清理干净。

（3）实木复合地板的质量验收

1）主控项目。

① 实木复合地板面层采用的地板、胶粘剂等应符合设计要求和国家现行有关标准的规定。

② 实木复合地板面层采用的材料进入施工现场时，应有以下有害物质限量合格的检测报告：地板中的游离甲醛（释放量或含量）；溶剂型胶粘剂中的挥发性有机化合物（VOC）、苯、甲苯＋二甲苯；水性胶粘剂中的挥发性有机化合物（VOC）和游离甲醛。

③ 木搁栅安装应牢固、平直。

④ 面层铺设应牢固、粘贴应无空鼓、松动。

2）一般项目。

① 实木复合地板面层图案和颜色应符合设计要求，图案应清晰，颜色应一致，板面应无翘曲。

② 面层缝隙应严密；接头位置应错开，表面应平整、洁净。

③ 面层采用粘、钉工艺时，接缝应对齐，粘、钉应严密；缝隙宽度应均匀一致；表面应洁净，无溢胶现象。

④ 踢脚板应表面光滑、接缝严密，高度一致。

⑤ 实木复合地板面层的允许偏差应符合：板面缝隙宽度为0.5mm，表面平整度为2mm，踢脚板上口平齐为3mm，板面拼缝平直为3mm，相邻板材高差为0.5mm，踢脚板与面层的接缝为1mm。

课题5　饰面砖和饰面板工程施工

一、饰面砖和饰面板工程的一般规定

1. 材料的种类

（1）饰面板工程　采用的石材有花岗石、大理石、青石板和人造石材；采用的瓷板有抛光和磨边板两种，面积不大于1.2m^2，不小于0.5m^2；金属饰面板有钢板、铝板等品种；木材饰面板主要用于内墙裙。

（2）饰面砖工程　陶瓷面砖主要包括釉面瓷砖、外墙面砖、陶瓷锦砖、陶瓷壁画、劈裂砖等；玻璃面砖主要包括玻璃锦砖、彩色玻璃面砖、釉面玻璃等。

2. 饰面板（砖）工程验收时应检查的文件和记录

1）饰面板（砖）工程的施工图、设计说明及其他设计文件。

2）材料的产品合格证书、性能检测报告、进场验收记录和复验报告。

3）后置埋件的现场拉拔检测报告。

4）外墙饰面砖样板件的粘结强度检测报告。

5）隐蔽工程验收记录。

6）施工记录。

标准、规范学习

后置埋件是指后安装的预埋件，如膨胀螺栓、化学螺栓等；在施工前提前预埋的埋件称为前置埋件。

3. 饰面板（砖）工程应进行复验的材料及性能指标

1）室内用花岗岩的放射性。

2）粘贴用水泥的凝结时间、安定性和抗压强度。

3）外墙陶瓷面砖的吸水率。

4）寒冷地区外墙陶瓷面砖的抗冻性。

4. 饰面板（砖）工程的验收项目

1）预埋件。

2）连接接点。

3）防水层。

5. 各分项工程检验批的划分

1）相同材料、工艺和施工条件的室内饰面板（砖）工程每 50 间（大面积房间和走廊按施工面积 $30m^2$ 为一间）应划分为一个检验批，不足 50 间也应划分为一个检验批。

2）相同材料、工艺和施工条件的室外饰面板（砖）工程每 $500\sim1000m^2$ 应划分为一个检验批，不足 $500m^2$ 也应划分为一个检验批。

3）检查数量应符合下列规定：室内每个检验批应至少抽查 10%，并不得少于 3 间；不足 3 间时应全数检查。室外每个检验批每 $100m^2$ 应至少抽查 1 处，每处不得小于 $10m^2$。

6. 对样板件的饰面砖粘结强度的检验

外墙饰面粘贴前和施工过程中，均应在相同基层上做样板件，并对样板件的饰面砖粘结强度进行检验，其检验方法和结果判定应符合《建筑工程饰面砖粘结强度检验标准》（JGJ 110—2008）的规定。

二、饰面板安装工程

1. 一般规定

1）饰面板安装工程适用于内墙饰面板安装工程和高度不大于 24m、抗震设防烈度不大于 7 度的外墙饰面板安装工程的质量验收。

2）饰面板安装工程的预埋件（或后置埋件）、连接件的数量、规格、位置、连接方法和防腐处理必须符合设计要求。后置埋件的现场拉拔强度必须符合设计要求。

3）饰面板安装采用湿作业法施工的饰面板工程，石材应进行防碱背涂处理。饰面板与基层之间的灌注材料应饱满、密实。

标准、规范学习

防碱背涂：采用传统的湿作业法安装天然石材时，由于水泥砂浆在水化时析出大量的氢氧化钙，泛到石材表面，产生不规则的花斑，俗称泛碱现象，严重影响建筑物室内外石材饰面的装饰效果。因此，在天然石材安装前，应对石材饰面采用“防碱背涂剂”进行背涂处理。

2. 饰面板的安装工艺（以大理石、花岗岩石材安装为重点讲解）

饰面板的安装工艺有传统湿作业法（灌浆法）、干挂法和直接粘贴法。

（1）湿作业法施工工艺流程　材料准备与验收、板材钻孔→基体处理→弹线定位→饰面板安装→灌浆→清理→嵌缝→打蜡。

1）材料准备。饰面板材安装前，应分选检验并试拼，使板材的色调、花纹基本一致，试拼后按部位编号，以便施工时对号安装。对已选好的饰面板材进行钻孔剔槽，以系固铜丝或不锈钢丝。每块板材的上、下边钻孔数各不得少于 2 个，孔位宜在板宽两端 1/4 ~ 1/3 处，直孔应钻在板厚度的中心位置。

2）基层处理，挂钢筋网。把墙面清扫干净，剔除预埋件或预埋筋，也可在墙面钻孔固定金属膨胀螺栓。对于加气混凝土或陶粒混凝土等轻型砌块砌体，应在预埋件固定部位加砌黏土砖或局部用细石混凝土填实，然后用 $\phi6mm$ 的 HPB300 的钢筋纵横绑扎成网片与预埋件焊牢。纵向钢筋间距为500~1000mm。横向钢筋间距视板面尺寸而定，第一道钢筋应高于第一层板的下口100mm，以后各道均应在每层板材的上口以下10~20mm处设置。

3）弹线定位。弹线分为板面外轮廓线和分块线。外轮廓线弹在地面，距墙面50mm（即板内面距墙30mm），分块线弹在墙面上，由水平线和垂直线构成，是每块板材的定位线。

4）饰面板安装。根据预排编号的饰面板材，对号入座进行安装。第一皮饰面板材先在墙面两端以外皮弹线为准固定两块板材，找平找直，然后挂上横线，再从中间或一端开始安装。安装时先穿好钢丝，将板材就位，上口略向后仰，将下口钢丝绑扎于横筋上（不宜过紧），将上口钢丝扎紧，并用木楔垫稳，随后用水平尺检查水平，用靠尺检查平整度，用线锤或托线板检查板面垂直度，调整好垂直、平整、方正后，在板材表面横竖接缝处每隔100~150mm用石膏浆板材碎块固定。为防止板材背面灌浆时板面移位，根据具体情况可加临时支撑，将板面撑牢。

5）灌浆。灌注砂浆一般采用1:2.5的水泥砂浆，稠度为80~150mm。灌注前，灌浆应分层灌入。第一层浇灌高度≤150mm，并应不大于1/3板高。浇灌时应随灌随插捣密实，并及时注意不得漏灌，板材不得外移。当块材为浅色大理石或其他浅色板材时，应采用白水泥、白石屑浆，以防透底，影响饰面效果。

6）清理、擦缝、打蜡。一层面板灌浆完毕待砂浆凝固后，清理上口余浆，隔日拔除上口木楔和有碍上层安装板材的石膏饼，然后按上述方法安装上一层板材，直至安装完毕。全部板材安装完毕后，洁净表面。室内光面、镜面板接缝应干接，接缝处用与板材同颜色水泥浆嵌擦接缝，缝隙嵌浆应密实，颜色要一致。室外光面或镜面饰面板接缝可干接或在水平缝中垫硬塑料板条，待灌浆砂浆硬化后将板条剔出，用水泥细砂浆勾缝。干接应用与光面板相同的彩色水泥浆嵌缝。最后打蜡。

（2）干挂法施工（图7-10） 饰面板的传统湿作业法工序多，操作较复杂，而且易造成粘结不牢、容易空鼓，表面接槎不平等弊病，同时仅适用于多、高层建筑外墙首层或内墙面的装饰，墙面高度不大于10m。而干挂法是应用较为广泛的一种。干挂法一般适用于钢筋混凝土外墙或有钢骨架的外墙饰面，不能用于砖墙或加气混凝土墙的饰面。

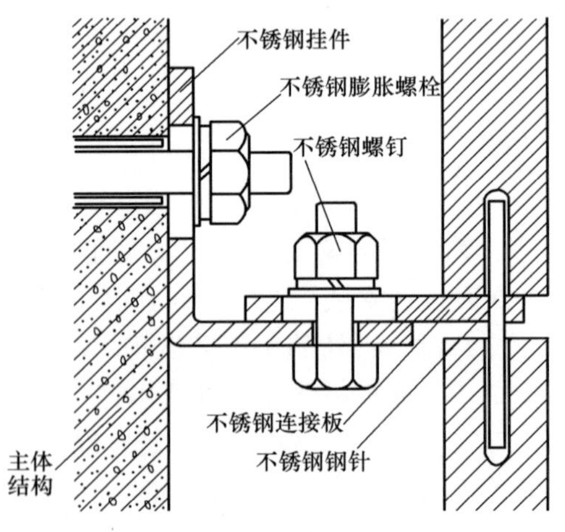

图7-10 干挂法施工工艺

1）概念。干挂法是直接在饰面板厚度面和反面开槽或打孔，然后用不锈钢连接件与安装在钢筋混凝土墙体内的膨胀金属螺栓或钢骨架相连接。饰面板背面与墙面间形成80~100mm的空腔。板缝间加泡沫塑料阻水条，外用防水密封胶做嵌缝处理。该种方法多用于30m以下的建筑外墙饰面。

2）大理石饰面板干挂法施工工艺。墙面修整、弹线、打孔→固定连接件→安装板块→调整、固定→嵌缝→清理。

① 石材安装前，对混凝土外墙表面应进行凿平、修整、清扫干净，并根据设计要求和实际需要弹出石材安装的位置线。在板材的上、下两顶面钻孔，孔深为21mm，孔径为6mm。

② 固定连接件。

③ 板材安装固定。底层石板安装，中间板块安装，顶部板安装。

④ 嵌缝。每一施工段安装后经检查无误，可清扫拼接缝，填塞聚乙烯泡沫嵌条，石材表面粘贴防污胶条，随后用胶枪嵌注密封硅胶。

（3）直接粘贴法　直接粘贴法适用于厚度在10～12mm的石材薄板和碎大理石板的铺设。粘结剂可采用不低于32.5级的普通硅酸盐水泥砂浆或白水泥浆，也可采用专用的石材粘结剂（如AH-03型大理石专用粘结胶）。对于薄型石材的水泥砂浆粘贴施工，主要应注意在粘贴第一皮时应沿水平基准线放一长板作为托底板，防止石板粘贴后下滑。粘贴顺序为由下至上逐层粘贴。粘贴初步定位后，应用橡皮锤轻敲表面，以取得板面的平整和与水泥砂浆接合的牢固。每层用水平尺靠平，每贴三层应在垂直方向用靠尺靠平。使用粘结剂粘贴饰面板时，特别要注意检查板材的厚度是否一致，如厚度不一致，应在施工前分类，粘贴时分不同墙面分贴不同厚度的板材。

3. 饰面板安装施工质量验收内容

（1）主控项目

1）饰面板的品种、规格、颜色和性能应符合设计要求，木龙骨、木饰面板和塑料饰面板的燃烧性能等级应符合设计要求。

2）饰面板孔、槽的数量、位置和尺寸应符合设计要求。

3）饰面板安装工程的预埋件（或后置埋件）、连接件的数量、规格、位置、连接方法和防腐处理必须符合设计要求。后置埋件的现场拉拔强度必须符合设计要求。饰面板安装必须牢固。

（2）一般项目

1）饰面板表面应平整、洁净、色泽一致，无裂痕和缺损。石材表面应无泛碱等污染。

2）饰面板嵌缝应密实、平直，宽度和深度应符合设计要求，嵌填材料色泽应一致。

3）采用湿作业法施工的饰面板工程，石材应进行防碱背涂处理。饰面板与基体之间的灌注材料应饱满、密实。

4）饰面板上的孔洞应套割吻合，边缘应整齐。

5）饰面板安装的允许偏差和检验方法应符合表7-8的规定。

三、饰面砖工程

饰面砖粘贴工程适用于内墙饰面砖粘贴工程和高度不大于100m、抗震设防烈度不大于8度、采用满粘法施工的外墙饰面砖粘贴工程的质量验收。

1. 釉面砖（内墙面砖）施工工艺及施工方法

（1）施工工艺　弹线分格→选砖浸砖→贴灰饼→镶贴（顺序自下而上，从阳角开始，用整砖镶贴，非整砖留在阴角处）→擦缝。

表 7-8 饰面板安装的允许偏差和检验方法

项目	允许偏差/mm							检验方法
	石材			瓷板	木材	塑料	金属	
	光面	剁斧石	蘑菇石					
立面垂直度	2	3	3	2	1.5	2	2	用2m垂直检测尺检查
表面平整度	2	3	—	1.5	1	3	3	用2m靠尺和塞尺检查
阴阳角方正	2	4	4	2	1.5	3	3	用直角检测尺检查
接缝直线度	2	4	4	2	1	1	1	拉5m线，不足5m拉通线
墙裙、勒脚上口直线度	2	3	3	2	2	2	2	拉5m线，不足5m拉通线
接缝高低差	0.5	3	—	0.5	0.5	1	1	用钢直尺和塞尺检查
接缝宽度	1	2	2	1	1	1	1	用钢直尺检查

（2）施工方法

1）内墙釉面砖镶贴前，应在水泥砂浆基层上弹线分格，弹出水平、垂直控制线。在同一墙面上的横、竖排列中，不宜有一行以上的非整砖，非整砖行应安排在次要部位或阴角处。在镶贴釉面砖的基层上用废面砖按镶贴厚度上下左右做灰饼，并上下用托线板校正垂直，横向用线绳拉平，阳角处做灰饼的面砖正面和侧边均应吊垂直，即所谓双面挂直。镶贴顺序为由下往上进行。

2）镶贴用砂浆宜采用1∶2水泥砂浆，砂浆厚度为6～10mm。釉面砖的镶贴也可采用专用胶粘剂或聚合物水泥浆。

3）釉面砖镶贴前先应湿润基层，然后以弹好的地面水平线为基准，从阳角开始逐一镶贴。镶贴时用铲刀在砖背面刮满粘贴砂浆，四边抹出坡口，再准确置于墙面，用铲刀木柄轻击面砖表面，使其落实贴牢，随即将挤出的砂浆刮净。

4）镶贴过程中，随时用靠尺以灰饼为准检查平整度和垂直度。如发现高出标准砖面，应立即压挤面砖；如低于标准砖面，应揭下重贴，严禁从砖侧边挤塞砂浆。

5）接缝宽度应控制在1～1.5mm范围内，并保持宽窄一致。镶贴完毕后，应用棉纱净水及时擦净表面余浆，并用薄皮刮缝，然后用同色水泥浆嵌缝。

6）镶贴釉面砖的基层表面遇到凸出的管线、灯具、卫生设备的支承等，应用整砖套割吻合，不得用非整砖拼凑镶贴。同时在墙裙、浴盆、水池的上口和阴、阳角处应使用配件砖，以便过渡圆滑、美观，同时不易碰损。

2. 外墙面砖施工

外墙面砖施工的工艺流程与要点（基层为混凝土墙面时的操作方法）有：

1）基层处理。剔平凸出墙面的混凝土，凿毛墙面（并用钢丝刷满刷一遍）；毛化处理吊垂直、套方、找规矩。

2）贴灰饼。根据面砖的规格尺寸分层设点、做灰饼；横向与竖向基准线控制应全部是整砖。

3）抹底层砂浆。分层抹水泥砂浆。

4）弹线分格。分段分格弹线。

5）排砖。横竖向排砖并保证面砖缝隙均匀。

6）浸砖，镶贴面砖。镶贴应自上而下进行；材料用1:2水泥砂浆/108胶、混合砂浆/胶粉。

7）面砖勾缝与擦缝。用1:1水泥砂浆勾缝，先勾水平缝再勾竖缝，勾好后要求凹进面砖外表面2~3mm。若横竖缝为干挤缝，应用白水泥配颜料进行擦缝处理。

3. 质量验收标准

（1）主控项目

1）饰面砖的品种、规格、图案颜色和性能应符合设计要求。

2）饰面砖粘贴工程的找平、防水、粘结和勾缝材料及施工方法应符合设计要求及国家现行产品标准和工程技术标准的规定。

3）饰面砖粘贴必须牢固。

4）满粘法施工的饰面砖工程应无空鼓、裂缝。

（2）一般项目

1）饰面砖表面应平整、洁净、色泽一致，无裂痕和缺损。

2）阴阳角处搭接方式、非整砖使用部位应符合设计要求。

3）墙面凸出物周围的饰面砖应整砖套割吻合，边缘应整齐。墙裙、贴脸凸出墙面的厚度应一致。

4）饰面砖接缝应平直、光滑，填嵌应连续、密实；宽度和深度应符合设计要求。

5）有排水要求的部位应做滴水线（槽）。滴水线（槽）应顺直，流水坡向应正确，坡度应符合设计要求。

6）饰面砖粘贴的允许偏差和检验方法应符合表7-9的规定。

表7-9 饰面砖粘贴的允许偏差和检验方法

项次	项　　目	允许偏差/mm		检验方法
		外墙面砖	内墙面砖	
1	立面垂直度	3	2	用2m垂直检测尺检查
2	表面平整度	4	3	用2m靠尺和塞尺检查
3	阴阳角方正	3	3	用直角检测尺检查
4	接缝直线度	3	2	拉5m线，不足5m拉通线
5	接缝高低差	1	0.5	用钢直尺和塞尺检查
6	接缝宽度	1	1	用钢直尺检查

四、铝塑板施工工艺

1. 铝塑板的组成及特点

铝塑板是由多层材料复合而成，上下层为高纯度铝合金板，中间为无毒低密度聚乙烯（PE）芯板，其正面还粘贴一层保护膜。对于室外，铝塑板正面涂覆氟碳树脂（PVDF）涂层，对于室内，其正面可采用非氟碳树脂涂层。铝塑板的特点：铝塑板是易于加工、成型的好材料，更是为追求效率、争取时间的优良产品，它能缩短工期、降低成本；铝塑板可以切割、裁切、开槽、带锯、钻孔、加工埋头，也可以冷弯、冷折、冷轧，还可以铆接、螺钉连接或胶合粘接等。

2. 干挂铝塑板施工工艺

（1）工艺流程　放线→安装固定连接件→安装龙骨架→安装铝塑板。

（2）施工方法

1）放线工作。根据土建实际的中心线及标高点进行；饰面的设计以建筑物的轴线为依据。铝塑板骨架由横竖件组成，先弹好竖向杆件的位置线，然后再将竖向杆件的锚固点确定。

2）安装固定连接件。在放线的基础上，用电焊固定连接件，焊缝处涂防锈漆两度。连接件与主体结构上的预埋件焊接固定，当主体结构上没有埋设预埋件时，可在主体结构上打孔安设膨胀螺栓与连接件固定。

3）安装骨架。用焊接方法安装骨架，安装随时检查标高、中心线位置，并同时将截面连接焊缝做防锈处理，固定连接件做隐蔽检查记录，包括连接件焊缝长度、厚度、位置埋置标高、数量、嵌入深度。

4）安装铝塑板。在型材内架上，先打螺钉孔位，用铆钉将铝塑板饰面逐块固定在型钢骨架上，板与板之间的间隙为 10～15mm；再注入硅酮密封胶；铝板安装前严禁拆包装纸，直至竣工前方可撕开包装保护膜。

3. 木龙骨细木板基层铝塑板饰面工程

（1）工艺流程　弹线→防潮层安装→龙骨安装→基层板安装→饰面板安装。

（2）施工方法

1）弹线。根据设计图样上的尺寸要求，先在墙上划出水平标高，弹出分格线，根据分格线在墙上加木楔，位置应符合龙骨分档的尺寸，横竖间距一般为 300mm，不大于 400mm。

2）防潮层安装。木制墙面必须在施工前进行防潮处理，防潮层的做法一般是在基层板或龙骨刷两道水柏油。

3）木龙骨安装。根据设计要求，制成木龙骨架，整片或分色拼装。全墙面饰面应根据房间四角和上下龙骨先找平、找直，按面板分块大小由上到下做好木标筋，然后在空档内根据设计要求钉横竖龙骨。

4）基层板安装。启用细木工板安装在龙骨上作为基层，安装平整牢固无翘曲。表面如有凹陷或凸出需修正，对结合层上留有的灰尘、胶迹颗粒、钉头应完全清除或修平。

5）饰面板安装。根据设计施工图要求在已制作好的木基层上弹出水平标高线、分格线，检查木基层表面平整和立面垂直、阴阳角套方。铝塑板按设计要求进行选材裁割，然后采用两面涂刷强力胶粘贴，涂刷胶水必须均匀，胶水及作业面应整洁，涂刷胶水后，应待胶水不粘手再粘贴，并用木块做垫块用榔头间接敲实。

课题 6　建筑幕墙工程

一、幕墙工程的概念及分类

根据《玻璃幕墙工程技术规范》(JGJ 102—2003）的规定：

1. 概念

建筑幕墙是由面板与支承结构组成，相对于主体结构有一定位移能力，不承担主体结构所受作用的建筑物外围护体系。

2. 分类

1）按建筑幕墙的面板材料可分为玻璃幕墙、金属幕墙、石材幕墙、人造板材幕墙、复合板材幕墙以及由上述不同材料组合的幕墙体系。

2）按建筑幕墙的施工方法可分为单元式幕墙和构件式幕墙。单元式幕墙是将面板和金属框架（横梁和立柱）在工厂组装为幕墙单元，以幕墙单元的形式在现场完成安装施工的框支承建筑幕墙。单元式玻璃幕墙组件包括隐框单元式玻璃幕墙组件、半隐框单元式玻璃幕墙组件和明框单元式玻璃幕墙组件。构件式幕墙是在现场一次安装立柱、横梁和面板的框支承建筑幕墙。

标准、规范学习

明框玻璃幕墙：玻璃周边镶嵌于金属框架中的框支承玻璃幕墙。

隐框玻璃幕墙：玻璃周边通过硅酮结构密封胶粘结于金属框架外侧面的框支承玻璃幕墙。

半隐框玻璃幕墙：玻璃和金属框架之间通过镶嵌及硅酮结构密封胶粘结两种方式连接的框支承玻璃幕墙。

二、材料要求

1）玻璃幕墙用材料应符合国家现行标准的有关规定及设计要求。尚无相应标准的材料应符合设计要求，并应有出厂合格证。

2）玻璃幕墙应选用耐气候性的材料。金属材料和金属零配件除不锈钢及耐候钢外，钢材应进行表面热浸镀处理、无机富锌涂料处理或采取其他有效的防腐措施，铝合金材料应进行表面阳极氧化、电泳涂漆、粉末喷涂或氟碳漆喷涂处理。

3）玻璃幕墙材料宜采用不燃性材料或难燃性材料；防火密封构造应采用防火密封材料。

4）隐框和半隐框玻璃幕墙，其玻璃与铝型材的粘结必须采用中性硅酮结构密封胶；全玻幕墙和点支承幕墙采用镀膜玻璃时，不应采用酸性硅酮结构密封胶粘结。

5）硅酮结构密封胶和硅酮建筑密封胶必须在有效期内使用。

三、玻璃幕墙的安装施工

玻璃幕墙的安装施工应单独编制施工组织设计，并应包括下列内容：

1）工程概况、质量目标。

2）编制目的、依据。

3）施工部署、施工进度计划及控制保证措施。

4）项目管理组织机构及有关的职责和制度。

5）材料供应计划、设备进场计划。

6）劳动力调配计划及劳保措施。

7）与业主、总包、监理单位以及其他工种的协调配合方案。

8）材料供应计划及搬运、吊装方法及材料现场贮存方案。

9）测量放线方法及注意事项。

10）构件、组件加工计划及其加工工艺。

11）施工工艺、安装方法及允许偏差要求，重点、难点部位的安装方法和质量控制措施。

12）项目中采用新材料、新工艺时，进行论证（必要时）和制作样板的计划。

13）安装顺序及嵌缝收口要求。

14）成品、半成品保护措施。

15）质量要求、幕墙物理性能检测及工程验收计划。

16）季节施工措施。

17）幕墙施工脚手架的验收、改造和拆除方案或施工吊篮的验收、搭设和拆除方案。

18）文明施工和安全技术措施。

19）施工平面布置图。

四、玻璃幕墙工艺流程

安装施工幕墙的准备工作→复验预埋件→调整埋件→放线→检查放线精度→安装连接件→质量检查→安装龙骨→隐蔽工程质量检查→刷防火涂料→安装玻璃块→密封→清扫→全面综合检查→竣工验收。

1. 安装幕墙的准备工作

根据《玻璃幕墙工程技术规范》（JGJ 102—2003）的规定：

1）安装施工前，幕墙安装厂商应会同土建承包商检查现场清洁情况、脚手架和起重运输设备，确认是否具备幕墙施工条件。

2）玻璃幕墙与主体结构连接的预埋件，应在主体结构施工时按设计要求埋设；预埋件应牢固，位置正确，位置偏差应符合设计要求。当设计无明确要求时，预埋件位置偏差不应大于20mm。

3）预埋件位置偏差过大或未设预埋件时，应制订补救措施或可靠连接方案，经与业主、土建设计单位洽商同意后，方可实施。

4）由于主体结构施工偏差而妨碍幕墙施工、安装预埋件位置偏差过大或主体结构未埋设预埋件时，应制订补救措施或可靠连接方案，经与业主、土建设计单位洽商后并在幕墙安装前实施。

5）采用新材料、新结构的幕墙，宜在现场制作样板，经业主、监理、土建设计单位共同认可后方可进行安装施工。

2. 构件式幕墙安装中玻璃安装的要求

1）玻璃安装前应进行表面清洁。除设计另有要求外，应将单片阳光控制镀膜玻璃的镀膜面朝向室内，非镀膜面朝向室外。

2）应按规定型号选用玻璃四周的橡胶条，其长度宜比边框内槽口长1.5%～2%；橡胶条斜面断开后应拼成预定的设计角度，并应采用粘结剂粘结牢固；镶嵌应平整。

3）铝合金装饰压板的安装，应表面平整、色彩一致，接缝应均匀严密。

3. 构件式玻璃幕墙中硅酮建筑密封胶的施工要求

1）硅酮建筑密封胶不宜在夜晚、雨天打胶，打胶温度应符合设计要求和产品要求，打胶前应使打胶面清洁、干燥。

2）硅酮建筑密封胶的施工厚度应大于3.5mm，施工宽度不宜小于施工厚度的2倍；较深的密封槽口底部应采用聚乙烯发泡材料填塞。

3）硅酮建筑密封胶在接缝内应两对面粘结，不应三面粘结。

标准、规范学习

硅酮结构密封胶：用于粘结幕墙面板与面板、面板与金属框架、面板与玻璃肋的硅酮类结构性胶料，能受力并传递作用力，又称硅酮结构胶。

硅酮建筑密封胶：用于填嵌幕墙构造缝隙的硅酮类密封性胶料，又称硅酮密封胶或耐候胶。

五、检验批的划分

玻璃幕墙工程质量检验应进行观感检验和抽样检验，并按下列规定划分检验批，每幅玻璃幕墙均应检验：

1）相同设计、材料、工艺和施工条件的玻璃幕墙工程每500～1000m^2应划分为一个检验批，不足500m^2也应划分为一个检验批。每个检验批每100m^2应至少抽查一处，每处不得小于10m^2。

2）同一单位工程的不连续的玻璃幕墙工程应单独划分检验批。

3）对于异型或特殊要求的玻璃幕墙，检验批的划分应根据玻璃幕墙的结构、工艺特点及玻璃幕墙工程规模，宜由监理单位、建设单位和施工单位协商确定。

六、《玻璃幕墙工程技术规范》中安装施工的强制性条文

1）隐框和半隐框玻璃幕墙，其玻璃与铝型材的粘结必须采用中性硅酮结构密封胶；全玻幕墙和点支承玻璃幕墙采用镀膜玻璃时，不应采用酸性硅酮结构密封胶粘结。

2）硅酮结构密封胶和硅酮建筑密封胶必须在有效期内使用。

3）结性试验，并对邵氏硬度、标准状态拉伸粘结性能进行复验。检验不合格的产品不得使用。进口硅酮结构密封胶应具有商检报告。

4）全玻幕墙的板面不得与其他刚性材料直接接触。板面与装修面或结构面之间的空隙不应小于8mm，且应采用密封胶密封。

5）采用胶缝传力的全玻幕墙，其胶缝必须采用硅酮结构密封胶。

6）除全玻幕墙外，不应在现场打注硅酮结构密封胶。

7）当高层建筑的玻璃幕墙安装与主体结构施工交叉作业时，在主体结构的施工层下方应设置防护网；在距离地面约3m高度处，应设置挑出宽度不小于6m的水平防护网。

课题7 涂饰工程施工

涂饰是将涂料涂敷于基体表面，使其与基体表面很好地粘结，干燥后形成完整的装饰、保护膜层。涂饰工程分类：按照涂装的基体材料的不同可分为混凝土面、抹灰面、木材面、金属面涂饰等；按照涂装的部位可分为外墙、内墙面、墙裙、顶棚、地面、门窗、家具及细部工程涂饰等；按照涂饰的特殊功能要求可分为防火、防水、防霉、防结露、防虫涂饰等。

一、涂饰工程的一般规定

涂饰工程包括：水性涂料涂饰、溶剂型涂料涂饰、美术涂饰等分项工程的质量验收。

1. 涂饰工程验收时应检查的文件和记录

1）涂饰工程的施工图设计说明及其他设计文件。

2）材料的产品合格证书、性能检测报告和进场验收记录。

3）施工记录。

2. 各分项工程检验批的划分

1）室外涂饰工程每一栋楼的同类涂料涂饰的墙面每500～1000m^2应划分为一个检验批，不足500m^2也应划分为一个检验批。

2）室内涂饰工程同类涂料涂饰的墙面每50间（大面积房间和走廊按涂饰面积30m^2为一间）应划分为一个检验批，不足50间也应划分为一个检验批。

3. 检查数量应符合的规定

1）室外涂饰工程每100m^2应至少检查一处，每处不得小于10m^2。

2）室内涂饰工程每个检验批应至少抽查10%，并不得少于3间，不足3间时应全数检查。

二、涂饰工程的基层处理应符合的要求

1）新建筑物的混凝土或抹灰基层在涂饰涂料前应涂刷抗碱封闭底漆。

2）旧墙面在涂饰涂料前应清除疏松的旧装修层并涂刷界面剂。

3）混凝土或抹灰基层涂刷溶剂型涂料时，含水率不得大于8%；涂刷乳液型涂料时，含水率不得大于10%；木材基层的含水率不得大于12%。

4）基层腻子应平整、坚实、牢固，无粉化、起皮和裂缝，内墙腻子的粘结强度应符合《建筑室内用腻子》（JG/T 298—2010）的规定。

5）厨房卫生间墙面必须使用耐水腻子。

三、涂饰施工的施工程序

施工程序：涂饰施工应在抹灰工程、地面工程、木装修工程、水暖工程、电气工程等全部完工并经验收合格后进行。门窗的面层涂饰、地面涂饰应在墙面、顶棚等装修工程完毕后进行。建筑物中的细木制品如为现场制作组装，则组装前应先刷一遍底子油（干性油、防锈涂料等），待安装后再进行涂饰。金属管线及设备的防锈涂料和第一遍银粉涂料，应在设备、管道安装就位前涂刷。最后一遍银粉涂料应在顶、墙涂料完成后再涂刷。

四、建筑涂饰施工

1. 基层处理

主要工作内容包括基层清理和修补。基层表面必须干净、坚实，无酥松、脱皮、起壳、粉化等现象，对基层表面的泥土、灰尘、污垢、粘附的砂浆等应清扫干净，酥松的表面应予以铲除。新建筑物的混凝土或抹灰基层应涂刷抗碱封闭底漆，旧墙面在涂饰涂料前应清除疏松的旧装饰层，并涂刷界面剂。木材基层的缺陷处理好后，表面上应做打底子处理。

2. 刮腻子与磨平

腻子应平整、坚实、牢固，无粉化、起皮和裂缝。磨平后，表面应用干净的潮布掸净。

3. 涂饰施工

（1）一般规定 涂料的溶剂（稀释剂）、底层涂料、腻子等均应合理地配套使用。涂饰遍数应根据工程的质量等级而定。后一遍涂料必须在前一遍干燥后进行；每遍涂层不宜过厚，应涂饰均匀，各层结合牢固。

（2）涂饰方法 涂饰的基本方法有刷涂、滚涂、喷涂、刮涂、弹涂和抹涂等。喷涂路线如图7-11所示。

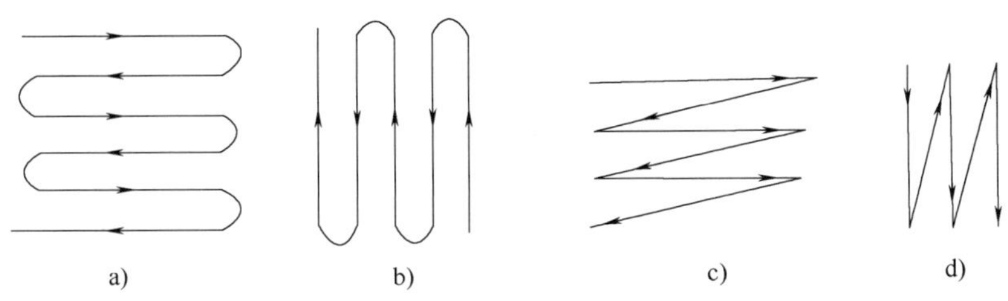

图7-11 喷涂路线
a）横向喷涂正确的路线 b）竖向喷涂正确的路线 c）、d）错误的喷涂路线

五、建筑涂饰施工质量验收内容

1. 主控项目

1）水性涂料涂饰工程所用涂料的品种型号和性能应符合设计要求。

2）水性涂料涂饰工程的颜色图案应符合设计要求。

3）水性涂料涂饰工程应涂饰均匀、粘结牢固，不得漏涂、透底、起皮和掉粉。

4）水性涂料涂饰工程的基层处理应符合规范的要求。

2. 一般项目

1）薄涂料的涂饰质量和检验方法应符合规范的规定。

2）厚涂料的涂饰质量和检验方法应符合规范的规定。

3）复层涂料的涂饰质量和检验方法应符合规范的规定。

4）涂层与其他装修材料和设备衔接处应吻合，界面应清晰。

六、裱糊与软包工程

裱糊工程适用于聚氯乙烯塑料壁纸、复合纸质壁纸、墙布等裱糊工程的质量验收。采用粘贴的方法，把可折卷的软质面材固定在墙、柱、顶棚上的施工称为裱糊工程。

1. 裱糊工程的基层处理应符合的要求

1）新建筑物的混凝土或抹灰基层墙面在刮腻子前应涂刷抗碱封闭底漆。

2）旧墙面在裱糊前应清除疏松的旧装修层并涂刷界面剂。

3）混凝土或抹灰基层含水率不得大于8%，木材基层的含水率不得大于12%。

4）基层腻子应平整、坚实、牢固，无粉化、起皮和裂缝，腻子的粘结强度应符合《建筑室内用腻子》（JG/T 298—2010）N型的规定。

5）基层表面平整度、立面垂直度及阴阳角方正应达到规范高级抹灰的要求。

6）基层表面颜色应一致。

7）裱糊前应用封闭底胶涂刷基层。

2. 施工流程

施工流程：基层清理、填补打磨→找补腻子→满刮腻子、磨平→涂刷封底涂料→墙面划准线→壁纸及基层涂刷胶粘剂→裱糊→清理修整。

3. 裱糊工程质量验收标准

（1）主控项目

1）壁纸、墙布的种类、规格、图案、颜色和燃烧性能等级必须符合设计要求及国家现行的有关规定。

2）裱糊工程基层处理质量应符合要求。

3）裱糊后各幅拼接应横平竖直，拼接处花纹、图案应吻合，不离缝，不搭接，不显拼缝。

4）壁纸、墙布应粘贴牢固，不得有漏贴、补贴、脱层、空鼓和翘边。

（2）一般项目

1）裱糊后的墙纸、墙布表面应平整，色泽应一致，不得有波纹起伏、气泡、裂缝、皱折及污斑，斜视时应无胶痕。

2）复合压花壁纸的压痕及发泡壁纸的发泡层应无损伤。

3）壁纸、墙布与各种装饰线、设备线盒应交接严密。

4）壁纸、墙布边缘应平直整齐，不得有纸毛、飞刺。

5）壁纸、墙布阴角处搭接应顺光，阳角处应无接缝。

4. 软包墙面

一般用于会议厅、录音室、娱乐厅等的墙面和门的装饰。通常由木基层板、木龙骨、填充料、面层等组成。

（1）材料要求

1）面层材料。平绒织物、锦缎织物、毡类织物、皮革及人造革、毛、麻、丝类挂毯。

2）辅助材料。木框、龙骨、底板、面板；填充材料；压条、分格框料、木贴脸。

3）其他材料。胶粘剂、防火涂料、防腐剂、防潮纸或油毡、钉子、木螺钉、木砂纸、氟化钠；电化铝帽头钉、聚酯酸酯乙烯乳液。

填充料、纺织面料、木质材料等应进行防火处理。木质材料还必须进行防腐、防蛀处理。工程所使用的胶粘剂和人造板，其有害物质含量必须符合《室内外环境污染控制规范》（GB 50325—2010）的规定。

（2）施工流程　基层或底板处理→找规矩、弹线→计算用料、裁剪填充料及面料→粘贴面料→安装贴脸、压条→整理。

粘贴面料时，先粘贴填充料，再粘贴饰面材料。

（3）施工注意事项

1）施工时，室内相对湿度不能过高，宜小于85%，且室内温度不能有剧烈变化。

2）禁止在阳角处拼缝，应包角压实。阴角拼缝宜在暗面处。

标准、规范学习

《民用建筑工程室内环境污染控制规范》（GB 50325—2010）规定：

1）民用建筑工程中所采用的无机非金属建筑材料和装修材料必须有放射性指标检测报告，并应符合设计要求和本规范的有关规定。

2）民用建筑工程室内饰面采用的天然花岗岩石材或瓷质砖使用面积大于200m^2时，应对不同产品、不同批次材料分别进行放射性指标的抽查复验。

3）民用建筑工程室内装修中所采用的人造木板及饰面人造木板，必须有游离甲醛含量或游离甲醛释放量检测报告，并应符合设计要求和本规范的有关规定。

4）民用建筑工程室内装修中采用的某一种人造木板或饰面人造木板面积大于500m^2时，应对不同产品、不同批次材料的游离甲醛含量或游离甲醛释放量分别进行抽查复验。

5）民用建筑工程室内装修中所采用的水性涂料、水性胶粘剂、水性处理剂必须有同批次产品的挥发性有机化合物（VOC）和游离甲醛含量检测报告；溶剂型涂料、溶剂型胶粘剂必须有同批次产品的挥发性有机化合物（VOC）、苯、甲苯＋二甲苯、游离甲苯二异氰酸酯（TDI）含量检测报告，并应符合设计要求和本规范的有关规定。

实时训练

［练7-1］某学校大门口门岗楼外墙涂料采用了氟碳漆，编写该工程的施工技术交底。

1. 施工材料

金属氟碳涂料是一种高品质的涂料，可采用喷涂、滚涂、刷涂等常规施工方式涂覆。金属氟碳涂料可在常温至200～300℃的高温下短时间内达到硬化。因此，金属氟碳涂料既适用于工厂涂装，也适用于施工现场涂装。

2. 施工工艺

基层面检查→基层处理→平底腻子施工→打磨→封墙底漆施工→分格缝定位并进行分格线施工→弹性涂料施工→弹性氟碳中层漆施工→弹性氟碳金属漆施工→自洁型弹性氟碳罩面清漆施工→墙面整体检查→修补→验收。

3. 施工方法

1）基层面检查　在基层抹灰约15d后，对抹灰基面进行检查、平整。垂直度及平整度不能大于2mm；开裂及空鼓面积、预留孔洞及脚手架洞和上料口要求用加入早强剂的水泥、砂浆修补堵洞。抹灰时抹实并要求抹平；要求墙面含水率不能高于8%，pH值小于10。

2）基面处理　用灰刀将表面的浮灰、垃圾、油污等清理干净；将墙体粉刷的塑料分格缝用环氧底漆涂刷后再用聚合物抗裂砂浆填平，将明显凹陷的地方用专用腻子点补平整；将凸起的部位打磨平整，平整度要求小于1.5mm。用玻纤布对分格缝进行加强处理。用聚合物抗裂砂浆薄涂分格缝，嵌入耐碱玻纤网，再用聚合物抗裂砂浆覆涂于耐碱玻纤网上，要求宽度大于耐碱玻纤网边缘2cm。

3）平底腻子施工。

① 第一道平底腻子施工，用专用刮尺从上到下及从左到右各刮一遍，在施工过程中刮尺要平稳，并一次到位，中途不能有停顿，以防留下痕迹，其目的是平整。

② 打磨。要用150#～220#的砂纸进行打磨（注：前两道腻子），每道腻子施工完4h后，对干燥、固化的腻子进行打磨，消除较明显的凹凸不平的部位。

③ 第二道平底腻子施工，用专用的批刀满批一次，注意收刀不能有接头、刀疤，满批要一次到位，要求必须平整。

④ 干燥后打磨同上述②中的打磨，再用200#～300#的砂纸打磨。特别注意：打磨洞口的四周平整后，才可进行下一道工序的施工；两遍施工间隔时间不能少于4h，并注意中途要撒水养护。

4）封墙底漆施工　该材料具有极强的粘结性，进一步使抹灰层、腻子底融为一体，提高防水性能，中和并隔离游离碱，防止泛碱。施工要求：用短羊毛辊筒滚涂到位，要求无流挂、无漏涂。

5）分格缝设置。

① 分格缝定位、宽度、横竖方向以及整体分布，按工程设计要求进行；分格缝定位后方可放线，以确保分格缝宽度均匀一致。

② 刷涂分格缝，先用环氧封墙底漆涂刷分格缝位置，再用黑色高光氟碳漆刷涂分格缝。

6）弹性涂料施工采用同色高性能的弹性涂料，使整体建筑产生立体效果，能有效防止墙面龟裂现象，并能与氟碳金属漆相溶合，从而产生极佳的黏结性。施工方法：采用细拉毛辊滚涂，要求花纹一致。

7）弹性氟碳中层漆施工方法。将中层漆基料、固化剂、稀释剂按比例混合，用短羊毛辊筒滚涂到位，要求无流挂、无漏涂。

8）弹性氟碳金属漆施工。对涂料系统形成完整的保护，具有卓越的耐候性。施工方法：将面漆基料、固化剂、稀释剂按比例混合，先熟化30min，喷去基面灰尘，然后按从左到右、从上到下的顺序施工，要求均匀以防止薄厚不一致，从而避免发花、流挂等不良现象的发生。

4. 注意事项

1）湿度在85%以下，温度在5～40℃为宜，若有雨、雪、雾、霜、大风或相对湿度在85%以上，不可施工。

2）打磨后，用清水将表面冲洗干净，等到水分干燥后，方可进行喷涂。

3）漆膜干燥7d左右才能完全固化，此时建议不要提前使用。

4）一定要按要求将各组分搅拌均匀，熟化30min后才能使用。

5）配置好的材料，应在规定的时间用完，超过时间的材料不准再用。

6）必须使用本产品的专用配套辅料，严禁使用其他市售辅料。

技能实训——装饰装修工程案例分析

一、某钢筋混凝土剪力墙结构的建筑，内隔墙采用加气混凝土砌块，在设计无要求的情况下，其抹灰工程均采用了水泥砂浆抹灰，内墙的普通抹灰厚度控制在20mm，外墙抹灰厚度控制在40mm，并加入含氯盐防冻剂，窗台下滴水槽的宽度和深度均不小于6mm。问题如下：

1）在上述的描述中，有哪些错误，并做出正确的回答。

2）设计无要求时，护角做法有何要求？

3）外墙抹灰主控项目、一般项目验收的内容有哪些？

二、某综合楼进行重新装饰装修，该工程共9层，层高3.6m，每层建筑面积为1200m²，施工内容包括：原有装饰装修工程拆除，新建筑地面、抹灰、门窗、饰面板（砖）、幕墙、涂饰、裱糊与软包、细部工程施工等。该工程墙面抹灰、卫生间墙地面的装饰装修做法见表7-10。

表7-10　装饰装修做法

序号	部　位	材料名称	规　格	做　法
1	内墙面	水泥砂浆抹灰	总厚度≤36cm	高级抹灰
2	卫生间墙面	西班牙米黄大理石	厚25cm	后钢骨架干挂
3	卫生间地面	西班牙米黄大理石	厚20cm	1∶2.5干硬性水泥砂浆结合层

问题如下：

1）装饰装修工程包括多少子分部工程？

2）卫生间石材饰面板安装前是否需要进行施工试验？其施工试验内容有哪些？采用干挂大理石，其施工工艺有哪些？

3）卫生间地面施工的工序有哪些？如何进行质量验收？

单元 8

建筑节能工程施工

［单元学习指导］

本单元节能工程为建筑工程的一项分部工程，主要讲述：

1. 建筑节能分项工程和检验批的划分。
2. 熟悉墙体节能工程的外墙外保温系统的种类。
3. EPS 薄抹灰外墙外保温系统的构造和施工方法。
4. 胶粉 EPS 颗粒保温浆料外墙外保温系统的构造和施工方法。
5. EPS 板现浇混凝土外墙外保温系统的构造和施工方法。
6. 了解门窗、屋面、地面节能要求。
7. 建筑节能工程验收。

［单元学习目标］

知识目标

1. 建筑土建节能分项工程划分。
2. 熟悉墙体节能工程的外墙外保温系统种类。
3. 了解门窗、屋面、地面节能要求。
4. 建筑节能工程验收的程序和组织。

技能目标

1. 能进行建筑节能分项工程和检验批的验收及填写验收记录。
2. 知道外墙外保温系统的施工工艺过程和质量验收。
3. 会建筑节能工程验收的程序和组织。
4. 会编制节能工程施工方案。

课题 1　建筑节能的基本规定和验收划分

建筑节能的目的是降低能耗，提高能效，减少污染，提高人们生活水平。建筑节能设计标准以满足人们感觉舒适为前提，设计参数为房间冬季温度 18 ~ 20℃，夏季 26℃左右。在不使用空调的情况下，节能建筑夏季室内温度要比普通建筑低 2 ~ 3℃，冬季高 3 ~ 5℃。由国家建设部编制的《建筑节能工程施工质量验收规范》（GB 50411—2007）是我国第一次把节能工程明确规定为建筑工程的一项分部工程，实现全方位闭合管理的规范性文件。

一、建筑节能的基本规定

1. 技术管理和施工要求

1）承担建筑节能工程的施工企业应具备相应的资质；施工现场应建立相应的质量管理体系、施工质量控制和检验制度，具有相应的施工技术标准。

2）设计变更不得降低建筑节能效果。当设计变更涉及建筑节能效果时，应经原施工图设计审查机构审查，在实施前应办理设计变更手续，并获得监理或建设单位的确任。

3）建筑节能工程采用的新技术、新设备、新材料、新工艺，应按照有关规定进行评审、鉴定及备案。施工前应对新的或首次采用的施工工艺进行评价，并制定专门的施工技术方案。

4）单位工程的施工组织设计应包括建筑节能工程施工内容。建筑节能工程施工前，施工单位应编制建筑节能工程施工方案并经监理（建设）单位审查批准。施工单位应对从事建筑节能工程施工作业的人员进行技术交底和必要的实际操作培训。

2. 建筑节能验收的划分

建筑节能工程为单位建筑工程的一个分部工程。其分项工程和检验批的划分，应符合下列规定：

1）建筑节能分项工程划分见表8-1。

表8-1　建筑节能分项工程划分

序　　号	分项工程	主要验收内容
1	墙体节能工程	主体结构基层、保温材料、饰面层等
2	幕墙节能工程	主体结构基层、隔热材料、保温材料、隔汽层、幕墙玻璃、单元式幕墙板块、通风换气系统、遮阳设施
3	门窗节能工程	门、窗、玻璃、遮阳设施等
4	屋面节能工程	基层、保温隔热层、保护层、防水层、面层等
5	地面节能工程	基层、保温层、保护层、面层等

2）建筑节能工程应按照分项工程进行验收。当建筑节能分项工程的工程量较大时，可以将分项工程划分为若干个检验批进行验收。

3）当建筑节能工程验收无法按照上述要求划分分项工程或检验批时，可由建设、监理、施工等各方协商进行划分。但验收项目、验收内容、验收标准和验收记录均应遵守规范的规定。

4）建筑节能分项工程和检验批的验收应单独填写验收记录，节能验收资料应单独组卷。

课题2　墙体节能工程

一、一般规定

1）墙体节能工程适用于采用板材、浆料、块材及预制复合墙板等墙体保温材料或构件的建筑墙体节能工程质量验收。

2）主体结构完成后进行施工的墙体节能工程，应在基层质量验收合格后施工，施工过程中应及时进行质量检查、隐蔽工程验收和检验批验收，施工完成后应进行墙体节能分项工程验收。与主体结构同时施工的墙体节能工程，应与主体结构一同验收。

3）墙体节能工程当采用外保温定型产品或成套技术时，其型式检验报告中应包括安全性和耐候性检验。

4）墙体节能工程应对下列部位或内容进行隐蔽工程验收，并应有详细的文字记录和必要的图像资料：

① 保温层附着的基层及其表面处理。

② 保温板粘结或固定。

③ 锚固件。

④ 增强网铺设。

⑤ 墙体热桥部位处理。

⑥ 预置保温板或预制保温墙板的板缝及构造节点。

⑦ 现场喷涂或浇筑有机类保温材料的界面。

⑧ 被封闭的保温材料厚度。

⑨ 保温隔热砌块填充墙。

5）墙体节能工程的保温材料在施工过程中应采取防潮、防水等保护措施。

6）墙体节能工程验收的检验批划分应符合下列规定：

① 采用相同材料、工艺和施工做法的墙面，每 500 ~ 1000m^2 面积划分为一个检验批，不足 500m^2 也划分为一个检验批。

② 检验批的划分也可根据与施工流程相一致且方便施工与验收的原则，由施工单位与监理（建设）单位共同商定。

二、外墙外保温工程施工

根据《外墙外保温工程技术规程》（JCJ 144—2008）的规定：外墙外保温系统是由保温层、抹面层、饰面层和固定材料（胶粘剂、锚固件等）构成并且适用于安装在外墙外表面的非承重保温构造总称。

1. 外墙外保温系统的种类

1）粘贴泡沫塑料保温板外保温系统。

2）胶粉 EPS 颗粒保温浆料外墙外保温系统。

3）EPS 板现浇混凝土外墙外保温系统。

4）EPS 钢丝网架板现浇混凝土外墙外保温系统。

5）机械固定 EPS 钢丝网架板外墙外保温系统。

2. 外墙外保温系统的构造和技术要求

（1）粘贴泡沫塑料保温板外保温系统

1）粘贴泡沫塑料保温板外保温系统（以下简称粘贴保温板系统）由粘结层、保温层、抹面层和饰面层构成。粘结层材料为胶粘剂，保温层材料为 EPS 板、PU 板和 XPS 板，抹面层材料为抹面胶浆。如图 8-1 所示。

2）施工工艺。施工准备→基层墙体处理→弹线→配胶粘砂浆→粘贴 EPS 保温板→钻孔、安装固定件→打磨找平→特殊部位处理→抹底层砂浆→铺设网格布→抹面层砂浆→检查验收。

① 基层墙体处理。粘贴保温板系统的基层表面应清洁，无油污、脱模剂等妨碍粘结的附着物。凸起、空鼓和疏松部位应剔除并找平。找平层应与墙体粘结牢固，不得有脱层、空鼓、裂缝，面层不得有粉化、起皮、爆灰等现象。

② 墙面弹线、挂线。施工前首先读懂图样，确认基层结构墙体的伸缩缝、结构沉降缝、防震缝墙体体型突变的具体部位，并做出标记。此外还应弹出首层散水标高线和伸缩缝具体位置。

③ 配制粘结专用砂浆。将粘结专用胶粘剂和保温干混料按照质量配比配合，用搅拌机充分搅拌均匀，静置3min后即可使用。严禁加水使用。每次配好的胶粘砂浆应在1h内用完，超过此时间的胶粘砂浆不得继续使用。

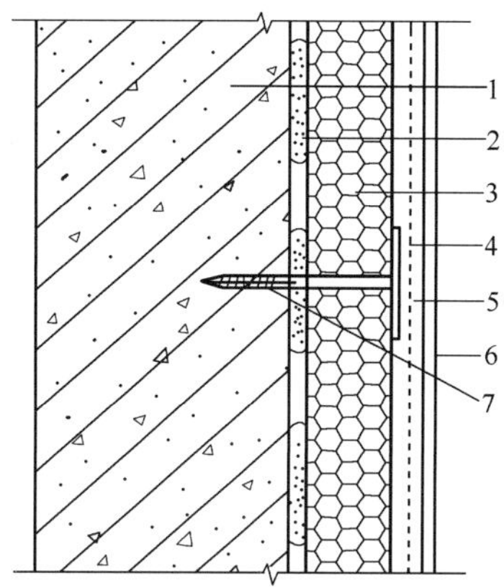

图8-1 EPS板薄抹灰系统

1—基层 2—胶粘剂 3—EPS板 4—玻纤网
5—薄抹面层 6—饰面涂层 7—锚栓

④ 粘贴保温板。粘贴保温板时，应将胶粘剂涂在保温板背面，必要时可使用锚栓辅助固定，保温板与基层墙体的粘贴面积不得小于保温板面积的40%，做面砖饰面时，抹面层中满铺耐碱玻纤网并用锚栓与基层形成可靠固定，保温板与基层墙体的粘贴面积不得小于保温板面积的50%，涂胶粘剂面积不得小于保温板面积的40%。板与板之间要相互挤紧，每贴完一块板后及时清理挤出的胶粘砂浆。保温板应按顺砌方式粘贴，竖缝应逐行错缝。保温板应粘贴牢固，不得有松动和空鼓。墙角处的保温板应交错互锁，如图8-2所示。门窗洞口四角处的保温板不得拼接，应采用整块保温板切割成形，EPS板接缝应离开角部至少200mm，如图8-3所示。建筑物高度在20m以上时，在受负风压作用较大的部位宜使用锚栓辅助固定；保温板宽度不宜大于1200mm，高度不宜大于600mm；必要时应设置抗裂分隔缝。

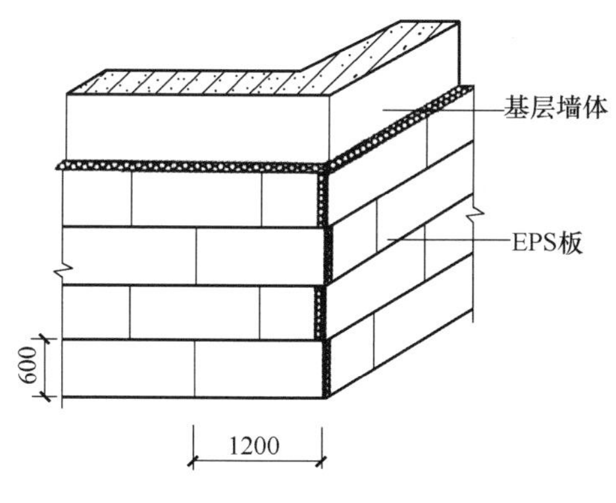

图8-2 墙角处的EPS板排列

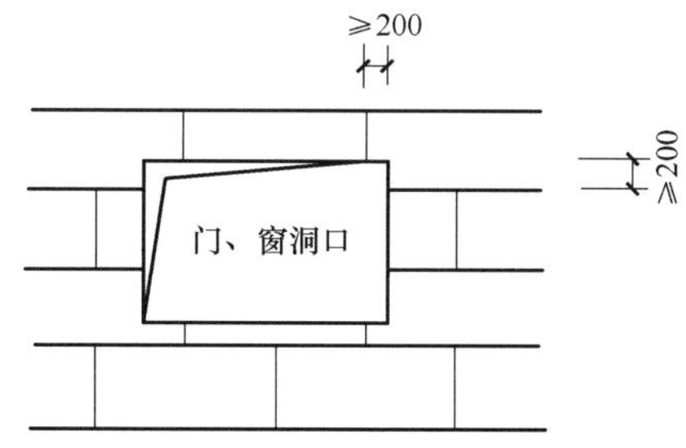

图8-3 门窗洞口四角处的EPS板排列

⑤ 安装固定件。固定件在EPS板粘贴8h后开始安装，并在其24h内完成，用冲击钻钻孔，用自攻螺钉将工程塑料膨胀钉的钉帽与聚苯乙烯泡沫板表面平齐。粘贴在外墙阳角、空洞边缘的保温板，安装固定件在水平、垂直两个方向上均需加密，其间距不大于300mm，距基层边缘不小于60mm；固定件位置布置如图8-4所示。

⑥ 打磨找平。保温板贴完后4h，且待粘结剂达到一定粘结强度、EPS粘贴牢固后，如

发现有接缝不平的现象，立即用打磨抹子打磨，磨平后用刷子将 EPS 碎屑清理干净。

⑦ 抹底层砂浆。在打磨好的保温板面层上先将拌匀的抹面砂浆抹在板缝和锚固件表面接缝不平处；将基层砂浆均匀地抹在安装好的保温板上，厚度为 1.5～2mm。

⑧ 铺设网格布。在抹面砂浆后，应随即将网格布压入湿的抹面砂浆内，压入深度不得过深，表面网纹应显露，并压实平整，不得有褶皱、空鼓、翘边现象；铺设网格布应沿工作面外墙自上而下铺设；用抹子由中间向上、下两边将其抹平，使其压紧至抹面砂浆层上。同时，在勒脚、门窗四角保温板收头处加强网格布做法，如图 8-5、图 8-6 所示。

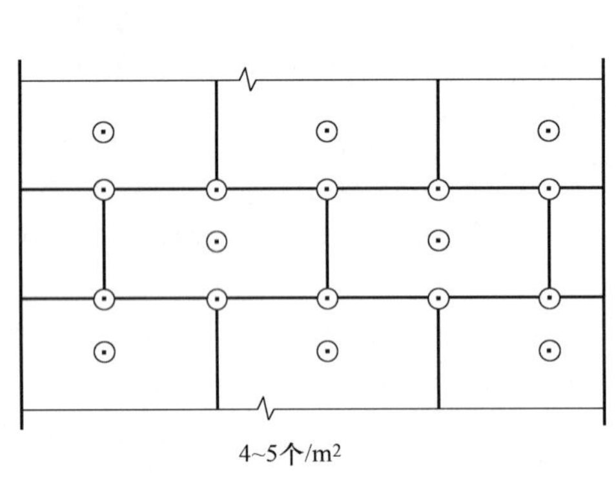

图 8-4　固定件位置布置

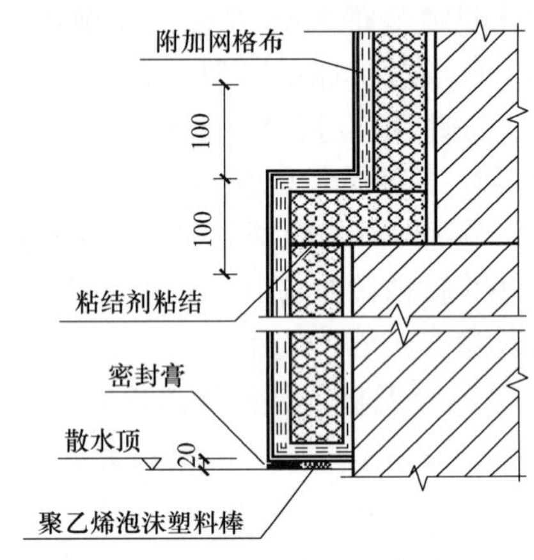

图 8-5　勒脚加强网格布做法

⑨ 面层砂浆。基层砂浆凝结前（待砂浆干至不黏手时）再抹面层砂浆，厚度控制在 1～2mm，仅以覆盖网格布、微见网格布轮廓为宜。抹面砂浆施工完毕需养护 7d 后方可进行后续工序的施工。

⑩ 对“缝”的处理。

a. 伸缩缝。在每层水平分层处留置伸缩缝，在伸缩缝处放入泡沫塑料圆棒，外表用油膏嵌缝，如图 8-7 所示。

b. 分格缝。留置分格缝时，将裁出凹槽的网格布埋压在凹槽里，抹面层砂浆之前放入塑料 U 型条与面层相平，如图 8-8 所示。

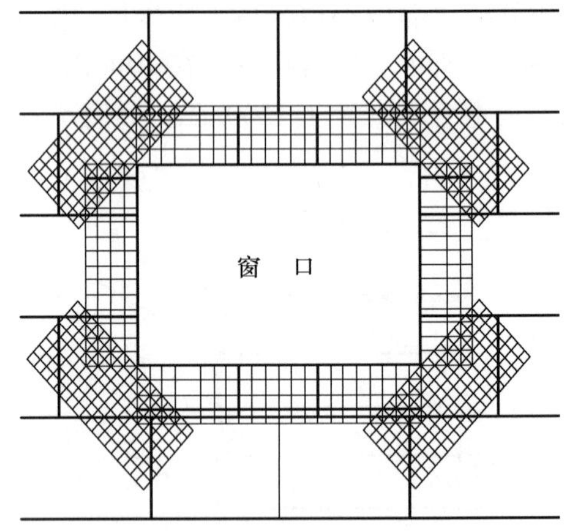

图 8-6　窗口四角处加强网格布做法

（2）胶粉 EPS 颗粒保温浆料外墙外保温系统

1）构造层做法。胶粉 EPS 颗粒保温浆料外墙外保温系统（以下简称保温浆料系统）应由界面层、胶粉 EPS 颗粒保温浆料保温层、抗裂砂浆薄抹面层和饰面层组成，如图 8-9 所示。胶粉 EPS 颗粒保温浆料经现场拌和后喷涂或抹在基层上形成保温层。薄抹面层中应满铺玻纤网。

2）施工工艺。基层墙体处理→墙体基层涂刷专用界面砂浆→吊垂直、套方、弹控制线→用保温浆料做灰饼、做冲筋→钻孔→分遍抹保温浆料→晾置干燥，平整度、垂直度验收→划分格线→抹抗裂砂浆，铺压玻纤网布→抹第二遍抗裂砂浆、压入第二层玻纤网格布（涂料饰面需用加强层时）→抗裂防护层验收→饰面层施工。

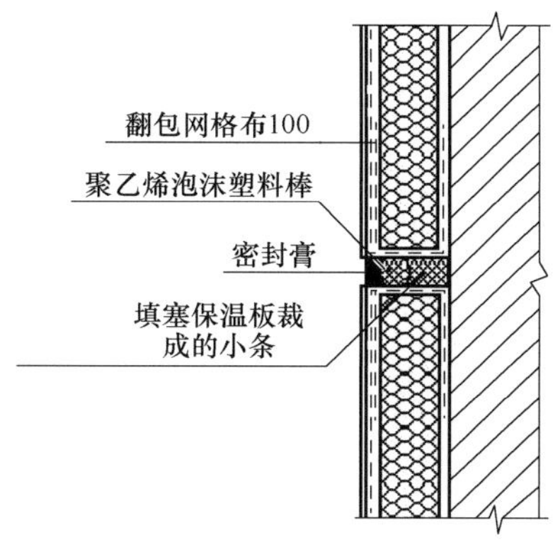

图8-7 伸缩缝做法

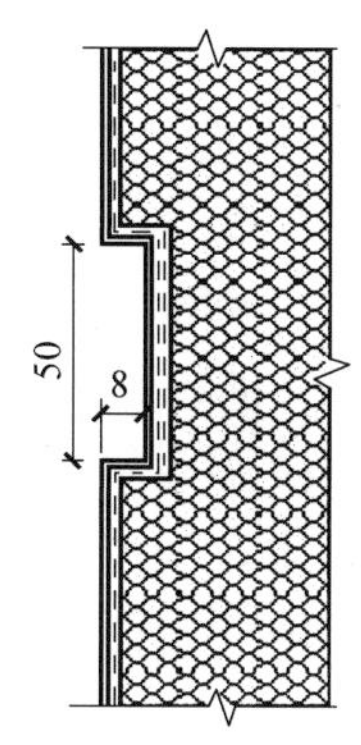

图8-8 分格缝做法

3）施工要点。

① 保温层的一般做法。胶粉EPS颗粒保温浆料宜分遍抹灰，每遍间隔时间应在24h以上，每遍厚度不宜超过20mm。第一遍抹灰应压实，最后一遍应找平，应达到冲筋厚度搓平。保温层固化干燥（用手掌按不动表面，一般3～5d）后方可进行抗裂保护层施工。设计厚度不宜超过100mm。

② 分格线条。根据建筑物立面情况，分格缝宜分层设置，分块面积单边长度应不大于15m；按设计要求在胶粉EPS颗粒保温浆料层上弹出分格线和滴水槽的位置。

③ 抹抗裂砂浆，铺贴玻纤网格布。玻纤网格布按楼层间尺寸事先裁好，抹抗裂砂浆一般分两遍完成，第一遍厚度为（2±0.5）mm，随即横向铺贴玻纤网格布，用抹子将玻纤网格布压入砂浆，搭接宽度不应小于50mm，先压入一侧抹抗裂砂浆，再压入另一侧，严禁干搭接。网格布铺贴要平整无褶皱，饱满度应达到100%，随即抹平压实。

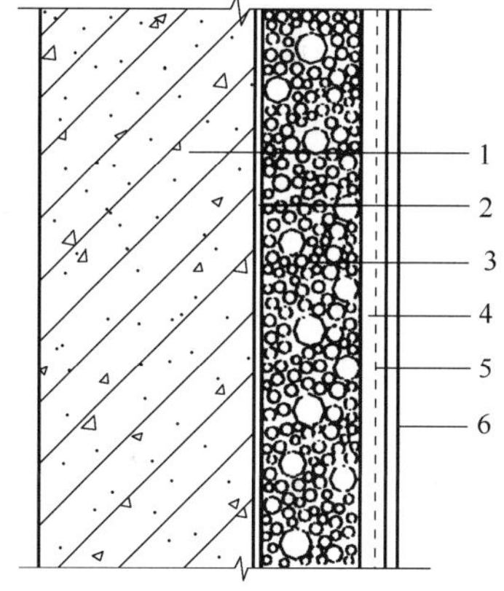

图8-9 保温浆料系统
1—基层 2—界面砂浆
3—胶粉EPS颗粒保温浆料
4—抗裂砂浆薄抹面层
5—玻纤网 6—饰面层

④ 补洞及修理。对墙面使用外架子所留孔洞及损坏处应进行修补，方法如下：当架子与墙体的连接拆除后，应立即对连接点的孔洞用与基层相同的材料进行填补，并用1∶3水泥砂浆抹平；按孔洞的面积用胶粉EPS颗粒抹平，并打磨其边缘部位，使之与孔洞严密接合；用胶带将孔洞周边已做好的面层盖住，以防修补过程中受到污染。对于墙面损坏处的处理方法与上述方法相同。

标准、规范学习

保温浆料：由胶粉料与EPS颗粒或其他保温轻骨料组配，使用时按比例加水搅拌混合而成的浆料。

见证取样送检：施工单位在监理工程师或建设单位代表见证下，按照有关规定从施工现场随机抽取试样，送至有见证检测资质的检测机构进行检测的活动。

（3）EPS板现浇混凝土外墙外保温系统

1）构造层做法。EPS板现浇混凝土外墙外保温系统（以下简称无网现浇系统）以现浇混凝土外墙作为基层，EPS板为保温层。EPS板内表面（与现浇混凝土接触的表面）沿水平方向开有矩形齿槽，内、外表面均满涂界面砂浆。在施工时将EPS板置于外模板内侧，并安装锚栓作为辅助固定件。浇灌混凝土后，墙体与EPS板以及锚栓结合为一体。EPS板表面抹抗裂砂浆薄抹面层，外表以涂料为饰面层（图8-10），薄抹面层中满铺玻纤网。

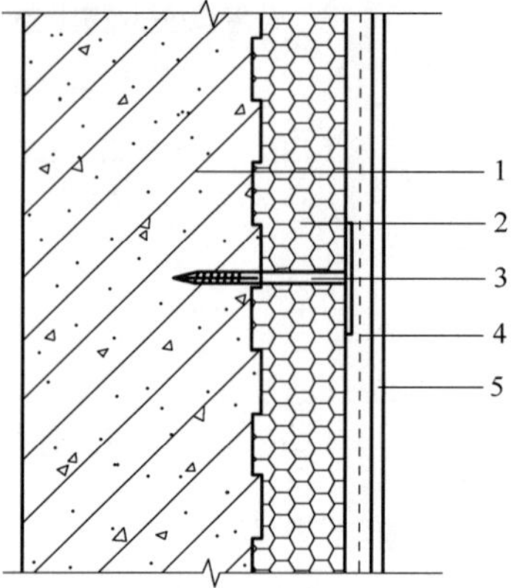

图8-10　无网现浇系统

1—现浇混凝土外墙　2—EPS板　3—锚栓　4—抗裂砂浆薄抹面层　5—饰面层

2）施工工艺。墙体钢筋隐蔽检查验收完毕→拼装墙间保温板（同时做好临时固定）→在保温板上插好插接锚栓→保温板安装预检检查验收→墙体模板安装→浇灌墙体混凝土→拆模及混凝土养护→抹面层聚合物砂浆（中间压入一层耐碱玻纤网布）→饰面层。

3）施工要点。

① EPS板宽度宜为1.2m，高度宜为建筑物层高。

② 先由阴阳角边缘开始安装保温板，由一侧进行拼装保温板，如外墙施工面积较大，可由两侧向中间同时拼装。

③ 锚栓每平方米宜设2~3个。

④ 水平抗裂分隔缝宜按楼层设置。垂直抗裂分隔缝宜按墙面面积设置，在板式建筑中不宜大于30m^2，在塔式建筑中可视具体情况而定，宜留在阴角部位。

⑤ 应采用钢制大模板施工。

⑥ 混凝土一次浇筑高度不宜大于1m，混凝土需振捣密实均匀，墙面及接茬处应光滑、平整。

⑦ 混凝土浇筑后，EPS板表面局部不平整处宜抹胶粉EPS颗粒保温浆料修补和找平，修补和找平处厚度不得大于10mm。

⑧ 模板拆除。在常温条件下，墙体混凝土强度不低于1.0MPa，即可拆除模板。拆模时应以同条件试块抗压强度为准（或根据实际情况总结出的拆模时间为准）。

⑨ 抹罩面抗裂砂浆防护面层。抹面层弹性聚合物砂浆，抹灰厚度以盖住网格布为准；罩面防护砂浆施工完成，待面层砂浆干燥后方可进行下道工序。

（4）EPS钢丝网架板现浇混凝土外墙外保温系统

1）构造层做法。EPS钢丝网架板现浇混凝土外墙外保温系统（以下简称有网现浇系统）是以现浇混凝土为基层墙体，采用腹丝穿透EPS钢丝网架板做保温隔热材料，EPS板单面钢丝网架板置于外墙外模板内侧，并以直径6mm锚筋钩紧固定措施与钢筋混凝土现浇为一体，EPS板的抹面层为抗裂砂浆，属于厚型抹灰面层，面砖饰面，如图8-11所示。

2）施工工艺。施工墙体放线→绑扎外墙钢筋，钢筋隐检→安装EPS钢丝网架板→验收EPS钢丝网架板→支外墙模板→验收模板→浇筑墙体混凝土→检验墙及EPS钢丝网架板→EPS钢丝网架板板面抹灰。

3）施工要点。

① 外墙外保温板安装。混凝土内外钢筋绑扎必须验收合格后方可进行。按照设计图样上的墙体厚度尺寸弹水平线及垂直线，同时在外墙钢筋外侧绑扎塑料卡垫块，每块板内（1200mm×2700mm）不少于4块。保温板就位后，可将L形直径6mm钢筋按垫块位置穿过保温板，用火烧丝将其两侧与钢丝网及墙体绑扎牢固。

② 应采用钢制大模板施工，并应采取可靠措施保证EPS钢丝网架板和辅助固定件安装位置准确。

③ 混凝土一次浇筑高度不宜大于1m，混凝土需振捣密实均匀，墙面及接茬处应光滑、平整。

④ 应严格控制抹面层厚度并采取可靠抗裂措施确保抹面层不开裂。

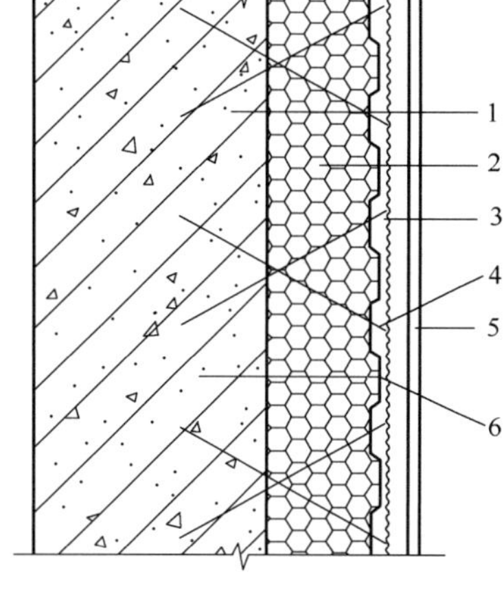

图8-11　有网现浇系统

1—现浇混凝土外墙　2—EPS单面钢丝网架　3—掺外加剂的水泥砂浆厚抹面层　4—钢丝网架　5—饰面层　6—ϕ6锚筋

3. 外墙外保温工程质量验收

1）外墙外保温工程应按现行国家标准《建筑工程施工质量验收统一标准》（GB 50300—2013）的规定进行施工质量验收。

2）外墙外保温工程为建筑节能工程的分项工程，其主要验收内容应按表8-2进行。

表8-2　外保温工程分部工程、子分部工程和分项工程划分

分部工程	子分部工程	分项工程
外保温	粘贴泡沫塑料保温板系统	基层处理，粘贴EPS板，抹面层，变形缝，饰面层
	保温浆料系统	基层处理，抹胶粉EPS颗粒保温浆料，抹面层，变形缝，饰面层
	无网现浇系统	固定EPS板，现浇混凝土，EPS局部找平，抹面层，变形缝，饰面层
	有网现浇系统	固定EPS钢丝网架板，现浇混凝土，抹面层，变形缝，饰面层
	PU喷涂系统外保温工程	基层处理，喷涂发泡保温材料，保温层局部处理，抹面层，饰面层

3）分项工程应以每500~1000m^2划分为一个检验批，不足500m^2也应划分为一个检验批；每个检验批每100m^2应至少抽查一处，每处不得小于10m^2。

4）主控项目的验收应符合下列规定：

① 外保温系统及主要组成材料性能应符合规范要求。

② 保温层厚度应符合设计要求（检查方法：插针法检查）。

③ 粘贴保温板系统的EPS板粘结面积应符合规范要求。

④ 无网现浇系统的粘结强度应符合规范要求。

5）一般项目的验收应符合下列规定：

① 粘贴保温板系统和保温浆料系统保温层垂直度和尺寸允许偏差应符合现行国家标准《建筑装饰装修工程质量验收标准》（GB 50210—2018）的规定。

② 现浇混凝土分项工程施工质量应符合现行国家标准《混凝土结构工程施工质量验收规范》（GB 50204—2002）的规定。

③ 无网现浇系统EPS板表面局部不平整处的修补和找平应符合规范要求。找平后保

温层垂直度和尺寸允许偏差应符合现行国家标准《建筑装饰装修工程质量验收标准》（GB 50210—2018）的规定。

④ 有网现浇系统和机械固定系统抹面层厚度应符合规范要求。

⑤ 抹面层和饰面层分项工程施工质量应符合现行国家标准《建筑装饰装修工程质量验收标准》（GB 50210—2018）的规定。

⑥ 系统抗冲击性应符合规范要求。

课题3　建筑外门窗节能工程

一、一般规定

1）适用于建筑外门窗节能工程的质量验收，包括金属门窗、塑料门窗、木质门窗、各种复合门窗、特种门窗、天窗以及门窗玻璃安装等节能工程。

2）建筑门窗进场后，应对其外观、品种、规格及附件等进行检查验收，对质量证明文件进行核查。

3）建筑外门窗工程施工中，应对门窗框与墙体接缝处的保温填充做法进行隐蔽工程验收，并应有隐蔽工程验收记录和必要的图像资料。

4）建筑外门窗工程的检验批应按下列规定划分：

① 同一厂家的同一品种、类型、规格的门窗及门窗玻璃每100樘划分为一个检验批，不足100樘也应划分为一个检验批。

② 同一厂家的同一品种、类型和规格的特种门每50樘划分为一个检验批，不足50樘也应划分为一个检验批。

③ 对于异形或有特殊要求的门窗，检验批的划分应根据其特点和数量，由监理（建设）单位和施工单位协商确定。

5）建筑外门窗工程的检查数量应符合下列规定：

① 建筑门窗每个检验批应抽查5%，并不少于3樘，不足3樘时应全数检查；高层建筑的外窗，每个检验批应抽查10%，并不少于6樘，不足6樘时应全数检查。

② 特种门每个检验批应抽查50%，并不少于10樘，不足10樘时应全数检查。

二、建筑外门窗质量验收

1. 主控项目

1）建筑外门窗的品种、规格应符合设计要求和相关标准的规定。

2）建筑外窗的气密性、保温性能、中空玻璃露点、玻璃遮阳系数和可见光透射比应符合设计要求。

3）建筑外窗进入施工现场时，应按地区类别对其性能进行复验，复验应为见证取样送检。

4）建筑门窗采用的玻璃品种应符合设计要求。中空玻璃应采用双道密封。

5）金属外门窗隔断热桥措施应符合设计要求和产品标准的规定，金属副框的隔断热桥措施应与门窗框的隔断热桥措施相当。

6）严寒、寒冷、夏热冬冷地区的建筑外窗，应对其气密性做现场实体检验，检测结果应满足设计要求。

7）外门窗框或副框与洞口之间的间隙应采用弹性闭孔材料填充饱满，并使用密封胶密封；外门窗框与副框之间的缝隙应使用密封胶密封。

8）严寒、寒冷地区的外门安装，应按照设计要求采取保温、密封等节能措施。

9）外窗遮阳设施的性能、尺寸应符合设计和产品标准要求；遮阳设施的安装应位置正确、牢固，满足安全和使用功能的要求。

10）特种门的性能应符合设计和产品标准要求；特种门安装中的节能措施，应符合设计要求。

11）天窗安装的位置、坡度应正确，封闭严密，嵌缝处不得渗漏。

2. 一般项目

1）门窗扇密封条和玻璃镶嵌的密封条，其物理性能应符合相关标准的规定。密封条安装位置应正确，镶嵌牢固，不得脱槽，接头处不得开裂。关闭门窗时密封条应接触严密。

2）门窗镀（贴）膜玻璃的安装方向应正确，中空玻璃的均压管应密封处理。

3）外门窗遮阳设施调节应灵活，能调节到位。

课题4 建筑屋面节能工程

一、一般规定

1）适用于建筑屋面节能工程，包括采用松散保温材料、现浇保温材料、喷涂保温材料、板材、块材等保温隔热材料的屋面节能工程的质量验收。

2）屋面保温隔热工程的施工，应在基层质量验收合格后进行。施工过程中应及时进行质量检查、隐蔽工程验收和检验批验收，施工完成后应进行屋面节能分项工程验收。

3）屋面保温隔热工程应对下列部位进行隐蔽工程验收，并有详细的文字记录和必要的图像资料：基层；保温层的铺设方式、厚度；板材的缝隙填充质量；屋面热桥部位；隔汽层。屋面保温隔热层施工完成后，应及时进行找平层和防水层的施工，避免保温隔热层受潮、浸泡或受损。

二、屋面节能工程质量验收

1. 主控项目

1）用于屋面节能工程的保温隔热材料，其品种、规格应符合设计要求和相关标准的规定。

2）屋面节能工程使用的保温隔热材料，其导热系数、密度、抗压强度或压缩强度、燃烧性能应符合设计要求。

3）屋面节能工程使用的保温隔热材料，进场时应对其导热系数、密度、抗压强度或压缩强度、燃烧性能进行复验，复验应为见证取样送检。

4）屋面保温隔热层的铺设方式、厚度、缝隙填充质量及屋面热桥部位的保温隔热做法，必须符合设计要求和有关标准的规定。

5）屋面的通风隔热架空层，其架空高度、安装方式、通风口位置及尺寸应符合设计及有关标准要求。架空层内不得有杂物。架空面层应完整，不得有断裂和露筋等缺陷。

6）采光屋面的传热系数、遮阳系数、可见光透射比、气密性应符合设计要求。节点的构造做法应符合设计和相关标准的要求。

7）采光屋面的安装应牢固，坡度正确，封闭严密，嵌缝处不得渗漏。

8）屋面的隔汽层位置应符合设计要求，隔汽层应完整、严密。

2. 一般项目

1）屋面保温隔热层应按施工方案施工，并应符合下列规定：松散材料应分层铺设，按要求压实，表面平整，坡向正确；现场采用喷、浇、抹等工艺施工的保温层，其配合比应计量正确，搅拌均匀，分层连续施工，表面平整，坡向正确；板材应粘贴牢固、缝隙严密、平整。

2）金属板保温夹芯屋面应铺装牢固、接口严密、表面洁净、坡向正确。

3）坡屋面、内架空屋面当采用铺设于屋面内侧的保温材料作保温隔热层时，保温隔热层应有防潮措施，其表面应有保护层，保护层的做法应符合设计要求。

课题5　建筑地面节能工程

一、一般规定

（1）适用于建筑地面节能工程的质量验收。包括底面接触室外空气、土壤或毗邻不采暖空间的地面节能工程。

（2）地面节能工程的施工，应在主体或基层质量验收合格后进行。施工过程中应及时进行质量检查、隐蔽工程验收和检验批验收，施工完成后应进行地面节能分项工程验收。

（3）地面节能工程应对下列部位进行隐蔽工程验收，并应有详细的文字记录和必要的图像资料：基层；被封闭的保温材料厚度；保温材料粘结；隔断热桥部位。

（4）地面节能分项工程检验批划分应符合下列规定：

1）检验批可按施工段或变形缝划分。

2）当面积超过200m^2 时，每200m^2 可划分为一个检验批，不足200m^2 也应划分为一个检验批。

3）不同构造做法的地面节能工程应单独划分检验批。

二、地面节能工程质量验收

1. 主控项目

1）用于地面节能工程的保温材料，其品种、规格应符合设计要求和相关标准的规定。

2）地面节能工程使用的保温材料，其导热系数、密度、抗压强度或压缩强度、燃烧性能应符合设计要求。

3）地面节能工程采用的保温材料，进场时应对其导热系数、密度、抗压强度或压缩强度、燃烧性能进行复验，复验应为见证取样送检。

4）地面节能工程施工前，应对基层进行处理，使其达到设计和施工方案的要求。

5）地面保温层、隔离层、保护层等各层的设置和构造做法以及保温层的厚度应符合设计要求，并应按施工方案施工。

6）地面节能工程的施工质量应符合下列规定：保温板与基层之间、各构造层之间的粘结应牢固，缝隙应严密；保温浆料应分层施工；穿越地面直接接触室外空气的各种金属管道应按设计要求，采取隔断热桥的保温措施。

7）有防水要求的地面，其节能保温做法不得影响地面排水坡度，保温层面层不得渗漏。

8）严寒、寒冷地区的建筑首层直接与土壤接触的地面、采暖地下室与土壤接触的外墙、毗邻不采暖空间的地面以及底面直接接触室外空气的地面应按设计要求采取保温措施。

9）保温层的表面防潮层、保护层应符合设计要求。

2. 一般项目

采用地面辐射采暖的工程，其地面节能做法应符合设计要求，并应符合《辐射供暖供冷技术规程》（JGJ 142—2012）的规定。

课题6 建筑节能工程现场检验

一、建筑节能工程验收的程序和组织

遵守《建筑工程施工质量验收统一标准》（GB 50300—2013）的要求，并应符合下列规定：

1）节能工程的检验批验收和隐蔽工程验收应由监理工程师主持，施工单位相关专业的质量检查员与施工员参加。

2）节能分项工程验收应由监理工程师主持，施工单位项目技术负责人和相关专业的质量检查员、施工员参加；必要时可邀请设计单位相关专业的人员参加。

3）节能分部工程验收应由总监理工程师（建设单位项目负责人）主持，施工单位项目经理、项目技术负责人和相关专业的质量检查员、施工员参加；设计单位节能设计人员应参加。

二、建筑节能工程的检验批质量验收

检验批质量验收合格应符合下列规定：

1）检验批应按主控项目和一般项目验收。

2）主控项目应全部合格。

3）一般项目应合格；当采用计数检验时，至少应有90%以上的检查点合格，且其余检查点不得有严重缺陷。

4）应具有完整的施工操作依据和质量验收记录。

三、建筑节能分项、分部工程质量验收

（1）分项、分部工程质量验收合格应符合的规定

1）分项工程所含的检验批均应合格。

2）分项工程所含检验批的质量验收记录应完整。

（2）建筑节能分部工程质量验收合格应符合的规定

1）分项工程应全部合格。

2）质量控制资料应完整。

3）外墙节能构造现场实体检验结果应符合设计要求。

4）严寒、寒冷和夏热冬冷地区的外窗气密性现场实体检测结果应合格。

5）建筑设备工程系统节能性能检测结果应合格。

技能实训——EPS板薄抹灰外墙外保温实训

在实训楼，分组（5～6人）在砌好的砖砌体墙面上进行EPS板薄抹灰外墙外保温的实训，试完成以下任务：

1）画出EPS板薄抹灰系统的构造层做法。

2）按照施工工艺过程要求，配胶粘砂浆，粘贴EPS保温板。

3）在勒脚处保温板收头处应如何处理？加强网格布的做法如何？画图说明。

单元 9

建筑工程季节性施工

［单元学习指导］

建筑工程季节性施工主要讲述：

1. 冬期施工期限划分原则。
2. 土方工程冬期施工的要求。
3. 砌体工程冬期施工期限的确定及施工方法。
4. 钢筋工程冬期施工技术。
5. 混凝土工程冬期施工期限的确定及施工方法。
6. 保温及屋面防水冬期施工技术。
7. 装饰装修工程冬期施工技术。
8. 雨期、高温季节施工要求。

［单元学习目标］

知识目标

1. 冬期施工期限划分原则。
2. 砌体工程冬期施工的方法。
3. 混凝土工程冬期施工的方法。
4. 屋面、装饰装修工程冬期施工的方法。

技能目标

1. 知道冬期施工期限划分原则。
2. 能确定砌体工程冬期施工的方法。
3. 会确定混凝土冬期施工的方法。
4. 会编制冬期某分部工程、分项的施工方案。

课题 1　建筑工程冬期施工规定

我国地域广阔，东西南北各地气温相差很大，北方广大地区每年都有较长时间的负温天气，南方地区冬季出现负温的时间较短，而一个大中型建筑工程的工期至少一年时间，在建设中不可避免地要进行冬期和雨期施工。建筑施工都是露天作业，冬季的负温和雨季的降水给施工带来很多困难，按常温条件施工已不能适应。在冬雨期施工时，除了按正常施工条件下完成各项要求外，还必须从当地的具体条件出发，选择合理的施工方法，制定合理的冬雨期施工方案，确保工程质量，降低工程费用。

一、冬期施工期限划分原则

根据《建筑工程冬期施工规程》（JGJ/T 104—2011）的规定：根据当地多年气象资料统计，当室外日平均气温连续5d稳定低于5℃即进入冬期施工，当室外日平均气温连续5d高于5℃即解除冬期施工。

凡进行冬期施工的工程项目，应编制冬期施工专项方案；对有不能适应冬期施工要求的问题应及时与设计单位研究解决。

二、冬期施工专项方案的内容

1）编制依据。

2）工程概况。

3）冬期施工部署。

4）施工准备。

5）主要分项工程冬施技术方案。

6）技术质量管理措施。

7）冬期技术质量管理。

8）冬期施工安全防护。

9）冬期环保与文明施工。

三、冬期施工的特点和原则

冬期施工所采取的技术措施，是以气温作为依据的，各分项工程冬期施工的起止日期，规范都做了相应的规定。

1. 冬期施工的特点

1）冬期施工期是质量事故的多发期。

2）冬期施工发现质量事故呈滞后性。

3）冬期施工的计划性和准备工作的时间性强。

2. 冬期施工的原则

1）确保工程质量。

2）冬期施工过程中，做到安全生产；工程项目的施工要连续进行。

3）制定冬期施工方案（措施）要因时因地因工程制宜，既要求技术上可靠，同时要求经济上合理。

4）应考虑所需的热源和材料有可靠的来源，减少能源消耗。

5）力求施工点少，施工速度快，缩短工期。

6）凡是没有冬期施工方案（措施）或者冬期施工准备工作未做好的工程项目，不得强行进行冬期施工。

7）必须制定行之有效的冬期施工管理措施。

课题2　建筑地基与基础冬期施工

一、土方工程冬期施工

1）冻土挖掘应根据冻土层的厚度和施工条件，采用机械、人工或爆破等方法进行，机械挖掘冻土可根据冻土层厚度按表9-1选用设备。

表9-1　机械挖掘冻土设备选择表

冻土厚度/mm	挖 掘 设 备
<500	铲运机，挖掘机
500～1000	松土机，挖掘机
1000～1500	重锤或重球

2）在挖方上边弃置冻土时，其弃土堆坡脚至挖方边缘的距离应为常温下规定的距离加上弃土堆的高度。

3）挖掘完毕的基槽（坑）应采取防止基底部受冻的措施，因故未能及时进行下道工序施工时，应在基槽（坑）底标高以上预留土层，并应覆盖保温材料。

4）土方回填时，每层铺土厚度应比常温施工时减少20%～25%，预留沉陷量应比常温施工时增加。对于大面积回填土和有路面的路基及其人行道范围内的平整场地填方，可采用含有冻土块的土回填，但冻土块的粒径不得大于150mm，其含量不得超过30%。铺填时冻土块应分散开，并应逐层夯实。

5）冬期施工应在填方前清除基底上的冰雪和保温材料，填方上层部位应采用未冻的或透水性好的土方回填，其厚度应符合设计要求。填方边坡的表层1m以内，不得采用冻土块的土填筑。

6）室外基槽（坑）或管沟可采用含有冻土块的土回填，冻土块粒径不得大于150mm，含量不得超过15%，且应均匀分布。管沟底以上500mm范围内不得用含有冻土块的土回填。

7）室内基槽（坑）或管沟不得采用含有冻土块的土回填，施工应连续进行并应夯实。当采用人工夯实时，每层铺土厚度不应超过200mm，夯实厚度宜为100～150mm。

8）室内地面垫层下回填的土方，填料中不得含有冻土块，并应及时夯实。填方完成后至地面施工前，应采用防冻措施。

二、桩基础冬期施工

1）冻土地基可采用干作业钻孔桩，挖孔灌注桩等或沉管灌注桩，预制桩等施工。

2）桩基础施工时，当冻土层厚度超过500mm时，冻土层宜采用钻孔机引孔，引孔直径不宜大于桩径20mm。

3）钻孔机的钻头宜选用锥形钻头并镶焊合金刀片。钻进冻土时应加大钻杆对图层的压力，并应防止摆动的偏位。钻成的桩孔应及时覆盖保护。

4）灌注桩的混凝土施工应符合下列规定：地基土冻深范围内的和露出地面的桩身混凝土养护，应按规范的有关规定进行；在冻胀性地基土上施工时，应采取防止或减小桩身与冻土之间产生切向冻胀力的防护措施。

5）预制桩施工应符合下列规定：

① 施工前，桩表面应保持干燥与清洁。

② 起吊前，钢丝绳索与桩基础的夹具应采取防滑措施。

③ 沉桩施工应连续进行，施工完成后应采用保温材料覆盖于桩头上进行保温。

④ 接桩可采用焊接或机械连接，焊接和防腐要求应符合规范的有关规定。

⑤ 起吊，运输与堆放应符合规范的有关规定。

6）桩基础静荷载试验前，应将试桩周围的冻土融化或挖除。试验期间，应对试桩周围地表土和锚桩梁支座进行保温。

三、基坑支护冬期施工

1）基坑支护冬期施工宜选用排桩和土钉墙的方法。

2）钢筋混凝土的排桩施工应符合规范的规定，并应符合下列规定：

① 基坑土方开挖应待桩身混凝土达到设计强度时方可进行。

② 基坑土方开挖时，排桩上部自由端外侧的基土应进行保温。

③ 排桩上部的冠梁钢筋混凝土施工应按规定进行。

④ 桩身混凝土施工可选用掺防冻剂混凝土进行。

3）土钉施工应符合规范的规定。严寒地区土钉墙混凝土面板施工应符合下列规定：

① 面板下宜铺设 60 ~ 100mm 厚聚苯乙烯泡沫板。

② 浇筑后的混凝土应按规范的相关规定立即进行保温养护。

课题 3　砌体工程冬期施工技术

一、砌体工程冬期施工期限的确定

《砌体结构工程施工质量验收规范》（GB 50203—2011）规定：当室外日平均气温连续 5d 稳定低于 5℃时，砌体工程应采取冬期施工措施。气温根据当地气象资料确定。冬期施工期限以外，当日气温低于 0℃时也应采取冬期施工措施。砌体工程冬期施工应具有完整的冬期施工方案。

二、冬期施工所用材料的规定

根据《砌体结构工程施工规范》（GB 50924—2014）的规定：

1）砌筑前，应清除块材表面污物和冰霜，遇水浸冻后的砖或砌块不得使用。

2）石灰膏应防止受冻，当遇冻结时，应经融化后方可使用。

3）拌制砂浆所用的砂，不得含有冰块和直径大于 10mm 的冻结块。

4）砂浆宜采用普通硅酸盐水泥拌制，冬期砌筑不得使用无水泥拌制的砂浆。

5）拌合砂浆宜采用两步投料法，水的温度不得超过 80℃，砂的温度不得超过 40℃，砂浆稠度宜较常温适当增大。

6）砌筑时砂浆温度不应低于5℃。

7）砌筑砂浆试块的留置，除应按常温规定要求外，尚应增设一组与砌体同条件养护的试块，用于检验转入常温28d砂浆强度；如有特殊要求，可另外增加相应龄期同条件的试块。

三、砌体冬期施工的要求

1）冬期施工过程中，施工记录除应按常规要求外，尚应包括室外温度、暖棚气温、砌筑砂浆温度及外加剂掺量。

2）不得使用已冻结的砂浆，严禁用热水掺入冻结砂浆内重新搅拌使用，且不宜在砌筑时的砂浆内掺水。

3）当混凝土小砌块冬期施工砌筑砂浆强度等级低于M10时，其砂浆强度等级应比常温施工提高一级。

4）冬期施工搅拌砂浆的时间应比常温期增加0.5~1.0倍，并应采取有效措施减少砂浆在搅拌、运输、存放过程中的热量损失。

5）砌筑工程冬期施工用砂浆应选用外加剂法。

6）砌体施工时，应将各种材料按类别堆放，并应进行覆盖。

7）冬期施工过程中，对块材的浇水湿润应符合下列规定：

① 烧结普通砖、烧结多孔砖、蒸压灰砂砖、蒸压粉煤灰砖、烧结空心砖、吸水率较大的轻骨料混凝土小型空心砌块在气温高于0℃条件下砌筑时，应浇水湿润，且应即时砌筑；在气温不高于0℃条件下砌筑时，不应浇水湿润，但应增大砂浆稠度。

② 普通混凝土小型空心砌块、混凝土多孔砖、混凝土实心砖及采用薄灰砌筑法的蒸压加气混凝土砌块施工时，不应对其浇水温润。

③ 抗震设防烈度为9度的建筑物，当烧结普通砖、烧结多孔砖、蒸压粉煤灰砖、烧结空心砖无法浇水湿润，且无特殊措施时，不得砌筑。

8）冬期施工的砖砌体应采用“三一”砌筑法施工。

9）冬期施工中，每日砌筑高度不宜超过1.2m，砌筑后应在砌体表面覆盖保温材料，砌体表面不得留有砂浆。在继续砌筑前，应清理干净砌筑表面的杂物，然后再施工。

四、砌体工程冬期施工的方法

砌体工程冬期施工的方法有：外加剂法、暖棚法。

1. 外加剂法

在砌筑砂浆内掺加一定数量的抗冻化学剂，从而降低水溶液冰点，使砂浆在负温下不冻结，且强度能够继续增长，这种砌筑方法称为外加剂法，也称掺盐砂浆法。

（1）掺盐砂浆法的作用原理　砂浆中掺入一定剂量的盐类，可以降低水溶液的冰点，保证砂浆中有液态的水存在，使水化反应在一定负温下不间断进行，使砂浆在负温下强度能够继续缓慢增长，同时氯盐又是提高水泥早期强度的早强剂，只要合理配置和使用掺盐砂浆，就能保证负温条件下砌体施工的强度和质量。

（2）掺盐砂浆法砌体的要求

1）当最低气温不高于-15℃时，采用掺盐砂浆法砌筑承重砌体，其砂浆强度等级应按常温施工时的规定提高二级。

2）在氯盐砂浆中掺加砂浆增塑剂时，应先加氯盐溶液后再加在砂浆增塑剂。

3）外加剂、溶液应由专人配制，并应先配制成规定浓度溶液置于专用容器中，再按使用规定加入搅拌机中。

4）由于氯盐砂浆吸湿性大，使结构保温性能下降，并且有导电和析盐现象，且氯盐对钢筋有腐蚀作用，因此，下列砌体不得采用掺盐砂浆法施工：

① 对装饰材料有特殊要求的建筑物。

② 使用湿度大于80%的建筑物。

③ 配筋、钢埋件无可靠的防腐处理措施的砌体。

④ 经常处于地下水位变化范围以内，以及在水下未设防水保护层的结构。

⑤ 经常受40℃以上高温影响的建筑物。

5）砖与砂浆的温度差值砌筑时宜控制在20℃以内，且不应超过30℃。

2. 暖棚法

暖棚法是利用简易结构和保温材料，将需要砌筑的砌体临时封闭起来，使之在正温条件下砌筑和养护。适用范围：一般适用于地下工程、基础工程以及建筑面积不大又急需砌筑使用的砌体结构。

当采用暖棚法施工时，块体和砂浆在砌筑时的温度不应低于5℃。距离所砌结构底面0.5m处的棚内温度也不应低于5℃。砌体在暖棚内的养护时间应根据暖棚内的温度确定，并应符合表9-2的规定。

表9-2 暖棚法施工时的砌体养护时间

暖棚的温度/℃	5	10	15	20
养护时间/d	≥6	≥5	≥4	≥3

采用暖棚法施工，搭设的暖棚应牢固、整齐。宜在背风面设置一个出入口，并应采取保温避风措施。当需设两个出入口时，两个出入口不应对齐。

课题4 钢筋工程冬期施工技术

一、钢筋工程的一般规定

1）钢筋调制冷拉温度不宜低于－20℃。预应力钢筋张拉温度不宜低于－15℃。

2）钢筋负温焊接，可采用闪光对焊、电弧焊、电渣压力焊等方法。当采用细晶粒热轧钢筋时，其焊接工艺应经试验确定。当环境温度低于－20℃时，不宜进行施焊。

3）负温条件下使用钢筋，施工过程中应加强管理和检验，钢筋在运输和加工过程中应防止撞击和刻痕。

4）钢筋张拉与冷拉设备、仪表和液压工作系统油液应根据环境温度选用，并应在使用温度条件下进行配套检验。

5）当环境温度低于－20℃时，不得对HRB335、HRB400级钢筋进行冷弯加工。

二、钢筋负温焊接的要求

1）雪天或施焊现场风速超过三级风焊接时，应采取遮蔽措施，焊接后未冷却的接头应避免碰到冰雪。

2）热轧钢筋负温焊接闪光对焊，宜采用预热—闪光焊或闪光—预热—闪光焊。钢筋端面比较平整时，宜采用预热—闪光焊，端面不平整时，宜采用闪光—预热—闪光焊。

3）钢筋负温电弧焊宜采取分层控温施焊。热轧钢筋焊接的层间温度宜控制在150～350℃之间。

4）钢筋负温帮条焊或搭接焊的焊接工艺应符合下列规定：

① 帮条与主筋之间应采用四点固定位焊固定，搭接焊时应采用两点固定；定位焊缝与帮条或搭接端部的距离不应小于20mm。

② 帮条焊的引弧应在帮条钢筋的一端开始，收弧应在帮条钢筋端头上，弧坑应填满

5）钢筋负温电渣压力焊应符合下列规定：

① 电渣压力焊宜用于HRB335、HRB400级热轧带肋钢筋。

② 电渣压力焊机容量应根据所焊钢筋直径选定。

③ 焊剂应存放于干燥库房内，在使用前经250～300℃烘焙2h以上。

④ 焊接前，应进行现场负温条件下的焊接工艺试验，经试验满足要求后方可正式作业。

⑤ 焊接完毕，应停歇20s以上方可卸下夹具回收焊剂，回收的焊剂内不得混入冰雪，接头渣壳应待冷却后清理。

课题5 混凝土工程冬期施工技术

一、混凝土冬期施工期限的确定

《建筑工程冬期施工规程》（JGJ/T 104—2011）规定，冬期施工期限的划分原则是：根据当地多年气象资料统计，当室外日平均气温连续5d稳定低于5℃时即进入冬期施工；当室外日平均气温连续5d高于5℃时即解除冬期施工。

二、混凝土冬期施工的原理

冬期施工时，气温低，水泥水化作用减弱，新浇混凝土强度增长明显地延缓，当气温降至0℃以下时，水泥水化作用基本停止，混凝土强度已停止增长。因此，混凝土强度增长速度在湿度一定时就取决于温度的变化。特别是气温降至混凝土冰点温度（新浇混凝土冰点温度为-0.3～-1.5℃）以下时，混凝土中游离水开始冻结，气温降至-4℃时，水化水开始冻结，水化作用停止，冻结后的水体积膨胀8%～9%，在混凝土内部形成强大的冰胀应力，将使强度尚低的混凝土内部产生微裂缝，同时降低了水泥与砂石和钢筋间的粘结力，导致结构强度和耐久性降低。

新浇混凝土在养护初期遭受冻结，当气温恢复到正温后，即使正温养护至一定龄期，也不能达到其设计强度，这就是混凝土的早期冻害。

如果混凝土受冻前已经具备抵抗冻胀应力的强度，则混凝土内部结构就不致受冻结的

损害。

三、混凝土受冻临界强度及规范的规定

1. 混凝土受冻临界强度

冬期浇筑的混凝土在受冻以前必须达到的最低强度，称为混凝土受冻临界强度。

2. 受冻临界强度取值要求

根据《建筑工程冬期施工规程》（JGJ/T 104—2011）的规定：

1）采用蓄热法、暖棚法、加热法施工的普通混凝土：采用硅酸盐水泥、普通硅酸盐水泥时，其受冻临界强度不应小于设计混凝土强度等级的30%；采用矿渣硅酸盐水泥、粉煤灰硅酸盐水泥、火山灰质硅酸盐水泥、复合硅酸盐水泥时，其受冻临界强度不应小于设计混凝土强度等级的40%。

2）当室外最低气温不低于 -15℃时，采用综合蓄热法、负温养护法施工的混凝土受冻临界强度不应小于4.0MPa；当室外最低气温不低于 -30℃时，采用负温养护法施工的混凝土受冻临界强度不应小于5.0MPa。

3）对强度等级≥C50的混凝土，不宜小于设计混凝土强度等级的30%。

4）对有抗渗要求的混凝土，不宜小于设计混凝土强度等级的50%。

5）对有抗冻耐久性要求的混凝土，不宜小于设计混凝土强度等级的70%。

6）当采用暖棚法施工的混凝土中掺有早强剂时，可按综合蓄热法受冻临界强度取值。

7）当施工需要提高混凝土强度等级时，应按提高后的强度等级确定受冻临界强度取值。

四、混凝土冬期施工方法的选择

混凝土浇筑后，为保证混凝土在达到抗冻临界强度之前不受冻，必须选择适当的施工方法，使混凝土不受冻害。常用的混凝土冬期施工方法有四种：蓄热法、负温养护法、综合蓄热法、外部加热法。

1. 蓄热法

蓄热法是混凝土浇筑后，利用原材料加热及水泥水化热的热量，并采取适当保温措施延缓混凝土冷却，在混凝土温度降到0℃以前达到受冻临界强度的施工方法。

2. 负温养护法

负温养护法是在混凝土中掺入防冻剂，使其在负温条件下能够不断硬化，在混凝土温度降到防冻剂规定温度前达到受冻临界强度的施工方法。

3. 综合蓄热法

综合蓄热法是掺早强剂或早强型复合外加剂的混凝土浇筑后，利用原材料加热及水泥水化放热，并采取适当保温措施延缓混凝土冷却，在混凝土温度降到0℃以前达到受冻临界强度的施工方法。综合蓄热法可分为低蓄热养护和高蓄热养护两种方式。

1）低蓄热养护。低蓄热养护主要以使用早强水泥或掺低温早强剂、防冻剂为主，使混凝土缓慢冷却至冰点前达到允许受冻临界前强度。

2）高蓄热养护。高蓄热养护除掺用外加剂外，还以采用短时加热为主，使混凝土在养护期内达到要求的受荷强度。

4. 外部加热法

混凝土外部加热养护的方法有：蒸汽加热法、暖棚法、电热法。

1）蒸汽加热法。利用低压（小于0.07MPa）饱和蒸汽对混凝土结构构件均匀加热，在适当温度和湿度条件下，以促进水化作用，使混凝土加快凝结硬化，可以在较短养护时间内，获得较高强度或达到设计要求的强度。

2）电热法。在混凝土结构的内部或外表设置电极，通以低电压电流，由于混凝土的电阻作用，使电能变为热能加热养护混凝土。

五、混凝土冬期施工的材料要求和施工要求

一般情况下，混凝土冬期施工要求在正温下浇筑，正温下养护，使混凝土强度在冰冻前达到受冻临界强度。

1. 混凝土冬期施工的材料要求

1）冬施混凝土所用水泥，宜选用水化热高且早期强度高的硅酸盐水泥和普通硅酸盐水泥，并应符合下列规定：

① 当采用蒸汽养护时，宜选用矿渣硅酸盐水泥。

② 混凝土最小水泥用量不宜低于280kg/m^3，水胶比不应大于0.55。

③ 大体积混凝土的最小水泥用量，可根据实际情况决定。

④ 强度等级不大于C15的混凝土，其水胶比和最小水泥用量可不受以上限制。

2）拌制混凝土所用的骨料应清洁，不得含有冰、雪、冻块及其他易冻裂的物质。掺加含有钾、钠离子的防冻剂混凝土，不得采用活性骨料或在骨料中混有此类物质的材料。

3）冬期施工的混凝土选用外加剂应符合现行国家标准的相关规定，非加热养护法混凝土施工，所选用的外加剂应含有引气组分或掺入引气剂，含气量宜控制在3%～5%。

4）钢筋混凝土掺用氯盐类防冻剂时，氯盐掺量不得大于水泥质量的1%。掺用氯盐的混凝土应振捣密实，且不宜采用蒸汽养护。

5）在下列情况下，不得在钢筋混凝土中掺入氯盐：

① 排出大量蒸汽的车间、浴池、游泳馆、洗衣房和经常处于空气相对湿度大于80%的房间以及有顶盖的钢筋混凝土蓄水池等在高湿度空气环境使用的结构。

② 处于水位升降部位的结构。

③ 露天结构或经常受雨、水淋的结构。

④ 有镀锌钢材或铝铁相接触部位的结构和有外露钢筋、预埋件而无防护措施的结构。

⑤ 与含有酸、碱或硫酸盐等侵蚀介质相接触的结构。

⑥ 使用过程中经常处于环境温度大于60℃以上的结构。

⑦ 使用冷拉钢筋或冷拔低碳钢丝的结构。

⑧ 薄壁结构，中级或重级工作制的吊车梁、屋架、落锤或锻锤基础结构。

⑨ 电解车间和直接靠近直流电源的结构。

⑩ 直接靠近高压电源（发电站、变电所）的结构。

⑪ 预应力混凝土结构。

6）模板外和混凝土表面的保温层，不应采用潮湿状态的材料，也不应将保温材料直接铺盖在潮湿的混凝土表面，新浇筑的混凝土表面应铺一层塑料薄膜。

2. 混凝土原材料加热、搅拌、运输和浇筑的要求

1）混凝土原材料加热应优先采用加热水的方法，当加热水仍不能满足要求时，再对骨料进行加热。水、骨料加热的最高温度应符合表9-3的规定。当水、骨料达到规定温度仍不能满足热工计算要求时，可提高水温到100℃，但水泥不得与80℃以上的水直接接触。

表9-3　水、骨料加热的最高温度　（单位:℃）

水泥强度等级	水	集　料
小于42.5	80	60
42.5、42.5R及以上	60	40

2）水加热宜采用蒸汽加热、电加热、汽水热交换罐或其他加热方法。水箱或水池容积及水温应能满足连续施工要求。

3）水泥不得直接加热，袋装水泥使用前宜运入暖棚内存放。

4）混凝土搅拌的最短时间应符合表9-4的规定。

表9-4　混凝土搅拌的最短时间

混凝土坍落度/mm	搅拌机容积/L	混凝土搅拌的最短时间/s
	<250	90
≥80	250~500	135
	>500	180
<80	<250	90
	250~500	90
	>500	135

注：采用自落式搅拌机时，应较上表搅拌时间延长30~60s；采用预拌混凝土时，应较常温下预拌混凝土的搅拌时间延长15~30s。

5）混凝土的入模温度不应低于5℃，当不符合要求时，应采取措施进行调整。

6）混凝土运输与输送的机具应进行保温或具有加热装置。泵送混凝土在浇筑前应对泵管进行保温，并应采用与施工混凝土同配比的砂浆预热。

7）混凝土在浇筑前，应清除模板和钢筋上的冰雪和污垢。

8）冬期不得在强冻胀性地基土上浇筑混凝土。在弱冻胀性地基土上浇筑混凝土时，基土不得受冻。在非冻胀性地基土上浇筑混凝土时，混凝土在受冻前的抗压强度应符合规范的要求。

9）大体积混凝土分层浇筑时，已浇筑层的混凝土温度在未被上一层混凝土覆盖前不应低于2℃。采用加热养护时，养护前的温度也不得低于2℃。

3. 混凝土蓄热法和综合蓄热法养护

1）当室外最低温度不低于-15℃时，地面以下的工程或表面系数不大于5m^{-1}的结构，宜采用蓄热法养护。对结构易受冻的部位，应采取加强保温措施。

2）当室外最低气温不低于-15℃时，对于表面系数为5~15m^{-1}的结构，宜采用综合蓄热法养护。围护层的散热系数宜控制在50~200kj/(m^3·h·K)。

3）综合蓄热法施工应选用早强剂或早强型复合防冻剂，并应具有减水、引气作用。

4）混凝土浇筑后应在裸露混凝土表面采用塑料布等防水材料覆盖并进行保温。对边、棱角部位的保温厚度应增大到面部位的2～3倍。混凝土在养护期间应防风、防失水。

六、混凝土冬期施工质量控制和检查

1）混凝土冬期施工质量检查除应符合现行国家标准《混凝土结构工程施工质量验收规范》（GB 50204—2015）及其他国家有关标准的规定外，尚应符合下列要求：

① 检查外加剂质量及掺量。外加剂进入施工现场后应进行抽样检验，合格后方准使用。

② 应根据施工方案确定的参数检查水、骨料、外加剂溶液和混凝土出机、浇筑、起始养护时的温度。

③ 应检查混凝土从入模到拆除保温层或保温模板期间的温度。

④ 采用预拌混凝土时，原材料、搅拌、运输过程中的温度检查及混凝土质量检查应由预拌混凝土生产企业进行，并应将记录资料提供给施工单位。

2）冬期施工测温的项目与次数应符合表9-5的规定。

表9-5 冬期施工测温的项目与次数

测温项目	次数
室外气温	测最高、最低气温
环境温度	每一昼夜不少于4次
搅拌机棚温度	每一工作班不少于4次
水、水泥、砂、石及外加剂溶液温度	每一工作班不少于4次
混凝土出机、浇筑、入模的温度	每一工作班不少于4次

3）混凝土养护期间温度测量应符合下列规定：

① 采用蓄热法或综合蓄热法时，在达到受冻临界强度之前应每隔4～6h测量一次。

② 采用负温养护法时，在达到受冻临界强度之前应每隔2h测量一次。

③ 采用加热法时，升温和降温阶段应每隔1h测量一次，恒温阶段每隔2h测量一次。

④ 混凝土在达到受冻临界强度后，可停止测温（原没有规定）。

⑤ 大体积混凝土测温应按《大体积混凝土施工规范》（GB 50496—2009）的相关规定执行。

4）养护温度的测量方法应符合下列规定：

① 测温孔均应编号，并应绘制测温孔布置图，现场应设置明显的标识。

② 测温时，测温元件应采取措施与外界气温隔离；测温元件的测量位置，应处于结构表面下20mm处，留置在测温孔的时间不应少于3min。

③ 采用非加热法养护时，测温孔应设置在易于散热的部位，采用加热法养护时，应分别设置在离热源不同的位置。

5）混凝土质量检查应符合下列规定：

① 应检查混凝土表面是否受冻、粘连、收缩裂缝，边角是否脱落，施工缝处有无受冻痕迹。

② 应检查同条件养护试块的养护条件是否与结构实体相一致。

③ 采用成熟度法检验混凝土强度时，应检查测温记录与计算公式要求是否相符。

6）模板和保温层在混凝土达到要求强度并冷却到5℃后方可拆除。拆模时混凝土表面温度与环境温度差大于20℃时，混凝土表面应及时覆盖，使其缓慢冷却。

7）混凝土抗压强度试件的留置除应按现行国家标准《混凝土结构工程施工质量验收规范》（GB 50204—2002）的规定进行外，尚应增设不少于2组同条件养护试件。

课题6　保温及屋面防水冬期施工技术

一、一般规定

1）保温工程、屋面防水工程冬期施工应选择晴朗天气进行，不得在雨、雪天和五级及其以上大风或基层潮湿、结冰、霜冻条件下进行。

2）保温及屋面工程应依据材料性能确定施工气温界限，最低施工环境气温宜符合表9-6的规定。

表9-6　保温及屋面工程最低施工环境气温要求

防水与保温材料	最低施工环境气温
粘结保温板	有机胶粘剂不低于－10℃；无机胶粘剂不低于5℃
现喷硬泡聚氨酯	15～30℃
高聚物改性沥青防水卷材	热熔法不低于－10℃
合成高分子防水卷材	冷粘法不低于5℃；焊接法不低于－10℃
高聚物改性沥青防水涂料	溶剂型不低于5℃；热熔型不低于－10℃
合成高分子防水涂料	溶剂型不低于－5℃
防水混凝土，防水砂浆	符合混凝土，砂浆的相关规定
改性石油沥青密封材料	不低于0℃
合成高分子密封材料	溶剂型不低于0℃

3）保温与防水材料进场后，应存放于通风、干燥的暖棚内，并严禁接近火源和热源。棚内温度不宜低于0℃，且不得低于规范规定的温度。

4）屋面防水施工时，应先做好排水比较集中的部位，凡节点部位均应加铺一层附加层。

5）施工时，应合理安排隔汽层、保温层、找平层、防水层的各项工序，连续操作，已完成部位应及时覆盖，防止受潮与受冻。穿过屋面防水层的管道、设备或预埋件，应在防水施工前安装完毕。

二、外墙外保温工程冬期施工

1）外墙外保温工程冬期施工宜采用EPS板薄抹灰外墙外保温系统、EPS板现浇筑混凝土外墙外保温系统或EPS钢丝网架板现浇混凝土外墙外保温系统。

2）建筑外墙外保温冬期施工的最低温度不应低于－5℃。

3）建筑外墙外保温工程施工期间以及完工后的24h内，基层及环境空气温度不应低于5℃。

4）进场的 EPS 板胶粘剂、聚合物抹面胶浆应存放于暖棚内，液态材料不得受冻，粉状材料不得受潮，其他材料应符合有关规定。

5）EPS 板薄抹灰外墙外保温系统应符合下列规定：

① 应采用低温型 EPS 板胶粘剂和低温型聚合物抹面胶浆，并应按产品说明书的要求进行使用。

② 低温型 EPS 板胶粘剂和低温型聚合物抹面胶浆的性能指标应符合表 9-7 和表 9-8 的规定。

表 9-7 低温型 EPS 板胶粘剂的性能指标

实验项目		性能指标
拉伸粘结强度（MPa）（与水泥砂浆）	原强度	≥0.60
	耐水	≥0.40
拉伸粘结强度（MPa）（与 EPS 板）	原强度	≥0.10，破坏界面在 EPS 板上
	耐水	≥0.10，破坏界面在 EPS 板上

表 9-8 低温型聚合物抹面胶浆的性能指标

实验项目		性能指标
拉伸粘结强度（MPa）（与 EPS 板）	原强度	≥0.10，破坏界面在 EPS 板上
	耐水	≥0.10，破坏界面在 EPS 板上
	耐冻融	≥0.10，破坏界面在 EPS 板上
柔韧性	抗压强度/抗折强度	≤3.00

注：低温型胶粘剂与聚合物抹面检验方法与常温一致，试件养护温度取施工环境温度。

③ 胶粘剂和聚合物抹面胶浆的拌和温度皆应高于 5℃，聚合物抹面胶浆的拌合水温度不宜大于 80℃，且不宜低于 40℃。

④ 拌和完毕的 EPS 板胶粘剂和聚合物抹面胶浆应每隔 15min 搅拌一次，1h 内使用完毕。

⑤ 施工前应按常温规定检查基层施工质量，并确保干燥，无结冰，霜冻。

⑥ EPS 板粘贴应保证有效粘贴面积大于 50%。

⑦ EPS 板粘贴完毕，应养护至表 9-7 和表 9-8 的规定强度后方可进行面层薄抹灰施工。

6）EPS 板现浇混凝土外墙外保温系统和 EPS 钢丝网架板现浇混凝土外墙外保温系统冬期施工应符合下列规定：

① 施工前应经过试验确定负温混凝土配合比，选择合适的混凝土防冻剂。

② EPS 板内外表面应预先在暖棚内喷刷界面砂浆。

③ 抹面层厚度应均匀，钢丝网应完全包覆于抹面层中；分层抹灰时，底层灰不得受冻，抹灰砂浆在硬化初期应采取保温措施。

7）其他施工技术要求应符合现行行业标准《外墙外保温工程技术规程》（JGJ 144—2004）的相关规定。

三、屋面保温工程冬期施工

1）屋面保温材料应符合设计要求，且不得含有冰雪、冻块和杂质。

2）干铺的保温层可在负温下施工，采用沥青胶结构的保温层应在气温不低于 -10℃时施工，采用水泥、石灰或其他胶凝材料胶结的保温层应在气温不低于5℃时施工，当气温低于上述要求时，应采取保温、防冻措施。

3）采用水泥砂浆粘贴板状保温材料以及处理板间缝隙，可采用掺有防冻剂的保温砂浆。防冻剂掺量应通过试验确定。

4）干铺的板状保温材料在负温施工时，板材应在基层表面铺平垫稳，分层铺设。板块上下层缝应相互错开，缝间隙应采用同类材料的碎屑填嵌密实。

5）倒置式屋面所选用的材料应符合设计及相关规定，施工前应检查防水层平整度及有无结冰、霜冻或积水现象，满足要求后方可施工。

课题7　建筑装饰装修工程冬期施工

一、一般规定

1）室外建筑装饰装修工程施工不得在五级及以上大风或雨、雪天气下进行。施工前，应采取挡风措施。

2）外墙饰面砖、饰面板以及马赛克饰面工程采用湿贴法作业时，不宜进行冬期施工。

3）外墙抹灰后需进行涂料施工时，抹灰砂浆内所掺的防冻剂的品种应与所选涂料的材质相匹配，具有良好的相溶性，防冻剂的掺量和使用效果通过试验确定。

4）装饰装修施工前，应将墙体基层表面的冰、雪、霜等清理干净。

5）室内抹灰前，应提前做好屋面防水层、保温层及室内封闭保温层。

6）室内装饰施工可采用建筑物正式热源、临时性管道或火炉、电气取暖，当采用火炉取暖时，应采取预防煤气中毒的措施。

7）室内抹灰、块料装饰工程施工与养护期间的温度不应低于5℃。

8）冬期抹灰及粘贴面砖所用的砂浆应采取保温防冻措施。室外用砂浆内可掺入防冻剂，其掺量应根据施工和养护期间的环境温度，经试验确定。

9）室内粘贴壁纸时，其环境温度不应低于5℃。

二、抹灰工程

1）室内抹灰的环境温度不应低于5℃，抹灰前，应将门口和窗口、外墙脚手眼或孔洞等封堵好，施工洞口、运料口及楼梯间等处应封闭保温。

2）砂浆应在搅拌棚内集中搅拌，并应随用随拌，运输过程中应进行保温。

3）室内抹灰工程结束后，在7d以内应保持室内温度不低于5℃。当采用热空气加温时，应注意通风，排除湿气。当抹灰砂浆中掺入防冻剂时，温度可相应降低。

4）砂浆防冻剂的掺量应按使用温度与产品说明书的规定经试验确定。当采用氯化钠作为砂浆防冻剂时，其掺量可按表9-9进行，当采用亚硝酸钠作为砂浆防冻剂时，其掺量可按表9-10进行。

表9-9 砂浆内氯化钠掺量

<table>
<tr><td colspan="2">室外气温/℃</td><td>0～-5</td><td>-5～-10</td></tr>
<tr><td rowspan="2">氯化钠掺量（占拌合水质量百分比,%）</td><td>挑檐，阳台，雨罩，墙面等抹水泥砂浆</td><td>4</td><td>4～8</td></tr>
<tr><td>墙面为水刷石，干粘石水泥砂浆</td><td>5</td><td>5～10</td></tr>
</table>

表9-10 砂浆内亚硝酸钠掺量

室外温度/℃	0～-3	-4～-9	-10～-15	-16～-20
亚硝酸钠掺量（占水泥质量百分比,%）	1	3	5	8

5）当抹灰基层表面有冰、霜、雪时，可采用与抹灰砂浆同浓度的防冻剂溶液冲刷，并应清除表面的尘土。

6）当施工要求分层抹灰时，底层灰不得受冻，抹灰砂浆在硬化初期应采取防止受冻的保温措施。

三、油漆、刷浆、裱糊、玻璃工程

1）油漆、刷浆、裱糊、玻璃工程应在采暖条件下进行施工。当需要在室外施工时，其最低环境温度不应低于5℃。

2）刷调合漆时，应在其内加入调合漆质量2.5%的催干剂和5.0%的松香水，施工时应排除烟气和潮气，防止失光和发黏不干。

3）室外喷、涂、刷油漆、高级涂料时应保持施工均衡。粉浆类料浆宜采用热水配置，随用随配并应将料浆保温，料浆使用温度宜保持在15℃左右。

4）裱糊工程施工时，混凝土或抹灰基层含水率不应大于8%。施工中当室内温度高于20℃，且相对湿度大于80%时，应开窗换气，防止壁纸皱折起泡。

5）玻璃工程施工时，应将玻璃、镶接用合金成橡胶等材料运到有采暖设备的室内，施工环境温度不宜低于5℃。

6）外墙铝合金、塑料框、大扇玻璃不宜在冬期安装。

课题8 混凝土高温施工

当日平均气温达到30℃及以上时，应按高温施工要求施工。

混凝土高温施工应符合下列规定：

1）高温施工时，对露天堆放的粗、细骨料应采取遮阳防晒等措施。必要时，可对粗骨料进行喷雾降温。

2）高温施工混凝土配合比设计除应符合规范的规定外，尚应符合下列规定：

① 应考虑原材料温度、环境温度、混凝土运输方式与时间对混凝土初凝时间、坍落度损失等性能指标的影响，根据环境温度、湿度、风力和采取温控措施的实际情况，对混凝土配合比进行调整。

② 宜在近似现场运输条件、时间和预计混凝土浇筑作业最高气温的天气条件下，通过混凝土试拌和试运输的工况试验后，调整并确定适合高温天气条件下施工的混凝土配合比。

③ 宜采用低水泥用量的原则，并可采用粉煤灰取代部分水泥。宜选用水化热较低的水泥。

④ 混凝土坍落度不宜小于70mm。

⑤ 混凝土的搅拌应符合下列规定：

a. 应对搅拌站料斗、储水器、皮带运输机、搅拌楼采取遮阳防晒措施。

b. 对原材料进行直接降温时，宜采用对水、粗骨料进行降温的方法。当对水直接降温时，可采用冷却装置冷却拌合用水，并应对水管及水箱加设遮阳和隔热设施，也可在水中加碎冰作为拌合用水的一部分。混凝土拌和时掺加的固体冰应确保在搅拌结束前融化，且在拌合用水中应扣除其质量。

c. 原材料入机温度不宜超过表9-11的规定。

d. 混凝土拌合物出机温度不宜大于30℃。出机温度可按规范进行估算。必要时，可采取掺加干冰等附加控温措施。

表9-11 原材料入机温度 （单位:℃）

原材料	入机温度
水泥	60
骨料	30
水	25
粉煤灰等掺合料	60

e. 混凝土宜采用白色涂装的混凝土搅拌运输车运输；对混凝土输送管应进行遮阳覆盖，并应洒水降温。

f. 混凝土浇筑入模温度不应高于35℃。

g. 混凝土浇筑宜在早间或晚间进行，且宜连续浇筑。当水分蒸发速率大于1kg/(m^2·h)时，应在施工作业面采取挡风、遮阳、喷雾等措施。混凝土水分蒸发速率可按规范进行估算。

h. 混凝土浇筑前，施工作业面宜采取遮阳措施，并应对模板、钢筋和施工机具采用洒水等降温措施，但浇筑时模板内不得有积水。

i. 混凝土浇筑完成后，应及时进行保湿养护。侧模拆除前宜采用带模湿润养护。

课题9 雨期施工技术

一、雨期施工的特点及要求

1. 雨期施工的特点

1）雨期施工的开始具有突然性。这就要求提前做好雨期施工的准备工作和防范措施。

2）雨期施工带有突击性。因为雨水对建筑结构和地基基础的冲刷或浸泡，有严重的破坏性，必须迅速及时地防护，以免发生质量事故。

3）雨期往往持续时间较长，从而影响工期。

2. 雨期施工的要求

1）在编制施工组织设计时，要根据雨期施工的特点，将不宜在雨期施工的分项工程避开雨期施工，对于必须在雨期施工的分项工程，应做好充分的准备工作和防范措施。

2）合理进行施工安排。做到晴天做室外工作，雨天做室内工作。

3）做好材料的防雨防潮和施工现场的排水等准备工作。

二、砌体结构雨期施工的规定

1）雨期施工应结合本地区特点，编制专项雨期施工方案，防雨应急材料应准备充足，并对操作人员进行技术交底，施工现场应做好排水措施，砌筑材料应防止雨水冲淋。

2）雨期施工应符合下列规定：

① 露天作业遇大雨时应停工，对已砌筑砌体应及时进行覆盖；雨后继续施工时，应检查已完工砌体的垂直度和标高。

② 应加强原材料的存放和保护，不得久存受潮。

③ 应加强雨期施工期间的砌体稳定性检查。

④ 砌筑砂浆的拌合量不宜过多，拌好的砂浆应防止雨淋。

⑤ 电气装置及机械设备应有防雨设施。

3）雨期施工时应防止基槽灌水和雨水冲刷砂浆，每天砌筑高度不宜超过1.2m。

4）当块材表面存在水渍或明水时，不得用于砌筑。

5）夹心复合墙每日砌筑工作结束后，墙体上口应采用防雨布遮盖。

三、混凝土雨期施工的规定

1）雨期施工期间，对水泥和掺合料应采取防水和防潮措施，并应对粗、细骨料含水率实时监测，及时调整混凝土配合比。

2）应选用具有防雨水冲刷性能的模板脱模剂。

3）雨期施工期间，对混凝土搅拌、运输设备和浇筑作业面应采取防雨措施，并应加强施工机械检查维修及接地接零检测工作。

4）除采用防护措施外，小雨、中雨天气不宜进行混凝土露天浇筑，且不应开始大面积作业面的混凝土露天浇筑；大雨、暴雨天气不应进行混凝土露天浇筑。

5）雨后应检查地基面的沉降，并应对模板及支架进行检查。

6）应采取防止基槽或模板内积水的措施。基槽或模板内和混凝土浇筑分层面出现积水时，应在排水后再浇筑混凝土。

7）混凝土浇筑过程中，对因雨水冲刷致使水泥浆流失严重的部位，应采取补救措施后再继续施工。

8）在雨天进行钢筋焊接时，应采取挡雨等安全措施。

9）混凝土浇筑完毕后，应及时采取覆盖塑料薄膜等防雨措施。

10）台风来临前，应对尚未浇筑混凝土的模板及支架采取临时加固措施；台风结束后，应检查模板及支架，已验收合格的模板及支架应重新办理验收手续。

四、雨季施工的主要措施

1）主要暂设道路应将路基碾压坚实，做好面层及排水沟、排水涵管等设施，确保雨期道路循环通畅，不淹不冲、不陷不滑。

2）凡有可能积水的区域，应事先填筑平整。各种构件、大模板、机具等存放场地，以及现场钢筋、木工加工的生产场地，应分层碾压密实，严禁积水，防止雨期下沉。

3）现场临时设施的搭设，应严格控制各有关规定实施，防洪器材要备齐并按有关规定发放。

4）成立防汛领导小组，防洪器械保证完备，并设专人负责。

5）有足够塑料布保证新浇筑混凝土不被雨水冲刷及现场材料的覆盖。

6）雨期施工前，应对各类仓库、配电室、机具料棚、食堂、宿舍（包括电压线路）等进行全面检查，加固补漏，对于危险建筑必须及时处理。

7）脚手架的设计、搭设必须符合建设施工安全技术标准和安全操作规程要求，搭设后未经专业验收并合格的脚手架，一律不得投入使用。

8）雨期施工中，要经常检查各类架子的根部及与建筑物的连接牢固情况，要经常检查和及时维修加固各类脚手板及防滑条，确保架板稳固、防滑措施有效。

9）塔吊、外用电梯、脚手架等必须有避雷措施，施工机械设备必须有接地、接零措施，加设防雨罩，以防漏电。

10）对终凝之前的混凝土，应及时覆盖，防止被雨冲淋。

11）合模后不能及时浇筑混凝土时，模板下口要预留排水口，防止模内积水。

12）在浇筑混凝土中遇雨不能连续施工时，应按规范规定留置施工缝，并覆盖防雨材料。雨后继续施工时，应先对接槎部位处理后再进行浇筑。

13）防止雨水流入地下室，楼板孔要覆盖，楼梯口做挡水措施。

14）水泥等材料存放要符合有关规定，下部垫起，距墙不小于500mm，防止受潮。

15）砂、石等材料堆放时周围应加以围护，防止被雨水冲散。

16）塔吊基础要做专业设计，做好排水槽，防止积水影响塔基稳定。

技能实训——混凝土冬期施工实训

学校实训楼为六层框架结构，总建筑面积为6854.2m^2，抗震等级为三级，基础形式为柱下独立基础，基础、柱、梁板混凝土强度等级为C30，基础、框架梁、柱主筋采用HRB335级钢筋，箍筋采用HPB300级钢筋，主体结构施工时，分两个施工段，混凝土施工正处于冬期施工，试回答下列问题：

1）框架结构主体混凝土冬期施工的材料要求有哪些？浇筑主次梁的楼板混凝土时，其浇筑的方向、施工缝留设位置如何确定？继续浇筑混凝土施工缝应如何处理？

2）梁板浇筑完毕，采用什么方法养护？

3）框架结构主体浇筑混凝土施工过程中，如果每层混凝土的浇筑量为180m^3，应如何留置混凝土试块？应至少留多少组试块？混凝土强度如何检验？

4）混凝土外观质量应如何检查？如果在某框架柱的根部出现大的空洞，应如何处理？

5）试编制主体结构混凝土冬期的施工方案。

参考文献

[1] 万东颖. 建筑施工图识读 [M]. 北京：中国建筑工业出版社，2011.
[2] 王军霞. 建筑施工技术 [M]. 北京：中国建筑工业出版社，2011.
[3] 杨澄宇，周和荣. 建筑施工技术与机械 [M]. 北京：高等教育出版社，2003.
[4] 卢秀梅. 建筑施工综合实训 [M]. 北京：机械工业出版社，2008.
[5] 姚谨英. 建筑施工技术 [M]. 4 版. 北京：中国建筑工业出版社，2012.